U0208946

Premiere Pro CC

2015 中文版标准教程

张 慧 马海霞 编著

清华大学出版社

北 京

内 容 简 介

本书由浅入深地介绍了使用 Premiere Pro CC 2015 影视后期合成和制作的基础知识和实用技巧，全书共 12 章，包括数字视频编辑基础、Premiere Pro CC 概述、采集、导入与管理素材、编辑视频、视频高级编辑技术、设置过渡效果、创建动画、设置视频效果、设置颜色效果、创建字幕、设置遮罩与抠像、设置音频效果、使用音频混合器、输出影片等内容。

全书图文并茂，将枯燥乏味的基础知识与案例融合，秉承了基础知识与实例相结合的特点，内容丰富、结构清晰、实用性强、案例经典，配书光盘提供了语音视频教程和素材资源。本书适合 Premiere Pro CC 初学者、影视后期制作人员、大中院校师生及计算机培训人员使用，同时也是 Premiere Pro CC 爱好者的必备参考书。

图书在版编目（CIP）数据

Premiere Pro CC 2015 中文版标准教程/张慧，马海霞编著. —北京：清华大学出版社，2017
（清华电脑学堂）

ISBN 978-7-302-45973-6

Ⅰ. ①P…　Ⅱ. ①张…　②马…　Ⅲ. ①视频编辑软件-教材　Ⅳ. ①TP94

中国版本图书馆 CIP 数据核字（2016）第 312848 号

责任编辑：冯志强　徐跃进
封面设计：杨玉芳
责任校对：胡伟民
责任印制：王静怡

出版发行：清华大学出版社
网　　　址：http://www.tup.com.cn, http://www.wqbook.com
地　　　址：北京清华大学学研大厦 A 座　　邮　　编：100084
社 总 机：010-62770175　　邮　　购：010-62786544
投稿与读者服务：010-62776969，c-service@tup.tsinghua.edu.cn
质量反馈：010-62772015，zhiliang@tup.tsinghua.edu.cn
印 装 者：三河市金元印装有限公司
经　　销：全国新华书店
开　　本：185mm×260mm　　印　张：21　　字　数：525 千字
版　　次：2017 年 9 月第 1 版　　印　次：2017 年 9 月第 1 次印刷
印　　数：1～3000
定　　价：49.00 元

产品编号：069883-01

前　　言

Premiere Pro CC 2015 是 Adobe 公司最新推出的一款视频后期处理的专业非线性编辑软件，它是一个功能强大的实时视频和音频编辑工具，具有采集、剪辑、调色、美化音频、字幕添加、输出等功能，广泛应用于电影、电视、多媒体、网络视频、动画设计等领域的后期制作中。

本书从 Premiere Pro CC 2015 的实用知识点出发，配以大量实例，采用知识点讲解与动手练习相结合的方式，详细介绍 Premiere Pro CC 2015 中的基础应用知识与高级使用技巧。每一章都配有丰富的插图，生动具体、浅显易懂，使用户能够迅速上手，轻松掌握功能强大的 Premiere Pro CC 2015 在影视后期制作中的应用，为工作和学习带来事半功倍的效果。

1. 本书内容介绍

全书系统而又全面地介绍了 Premiere Pro CC 2015 的应用知识，每章都提供了丰富的实用案例，用来巩固所学知识。本书共分为 12 章，内容概括如下。

第 1 章　数字视频编辑基础：全面介绍数字视频的基本概念、数字视频应用理论基础、影视创作理论基础、常用数字音视频格式介绍、数字视频编辑基础等内容。

第 2 章　Premiere Pro CC 概述：包括 Premiere 简介，创建项目并设置项目信息、打开与保存项目，采集、导入与管理素材，包括采集素材、导入与查看素材、管理素材、创建素材、素材打包及脱机文件等内容。

第 3 章　视频编辑：包括使用【时间轴】面板、使用监视器面板、添加与复制素材、编辑素材片段、调整播放时间与速度、组合与分离音频素材等内容。

第 4 章　视频高级编辑技术：包括三点编辑与四点编辑、使用标记、插入和覆盖编辑、提升与提取编辑、嵌套序列、应用视频编辑工具等内容。

第 5 章　设置过渡效果：包括影视过渡概述、应用划像效果、应用擦除效果、应用滑动效果、应用页面剥落效果、设置 3D 运动效果、应用溶解效果、应用缩放效果等内容。

第 6 章　创建动画：包括添加关键帧、编辑关键帧、设置动画效果、预设画面效果、预设入画/出画效果等内容。

第 7 章　设置视频效果：全面介绍设置视频效果，包括应用视频效果、变换视频效果、扭曲视频效果、杂色与颗粒、模糊与锐化、生成、风格化、过渡等内容。

第 8 章　设置颜色效果：包括颜色模式概述、图像控制类视频效果、校正色彩类、亮度调整类、饱和度调整类、复杂颜色调整类、阴影/高光、色阶、光照效果、Lumetri 预设效果等内容。

第 9 章　创建字幕：包括创建文本字幕、创建动态字幕、应用图形字幕对象、设置基本属性、设置填充属性、设置描边效果、设置阴影与背景效果、设置字幕样式等内容。

第 10 章　设置遮罩与抠像：包括合成概述、添加遮罩、跟踪遮罩、差异类遮罩效果、颜色类遮罩效果等内容。

第 11 章　设置音频效果：包括音频效果基础、添加音频、声道映射、增益和均衡、添加音频过渡、音轨混合器、摇动和平衡、设置效果与发送、设置声道音量、设置关键帧、自动化控制、创建子混音轨道、混合音频等内容。

第 12 章　输出影片：包括设置输出范围、设置输出参数、设置视频和音频参数、输出为常用视频格式、导出为交换文件等内容。

2．本书主要特色

（1）系统全面　本书提供了 24 个应用案例，通过实例分析、设计过程讲解 Premiere Pro CC 2015 的应用知识，涵盖了 Premiere Pro CC 2015 中的各个模板和功能。

（2）课堂练习　本书除第 1 章外，各章都安排了课堂练习，全部围绕实例讲解相关内容，灵活生动地展示了 Premiere Pro CC 2015 各模板的功能。课堂练习体现本书实例的丰富性，方便读者进行学习。每章后面还提供了思考与练习，用来测试读者对本章内容的掌握程度。

（3）全程图解　各章内容全部采用图解方式，图像均做了大量的裁切、拼合、加工，信息丰富，效果精美，阅读体验轻松，上手容易。

3．本书使用对象

本书从 Premiere Pro CC 2015 的基础知识入手，全面介绍了 Premiere Pro CC 2015 面向应用的知识体系。本书适合作为各类高等院校相关专业的教材使用，也可作为影视编辑和视频处理用户的自学参考资料。

参与本书编写的人员除封面署名人员之外，还有于伟伟、王翠敏、吕咏、冉洪艳、刘红娟、谢华、夏丽华、谢金玲、张振、卢旭、王修红、扈亚臣、程博文、方芳、房红、孙佳星、张彬等人。由于作者水平有限，书中疏漏之处在所难免，欢迎读者朋友登录清华大学出版社的网站 www.tup.com.cn 与作者联系，帮助我们改进提高。

编　者

目　　录

第 1 章
数字视频编辑基础

随着近代数字化技术的快速发展，视频技术已由最初的模拟线性编辑发展到目前流行的数字化非线性编辑，而非线性编辑技术不仅可以将捕获到的素材进行剪切、随意组接镜头，而且还可以添加背景音乐、旁白和一些影视特效。Premiere Pro CC 是 Adobe 公司推出最新版本的非线性编辑软件，是一个功能强大的实时视频和音频编辑工具，广泛应用于电影、电视、多媒体、网络视频、动画设计等领域的后期制作中。本章简要概述视频编辑知识与影视制作知识。

本章学习目的：

➢ 数字视频的基本概念；
➢ 数字视频应用理论基础；
➢ 影视创作理论基础；
➢ 常用数字音视频格式介绍；
➢ 数字视频编辑基础。

1.1　数字视频的基本概念

根据视觉暂留原理，当连续的图像变化速度超过每秒 24 帧（frame）以上时，人眼将无法辨别单幅的静态画面，所看到的是平滑连续的视觉效果。而现阶段，视频（video）泛指一切将动态影像静态化后，以图像形式加以捕捉、记录、存储、传送、处理，并进行动态重现的技术。本节将对视频原理、视频色彩以及数字视频等知识进行讲解，以帮助用户更好地对视频进行编辑。

1.1.1　模拟信号与数字信号

现如今，数字技术正以异常迅猛的速度席卷全球的视频编辑与处理领域，数字视频正逐步取代模拟视频，成为新一代视频应用的标准。然而，什么是数字视频？它与传统模拟视频的差别又是什么呢？要了解这些问题，首先需要了解模拟信号与数字信号以及两者之间的差别。

1. 模拟信号

模拟信号由连续且不断变化的物理量表示信息，其电信号的幅度、频率或相位都会随着时间和数值的变化而连续变化，例如电视的图像信号、广播的声音信号等，如图 1-1 所示。

模拟信号不仅具有精确的分辨率，而且还不存在量化误差，它可以尽可能逼近的描述自然界物理量的真实值。另外，模拟信号的处理直接通过模拟电路组建（运算放大器等）来实现，信号处理简单，相对于数字信号来讲则具有更好的信息密度。

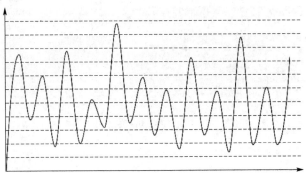

图 1-1 模拟信号示意图

虽然模拟信号具有很多优点，但是它经常会受到杂讯的影响。长期以来的应用实践也证明，模拟信号会在复制或传输过程中，不断发生衰减，并混入噪声，从而使其保真度大幅降低。模拟信号的这一特性，使得信号所受到的任何干扰都会造成信号失真。

提 示

在模拟通信中，为了提高信噪比，需要在信号传输过程中及时对衰减的信号进行放大。这就使得信号在传输时所叠加的噪声（不可避免）也会被同时放大。随着传输距离的增加，噪声累积越来越多，以致传输质量严重恶化。

2. 数字信号

数字信号是一种自变量和因变量都是离散的信号，它的自变量用整数表示，而因变量则用有限数字中的一个数字来表示。

由于数字信号是用两种物理状态表示 0 和 1，因此具有很强的抵抗材料本身和环境干扰的能力。除此之外，数字信号还具有便于存储、处理和交换，以及安全性高（便于加密）和相应设备易于实现集成化、微型化等优点，其信号波形如图 1-2 所示。

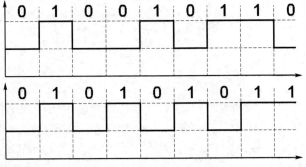

图 1-2 二进制数字信号波形示意图

由于数字信号的幅值为有限个数值，因此在传输过程中虽然也会受到噪声干扰，但当信噪比恶化到一定程度时，只需在适当的距离采用判决再生的方法，即可消除噪声干扰，产生和最初发送时一模一样的数字信号。

●--1.1.2　帧速率和场--

帧、场和扫描方式这些词汇都是视频编辑中常常会出现的专业术语，它们之间的共同点是都与视频播放息息相关。

1．帧

帧是构成视频的最小单位。视频是由一幅幅静态画面所组成的图像序列，而组成视频的每一幅静态图像称为"帧"。也就是说，帧是视频（包含动画）内的单幅影像画面，相当于电影胶片上的每一格影像，人们常说的"逐帧播放"指的便是逐幅画面的视频，如图 1-3 所示。

图 1-3　逐帧播放动画片段

提 示

上面的 8 幅图像便是由一幅 8 帧 GIF 动画逐帧分解而来，当快速、连续的播放这些图像时（即播放 GIF 动画文件），便可以在屏幕上看到一个不断奔跑的女子。

在播放视频的过程中，播放效果的流畅程度取决于静态图像在单位时间内的播放数量，即帧速，其单位为 fps（帧/秒）。目前，电影画面的帧速为 24fps，而电视画面的帧速则为 30fps 或 25fps。

注 意

要想获得动态的播放效果，显示设备至少应以 10fps 的速度进行播放。

2．隔行扫描与逐行扫描

电视机在工作时，电子枪会不断地快速发射电子，而这些电子在撞击显像管后便会引起显像管内壁的荧光粉发光。在"视觉滞留"现象与电子持续不断撞击显像管的共同作用下，发光的荧光粉便会在人眼视网膜上组成一幅幅图像。

而电子枪扫描图像的方法被称为扫描方式，因此扫描方式又指电视机在播放视频画面时所采用的播放方式，该播放方式分为隔行扫描方式与逐行扫描两种方式。

其中，隔行扫描是指电子枪首先扫描图像的奇数行（或偶数行），当图像内所有的奇数行（或偶数行）全部扫描完成后，再使用相同方法逐次扫描偶数行（或奇数行），如图

1-4 所示。

而逐行扫描则是在显示图像的过程中，采用每行图像依次扫描的方法来播放视频画面，如图 1-5 所示。

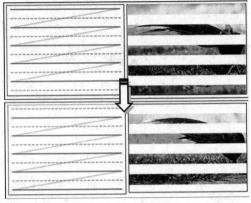

早期由于技术的原因，逐行扫描整幅图像的时间要大于荧光粉从发光至衰减所消耗的时间，因此会造成人眼的视觉闪烁感。在不得已的情况下，只好采用一种折中的方法，即隔行扫描。在视觉滞留现象的帮助下，人眼并不会注意到图像每次只显示一半，因此很好地解决了视频画面的闪烁问题。

然而，随着显示技术的不断增强，逐行扫描会引起视觉不适的问题已经解决。此外由于逐行扫描的显示质量要优于隔行扫描，因此隔行扫描技术已被逐渐淘汰。

图 1-4　隔行扫描示意图

3．场

在采用隔行扫描方式进行播放的显示设备中，每一帧画面都会被拆分开进行显示，而拆分后得到的残缺画面即称为"场"。也就是说，视频画面播放为 30fps 的显示设备，实质上每秒需要播放 60 场画面；而对于 25fps 的显示设备来说，其每秒需要播放 50 场画面。

图 1-5　逐行扫描示意图

在这一过程中，一幅画面内被首先显示的场被称为"上场"，而紧随其后进行播放的、组成该画面的另一场则被称为"下场"。

注　意

"场"的概念仅适用于采用隔行扫描方式进行播放的显示设备（如电视机），对于采用胶片进行播放的显像设备（胶片放映机）来说，由于其显像原理与电视机类产品完全不同，因此不会出现任何与"场"相关的内容。

需要指出的是，通常人们会误认为上场画面与下场画面由同一帧拆分而来。事实上，DV 摄像机采用的是一种类似于隔行扫描的拍摄方式。也就是说，摄像机每次拍摄到的都是依次采集到的上场或下场画面。例如，在一个每秒采集 50 场的摄像机中，第 123 行和 125 行的采集是在第 122 行和 124 行采集完成大约 1/50 秒后进行。因此，将上场画面和下场画面简单地拼合在一起时，所拍摄物体的运动往往会造成两场画面无法完美拼合。

1.1.3　分辨率和像素宽高比

分辨率和像素都是影响视频质量的重要因素，与视频的播放效果有着密切联系。

1. 像素与分辨率

在电视机、计算机显示器及其他相类似的显示设备中，像素是组成图像的最小单位，而每个像素则由多个（通常为 3 个）不同颜色（通常为红、绿、蓝）的点组成，如图 1-6 所示。而分辨率则是指屏幕上像素的数量，通常用"水平方向像素数量×垂直方向像素数量"的方式表示，例如 720×480、720×576 等。

提 示

显示设备通过调整像素内不同颜色点之间的强弱比例，控制该像素点的最终颜色。理论上，通过对红、绿、蓝 3 种不同颜色因子的控制，像素点可显示出任何色彩。

每幅视频画面的分辨率越大、像素数量越多，整个视频的清晰度也就越高。这是因为，一个像素在同一时间内只能显示一种颜色，因此在画面尺寸相同的情况下，拥有较大分辨率（像素数量多）图像的显示效果也就越为细腻，相应的影像也就越为清晰；反之，视频画面便会模糊不清，如图 1-7 所示。

注 意

在实际应用中，视频画面的分辨率会受到录像设备和播放设备的限制。例如在传统电视机中，视频画面的垂直分辨率表现为每帧图像中水平扫描线的数量，即电子束穿越荧屏的次数。至于水平分辨率，取决于录像设备、播放设备和显示设备。例如，老式 VHS 格式录像带的水平分辨率为 250 线，而 DVD 的水平分辨率则为 500 线。

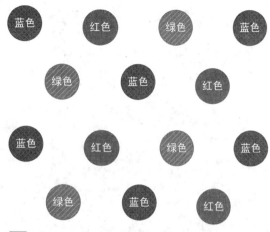

图 1-6 显示设备表面的像素分布与分布结构示意图

1080 X 600

540 X 300

图 1-7 分辨率不同时的画面显示效果

2. 帧宽高比与像素宽高比

帧宽比即视频画面的长宽比例，目前电视画面的宽高比通常为 4∶3，电影则为 16∶9，如图 1-8 所示。至于像素长宽比，则是指视频画面内每个像素的长宽比，具体比例由视频所采用的视频标准决定。

不过，由于不同显示设备在播放视频画面时的像素宽高比也有所差别，因此当某一显示设备在播放与其像素宽高比不同的视频时，就必须对图像进行矫正操作。否则，视频画面的播放效果便会较原效果产生一定的变形，如图 1-9 所示。

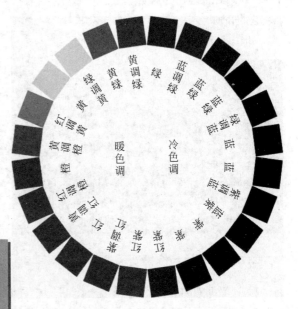

🔲 图 1-8　不同宽高比的视频画面　　　🔲 图 1-9　因像素宽高比不匹配而造成的画面变形

提　示

一般来说，计算机显示器使用正方形像素显示图像，而电视机等视频播放设备则使用矩形像素进行显示。

1.1.4　视频色彩系统

色彩本身没有情感，但它们却会对人们的心理感产生一定的影响。例如红、橙、黄等暖色调往往会使人联想到阳光、火焰等，从而给人以炽热、向上的感觉；至于青、蓝、蓝绿、蓝紫等冷色调则会使人联想到水、冰、夜色等，给人以凉爽、宁静、平和的感觉，如图 1-10 所示。

提　示

在色彩的应用中，冷暖色调只是相对而言。譬如说，在画面整体采用红色系颜色，且大红与玫瑰红同时出现时，大红就是暖色，而玫瑰红则会被看作是冷色；但是，当玫瑰红与紫罗兰同时出现时，玫瑰红便是暖色。

🔲 图 1-10　冷暖色调分类示意图

在实际拍摄及编辑视频的过程中，尽管每个画面内都可能包含多种不同色彩，但总会有一种色彩占据画面主导地位，从而成为画面色彩的基调。因此，在操作时便应根据需要来突出或淡化、转移该色彩对表现效果的影响。例如，在中国传统婚庆场面中，便应当着重突现红色元素，以烘托婚礼中的喜庆气氛，如图 1-11 所示。

1.1.5　数字音频

数字音频是指使用脉冲编码调变、数字信号录音。其中包含数字模拟转换器（DAC）、模拟数字转换器（ADC）、存储以及传输。实际上，是因为相对于静电模拟的离散时间及离散程度的模拟方式才被称作"数字"。这个现代化的系统以微妙且有效的方式，来达到低失真的存储、补偿及传输。

图 1-11　中国传统婚庆场面

计算机数据的存储是以 0、1 的形式存取的，那么数字音频就是首先将音频文件转化，接着再将这些电平信号转化成二进制数据保存，播放的时候就把这些数据转换为模拟的电平信号再送到喇叭播出，数字声音和一般磁带、广播、电视中的声音就存储播放方式而言有着本质区别。相比而言，它具有存储方便、存储成本低廉、存储和传输的过程中没有声音的失真、编辑和处理非常方便等特点。

- **采样率**　简单地说就是通过波形采样的方法记录 1 s 长度的声音，需要多少个数据。44kHz 采样率的声音就是要花费 44 000 个数据描述 1 s 的声音波形。原则上采样率越高，声音的质量越好。

- **压缩率**　通常指音乐文件压缩前和压缩后大小的比值，用来简单描述数字声音的压缩效率。

- **比特率**　是另一种数字音乐压缩效率的参考性指标，表示记录音频数据每秒钟所需要的平均比特值（比特是计算机中最小的数据单位，指一个 0 或者 1 的数），通常人们使用 kbps（通俗地讲就是每秒钟 1000 比特）作为单位。CD 中的数字音乐比特率为 1411.2kbps（也就是记录 1 秒钟的 CD 音乐，需要 1411.2×1024 比特的数据），近乎于 CD 音质的 MP3 数字音乐需要的比特率大约是 112～128kbps。

- **量化级**　简单地说就是描述声音波形的数据是多少位的二进制数据，通常用 b 做单位，如 16b、24b。16b 量化级记录声音的数据是用 16 位的二进制数，因此，量化级也是数字声音质量的重要指标。我们形容数字声音的质量，通常就描述为 24b（量化级）、48kHz 采样，例如标准 CD 音乐的质量就是 16b、44.1kHz 采样。

数字音频的基础是能够有效的录音、制作、量产。现在音乐广泛地在网络及网络商店流传都仰赖数字音频及其编码方式，音频以文件的方式流传而非实体，这样一来大幅节省了生产成本。

在模拟信号的系统中，声音由空气中传递的声波通过转换器，例如麦克风转存成电流信号的电波。而重现声音则是相反的过程，通过放大器将电子信号转成物理声波，再借由扩音器播放。经过转存、编码、复制以及放大或许会丧失声音的真实度，但仍然能够保持与其基音、声音特色相似的波形。模拟信号容易受到噪音及变形的影响，相关器材电路所产生的电流更是无可避免。在信号较为纯净的录音里，整个过程里仍然存有许多噪音及失真。当音频数字化后，失真及噪音只在数字及模拟间转换时产生。

数字音频从模拟信号中采样并转换，转换成二进制的信号，并以二进制式的电子、磁力或光学信号存储，而非连续性的时间、连续的电子或机电信号。这些信号之后会更进一步被编码以便修正存储或传输时产生的错误，然而在数字化的过程中，这个为了校正错误的编码步骤并非严谨的一部分。在广播或者所录制的数字系统中，以这个频道编码的处理方式来避免数字信号的流失是必要的一环。在信号出现错误时，离散的二进制信号中允许编码器拨出重建后的模拟信号。频道编码的其中一例就是 CD 所使用的 8：14 调变。

1.1.6 视频压缩

数字视频压缩技术是指按照某种特定算法，采用特殊记录方式来保存数字视频信号的技术。目前，使用较多的数字视频压缩技术有 MPEG 系列技术和 H.26X 系列技术，下面分别进行介绍。

1. MPEG

MPEG（Moving Pictures Experts Group，动态图像专家组）标准是由 ISO（International Organization for Standardization，国际标准化组织）所制定并发布的视频、音频、数据压缩技术，目前共有 MPEG-1、MPEG-2、MPEG-4、MPEG-7 及 MPEG-21 等多个不同版本。其中，MPEG 标准的视频压缩编码技术利用了具有运动补偿的帧间压缩编码技术以减小时间冗余度，利用 DCT 技术以减小图像空间冗余度，并在数据表示上解决了统计冗余度的问题，因此极大地增强了视频数据的压缩性能，为存储高清晰度的视频数据奠定了坚实的基础。

1）MPEG1

MPEG-1 是专为 CD 光盘所定制的一种视频和音频压缩格式，采用了块方式的运动补偿、离散余弦变换（DCT）、量化等技术，其传输速率可达 1.5Mbps。MPEG-1 的特点是随机访问，拥有灵活的帧率、运动补偿可跨越多个帧等；不足之处在于，压缩比还不够大，且图像质量较差。

2）MPEG-2

MPEG-2 制定于 1994 年，其设计目的是为了提高视频数据传输率。MPEG-2 能够提供 3～10Mbps 的数据传输率，在 NTSC 制式下可流畅输出 720×486 分辨率的画面。

2. H.26X

H.26X 系列压缩技术是由 ITU（国际电传视讯联盟）所主导，旨在传输较多的视频数据，以便用户获得更为清晰的高质量视频画面。

1) H.263

H.263 是 ITU 专为低码流通信而设计的视频压缩标准，其编码算法与之前版本的 H.261 相同，但在低码率下能够提供比 H.261 更好的图像质量，两者之间存在如下差别：

- ❑ H.263 的运动补偿使用半像素精度，H.261 则用全像素精度和循环滤波；
- ❑ 数据流层次结构的某些部分在 H.263 中是可选的，使得编解码可以拥有更低的数据率或更好的纠错能力；
- ❑ H.263 包含 4 个可协商的选项以改善性能；
- ❑ H.263 采用无限制的运动向量以及基于语法的算术编码；
- ❑ 采用事先预测和与 MPEG 中的 P-B 帧一样的帧预测方法；
- ❑ H.263 支持更多的分辨率标准。

此后，ITU 又于 1998 年推出了 H.263+（H.263 第 2 版），该版本进一步提高了压缩编码性能，并增强了视频信息在易误码、易丢包异构网络环境下的传输。由于这些特性，使得 H.263 压缩技术很快取代了 H.261，成为主流视频压缩技术之一。

2) H.264

H.264 是目前 H.26X 系列标准中最新版本的压缩技术，其目的是为了解决高清数字视频体积过大的问题。H.264 由 MPEG 组织和 ITU-T 联合推出，因此它既是 ITU-T 的 H.264，又是 MPEG-4 的第 10 部分，因此无论是 MPEG-4 AVC、MPEG-4 Part 10，还是 ISO/IEC 14496-10，实质上与 H.264 都完全相同。

与 H.263 及以往的 MPEG-4 相比，H.264 最大的优势在于拥有很高的数据压缩比率。在同等图像质量条件下，H.264 的压缩比是 MPEG-2 的 2 倍以上，是原有 MPEG-4 的 1.5～2 倍。这样一来，观看 H.264 数字视频将大幅节省用户的下载时间和数据流量费用。

1.2 数字视频应用理论基础

视频（Video）泛指一切将动态影像静态化后，以图像形式加以捕捉、记录、存储、传送、处理，并进行动态重现的技术。

1.2.1 电视制式

在电视系统中，发送端将视频信息以电信号形式进行发送，电视制式便是在其间实现图像、伴音及其他信号正常传输与重现的方法与技术标准，因此也称为电视标准。电视制式的出现，保证了电视机、视频及视频播放设备之间所用标准的统一或兼容，为电视行业的发展做出了极大的贡献。目前，应用最为广泛的彩色电视制式主要有 NTSC、PAL 和 SECAM3 种类型。

> **提　示**
>
> 在电视技术的发展过程中，陆续出现了黑白制式和彩色制式两种不同的制式类别，其中彩色制式由黑白制式发展而来，并实现了黑白信号与彩色信号间的相互兼容。

1. NTSC 制式

NTSC 制式由美国国家电视标准委员会（National Television System Committee）制定，

主要应用于美国、加拿大、日本、韩国、菲律宾以及中国台湾等国家和地区。由于采用了正交平衡调幅的技术方式，因此 NTSC 制式也称为正交平衡调幅制电视信号标准，优点是视频播出端的接收电路较为简单。不过，由于 NTSC 制式存在相位容易失真、色彩不太稳定（易偏色）等缺点，因而此类电视都会提供一个手动控制的色调电路供用户选择使用。

符合 NTSC 制式的视频播放设备至少拥有 525 行扫描线，分辨率为 720×480 电视线，工作时采用隔行扫描方式进行播放，帧速为 29.97fps，因此每秒约播放 60 场画面。

2. PAL 制式

PAL 制式是由前联邦德国在 NTSC 制式基础上研制出来的一种改进方案，其目的主要是为了克服 NTSC 制式对相位失真的敏感性。PAL 制式的原理是将电视信号内的两个色差信号分别采用逐行倒相和正交调制的方法进行传送。这样一来，当信号在传输过程中出现相位失真时，便会由于相邻两行信号的相位相反而起到互相补偿作用，从而有效地克服了因相位失真而引起的色彩变化。此外，PAL 制式在传输时受多径接收而出现彩色重影的影响也较小。不过，PAL 制式的编/解码器较 NTSC 制式的相应设备要复杂许多，信号处理也较麻烦，接收设备的造价也较高。

PAL 制式也采用了隔行扫描的方式进行播放，共有 625 行扫描线，分辨率为 720×576 电视线，帧速为 25fps。目前，PAL 彩色电视制式广泛应用于德国、中国、英国、意大利等国家。然而即便采用的都是 PAL 制，不同国家的 PAL 制式电视信号也有一定的差别。例如，我国采用的是 PAL-D 制式，英国使用的是 PAL-I 制式，新加坡使用的是 PAL-B/G 或 D/K 制式等。

3. SECAM 制式

SECAM 是法语 Sequentiel Couleur A Memoire（顺序传送彩色与存储）的缩写，是由法国在 1966 年制定的一种彩色电视制式。它是为了克服 NTSC 制式的色调失真而出现的另一种彩色电视制式。与 PAL 制式相同的是，该制式也克服了 NTSC 制式相位易失真的缺点，但在色度信号的传输与调制方式上却与前两者有着较大差别。

SECAM 制式的主要特点是逐行顺序传送色差信号 R−Y 和 B−Y。由于在同一时间内传输通道中只传送一个色差信号，因而从根本上避免了两个色差的相互串扰。亮度信号 Y 仍是每行都必须传送的，所以 SECAM 制是一种顺序一种时制。

因为在接收机中必须同时存在 Y、R−Y 和 B−Y 三个信号才能解调出三基色信号 R、G、B，所以在 SECAM 采用了超声延时线。它将上一行的色差信息储存一行的时间，然后与这一行传送的色差信息配合使用一次；这一行传送的信息又被储存下来，再与下一行传送的信息配合使用。这样，每行所传送的色差信息均使用两次，就把两个顺序传送的色差信号变成同时出现的色差信号。将两个色差信号和 Y 信号送入矩阵电路，就解出了 R、G、B 信号。

总体来说，SECAM 制式的特点是彩色效果好、抗干扰能力强，但兼容性相对较差。

在使用中，SECAM 制式同样采用了隔行扫描的方式进行播放，共有 625 行扫描线，分辨率 720×576 电视线，帧速率则与 PAL 制式相同。目前，该制式主要应用于俄罗斯、法国、埃及、罗马尼亚等国家。

1.2.2 高清数字视频

近年来，随着视频设备制造技术、存储技术以及用户需求的不断提高，"高清数字电视"、"高清电影/电视"等概念逐渐流行开来。然而，什么是高清，高清能够为用户带来怎样的好处却不是每个人都非常清楚，下面介绍部分与"高清"相关的名词与术语等内容。

1. 高清

高清是人们针对视频画质而提出的一个名词，英文为 High Definition，意为"高分辨率"。由于视频画面的分辨率越高，视频所呈现出的画面也就越为清晰，因此"高清"代表的便是高清晰度、高画质的视觉享受。

目前，将视频从画面清晰度来界定的话，大致可分为"普通清晰度"、"标准清晰度"和"高清晰度"这 3 种层次，各部分之间的标准如表 1-1 所示。

表1-1 视频画面清晰度分级参数详解

项 目 名 称	普 通 视 频	标 清 视 频	高 清 视 频
垂直分辨率	400i	720p 或 1080i	1080p
播出设备类型	LDTV 普通清晰度电视	SDTV 标准清晰度电视	HDTV 高清晰度电视
播出设备参数	480 条垂直扫描线	720～1080 条可见垂直扫描线	1080 条可见垂直扫描线
部分产品	DVD 视频盘等	HD DVD、Blu-ray 视频盘等	HD DVD、Blu-ray 视频盘等

提示

目前，人们在描述视频分辨率时，通常都会在分辨率乘法表达式后添加 p 或 i 的标识，以表明视频在播放时会采用逐行扫描（p）还是隔行扫描（i）。

2. 高清电视

高清电视，又称为 HDTV，是由美国电影电视工程师协会确定的高清晰度电视标准格式。一般所说的高清，通常指的就是高清电视。目前，常见的电视播放格式主要有以下几种。

❑ **D1 480i 格式** 与 NTSC 模拟电视清晰度相同，525 条垂直扫描线，480 条可见垂直扫描线，帧宽高比为 4：3 或 16：9，隔行/60Hz，行频为 15.25kHz。

❑ **D2 480p 格式** 与逐行扫描 DVD 规格相同，525 条垂直扫描线，480 条可见垂直扫描线，帧宽高比为 4：3 或 16：9，分辨率为 640×480，逐行/60Hz，行频为 31.5kHz。

❑ **D3 1080i 格式** 是标准数字电视显示模式，1125 条垂直扫描线，1080 条可见垂直扫描线，帧宽高比为 16：9，分辨率为 1920×1080，隔行/60Hz，行频为 33.75kHz。

❑ **D4 720p 格式** 是标准数字电视显示模式，750 条垂直扫描线，720 条可见垂直扫描线，帧宽高比为 16：9，分辨率为 1280×720，逐行/60Hz，行频为 45kHz。

❑ **D5 1080p 格式**　是标准数字电视显示模式，1125 条垂直扫描线，1080 条可见垂直扫描线，帧宽高比为 16∶9，分辨率为 1920×1080 逐行扫描，专业格式。

❑ **其他**　此外还有 576i，是标准的 PAL 电视显示模式，625 条垂直扫描线，576 条可见垂直扫描线，帧宽高比为 4∶3 或 16∶9，隔行/50Hz，记为 576i 或 625i。

其中，所有能够达到 D3/4/5 播放标准的电视机，都可纳入"高清电视"的范畴。不过，只支持 D3 或 D4 标准的产品只能算做"标清"设备，而只有达到 D5 播出标准的产品才能称为"全高清（Full HD）"设备。

提　示

行频也称水平扫描率，是指电子枪每秒在荧光屏上扫描水平线的数量，以 kHz 为单位，属于显示设备的固定工作参数。显示设备的行频越大，其工作越为稳定。

1.2.3　流媒体与移动流媒体

所谓流媒体是指采用流式传输的方式在 Internet 播放的媒体格式。流媒体又称为流式媒体，它是指商家用一个视频传送服务器把节目当成数据包发出，传送到网络上。用户通过解压设备对这些数据进行解压后，节目就会像发送前那样显示出来。

流媒体是指以流的方式在网络中传输音频、视频和多媒体文件的形式。流媒体文件格式是支持采用流式传输及播放的媒体格式。流式传输方式是将视频和音频等多媒体文件经过特殊的压缩方式分成一个个压缩包，由服务器向用户计算机连续、实时传送。在采用流式传输方式的系统中，用户不必像非流式播放那样等到整个文件全部下载完毕后才能看到当中的内容，而是只需要几秒钟或几十秒的启动延时即可在用户计算机上利用相应的播放器对压缩的视频或音频等流式媒体文件进行播放，剩余的部分将继续进行下载，直至播放完毕。

这个过程的一系列相关的包称为"流"。流媒体实际指的是一种新的媒体传送方式，而非一种新的媒体。流媒体技术全面应用后，人们在网上聊天可直接语音输入；如果想彼此看见对方的容貌、表情，只要双方各有一个摄像头就可以了；在网上看到感兴趣的商品，点击以后，讲解员和商品的影像就会跳出来；更有真实感的影像新闻也会出现。

流式传输方式则是将整个 A/V 及 3D 等多媒体文件经过特殊的压缩方式分成一个个压缩包，由视频服务器向用户计算机连续、实时传送。在采用流式传输方式的系统中，用户不必像采用下载方式那样等到整个文件全部下载完毕，而是只需经过几秒或几十秒的启动延时即可在用户的计算机上利用解压设备（硬件或软件）对压缩的 A/V、3D 等多媒体文件解压后进行播放和观看。此时多媒体文件的剩余部分将在后台的服务器内继续下载。常用流媒体格式如下。

❑ **RA**　实时声音。

❑ **RM**　实时视频或音频的实时媒体。

❑ **RT**　实时文本。

❑ **RP**　实时图像。

❑ **SMIL**　同步的多重数据类型综合设计文件。

❑ **SWF**　micromedia 的 real flash 和 shockwave flash 动画文件。

- ❑ **RPM** HTML 文件的插件。
- ❑ **RPM** HTML 文件的插件。
- ❑ **RAM** 流媒体的源文件，是包含 RA、RM、SMIL 文件地址（URL 地址）的文本文件。

移动流媒体是在移动设备上实现的视频播放功能，一般情况下移动流媒体的播放格式是 3GPP 格式，现在智能手机（S60 Windows Mobile 等）越来越多在这些手机上可以下载流媒体播放器实现流媒体播放。另外，有些非智能手机也可以实现流媒体，诺基亚大多数非智能机都有流媒体播放器。

1.3 影视创作理论基础

对于一名影视节目编辑人员来说，除了需要熟练掌握视频编辑软件的使用方法外，还应当掌握一定的影视创作基础知识，以便更好地进行影视节目的编辑工作。

1.3.1 蒙太奇与影视剪辑

蒙太奇是法文 montage 的译音，意为文学、音乐与美术的组合体，原本属于建筑学用语，用来表现装配或安装等。在电影创作过程中，蒙太奇是导演向观众展示影片内容的叙述手法和表现手段。

1．蒙太奇的含义

在视频编辑领域，蒙太奇的含义存在狭义和广义之分。其中，狭义的蒙太奇专指对镜头画面、声音、色彩等诸元素编排、组合的手段。也就是说，是在后期制作过程中，将各种素材按照某种意图进行排列，从而使之构成一部影视作品。由此可见，蒙太奇是将摄影机拍摄下来的镜头，按照生活逻辑、推理顺序、作者的观点倾向及其美学原则联结起来的手段，是影视语言符号系统中的一种修辞手法。

从广义上来看，蒙太奇不仅仅包含后期视频编辑时的镜头组接，还包含影视剧作从开始到完成的整个过程中，创作者们的一种艺术思维方式。

> **提 示**
>
> 从硬件方面来说，镜头是照相机、摄像机及其他拥有类似设备上的组成部件；如果从视频编辑领域来看，镜头则是一组连续的视频画面。

2．蒙太奇的功能

在现代影视作品中，一部影片通常由 500～1000 个镜头组成。每个镜头的画面内容、运动形式，以及画面与音响组合的方式，都包含着蒙太奇因素。可以说，一部影片从拍摄镜头时就已经在使用蒙太奇了，而蒙太奇的作用便主要体现在以下方面。

1）概括与集中

通过镜头、场景、段落的分切与组接，可以对素材进行选择和取舍，选取并保留主要的、本质的部分，省略烦琐、多余的部分。这样一来，就可以突出画面重点，从而强调特征显著且富有表现力的细节，以达到高度概括和集中画面内容的目的，如图 1-12 所示。

2）吸引观众的注意力，激发观众的联想

在编排影视节目之前，视频素材中的每个独立镜头都无法向人们表达出完整的寓意。然而，通过蒙太奇手法将这些镜头进行组接后，便能够达到引导观众注意力、影响观众情绪与心理，并激发观众丰富联盟力的目的。这样一来，便使得原本无意义的镜头成为观众更好理解影片的工具，

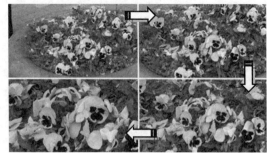
图 1-12 以逐渐放大的方式突出主体

此外还能够激发观众的参与心理，从而形成主客体间的共同"创造"。

提 示

制造悬念便是蒙太奇思想的一种具体表现，也是当代影视作品吸引观众注意力、激发观众联想的常用方法。

3）创造独特的画面时间

通过对镜头的组接，运用蒙太奇的方法可以对影片中的时间和空间进行任意的选择、组织、加工和改造，从而形成独特的表述元素——画面时空。与早期的影视作品相比，画面时空的运用使得影片的表现领域变得更为广阔，素材的选择取舍也异常灵活，因此更适于表现丰富多彩的现实生活。

4）形成不同的节奏

节奏是情节发展的脉搏，是画面表现形式与内容是否统一的重要表现，也是对画面情感和气氛的一种修饰和补充。它不仅关系到镜头造型，还涉及影片长度与分配问题，因此其发展过程不仅要根据剧情的进展来确定，还要根据拍摄对象的运动速度和摄像机的运动方式来确定。

在后期编辑过程中，蒙太奇正是通过对镜头的造型形式、运动形式，以及影片长度的控制，实现画面表现形式与内容的密切配合，从而使画面在观众心中留下深刻印象。

可以看出，人们不仅可以利用蒙太奇增强画面的节奏感，还可将自己（创作者）的思想融入到故事中去，从而创造或改变画面中的节奏。

5）表达寓意，创造意境

在对镜头进行分切和组接的过程中，蒙太奇可以利用多个镜头间的相互作用产生新的含义，从而产生一种单个画面或声音所无法表述的思想内容。这样一来，创作者便可以方便地利用蒙太奇表达抽象概念、特定寓意，或创造出特定的意境，如图 1-13 所示。

图 1-13 多镜头效果

1.3.2 组接镜头的基础知识

无论什么影视作品,结构上都是将一系列镜头按一定次序组接后所形成的。然而,这些镜头之所以能够延续下来,并使观众将它们接受为一个完整融合的统一体,是因为这些镜头间的发展和变化秉承了一定的规律。因此,在应用蒙太奇思想组接镜头之前,还需要了解一些镜头组接时的规律与技巧。

1. 镜头组接规律

为了清楚地向观众传达某种思想或信息,组接镜头时必须遵循一定的规律,归纳后可分为以下几点。

1)符合观众的思想方式与影片表现规律

镜头的组接必须要符合生活与思维的逻辑关系。如果影片没有按照上述原则进行编排,必然会由于逻辑关系的颠倒,使观众难以理解。

2)景物的变化要采用"循序渐进"的方法

通常来说,一个场景内"景"的发展不宜过分剧烈,否则便不易与其他镜头进行组接。相反,如果"景"的变化不大,同时拍摄角度的变换亦不大,也不利于同其他镜头的组接。

例如,在编排同一机位、同景物,恰巧又是同一主体的两个镜头时,由于画面内景物的变化较小,因此将两镜头简单组接后会给人一种镜头不停重复的感觉。在这种情况下,除了重新进行拍摄外,还可采用过渡镜头,使表演者的位置、动作发生变化后再进行组接。

综上所述,在拍摄时"景"的发展变化需要采取循序渐进的方法,并通过渐进式地变换不同视觉距离进行拍摄,以便各镜头间的顺利连接。在应用这一技巧的过程中,人们逐渐发现并总结出一些典型的组接句型,如表1-2所示。

表1-2　镜头组接句型介绍

名　称	含　义
前进式句型	该叙述句型是指景物由远景、全景向近景、特写过渡的方法,多用来表现由低沉到高昂向上的情绪或剧情的发展
后退式句型	该叙述句型是由近到远,表示由高昂到低沉、压抑的情绪,在影片中的表现为从细节画面扩展到全景画面的过程
环行句型	这是一种将前进式和后退式句型结合使用的方式。在拍摄时,通常会在全景、中景、近景、特写依次转换完成后,再由特写依次向近景、中景、远景进行转换。在思想上,该句型可用于展现情绪由低沉到高昂,再由高昂转向低沉的过程

3)镜头组接中的拍摄方向与轴线规律

所谓"轴线规律"是指在多个镜头中,拍摄机的位置应始终位于主体运动轴线的同一线,以保证不同镜头内的主体在运动时能够保持一致的运动方向。否则,在组接镜头时,便会出现主体"撞车"的现象,此时的两组镜头便互为跳轴画面。在视频的后期编辑过程中,跳轴画面除了特殊需要外基本无法与其他镜头相组接。

4）遵循"动接动"、"静接静"的原则

当两个镜头内的主体始终处于运动状态，且动作较为连贯时，可以将动作与动作组接在一起，从而达到顺畅过渡、简洁过渡的目的，该组接方法称为"动接动"。

与之相应的是，如果两个镜头的主体运动不连贯，或者它们的画面之间有停顿时，则必须在前一个镜头内的主体完成一套动作后，才能与第二个镜头相组接。并且，第二个镜头必须是从静止的镜头开始，该组接方法便称为"静接静"。在"静接静"的组接过程中，前一个镜头结尾停止的片刻叫"落幅"，后一个镜头开始时静止的片刻叫做"起幅"，起幅与落幅的时间间隔大约为 1～2s。

此外，在将运动镜头和固定镜头相互组接时，同样需要遵循这个规律。例如，一个固定镜头需要与一个摇镜头相组接时，摇镜头开始要有"起幅"；当摇镜头要与固定镜头组接时，摇镜头结束时必须要有"落幅"，否则组接后的画面便会给人一种跳动的视觉感。

提 示

摇镜头是指在拍摄时，摄影机机位不动，只有机身做上、下、左、右的旋转等运动。在影视创作中，摇镜头可用于介绍环境、从一个被摄主体转向另一个被摄主体、表现人物运动、表现剧中人物的主观视线、表现剧中人物的内心感受等。

2．镜头组接的节奏

在一部影视作品中，作品的题材、样式、风格，以及情节的环境气氛、人物的情绪、情节的起伏跌宕等元素都是确定影片节奏的依据。然而，要想让观众能够很直观地感觉到这一节奏，不仅需要通过演员的表演、镜头的转换和运动，以及场景的时空变化等前期制作因素，还需要运用组接的手段，严格掌握镜头的尺寸、数量与顺序，并在删除多余枝节后才能完成。也就是说，镜头组接是控制影片节奏的最后一个环节。

然而在实施上述操作的过程中，影片内每个镜头的组接，都要以影片内容为出发点，并在以此为基础的前提下来调整或控制影片节奏。例如，在一个宁静祥和的环境中，如果出现了快节奏的镜头转换，往往会让观众感觉到突兀，甚至心理上难以接受，而这显然并不合适。相反，在一些节奏强烈、激荡人心的场面中，如果猛然出现节奏及其舒缓的画面，便极有可能冲淡画面的视觉冲击效果。

3．镜头组接的时间长度

在剪辑、组接镜头时，每个镜头停滞时间的长短，不仅要根据内容难易程度和观众的接受能力来决定，还要考虑到画面构图及画面内容等因素。例如，在处理远景、中景等包含内容较多的镜头时，便需要安排相对较长的时间，以便观众看清这些画面上的内容；对于近景、特写等空间较小的画面，由于画面内容较少，因此可适当减少镜头的停留时间。

此外，画面内的一些其他因素，也会对镜头停留时间的长短起到制约作用。例如，画面内较亮的部分往往比较暗的部分更能引起人们的注意，因此在表现较亮部分时可适当减少停留时间；如果要表现较暗的部分，则应适当延长镜头的停留时间。

1.3.3 镜头组接蒙太奇简介

在镜头组接的过程中，蒙太奇具有叙事和表意两大功能，并可分为叙事蒙太奇、表现蒙太奇和理性蒙太奇 3 种基本类型。并且，在此基础上还可进一步划分。

1. 叙事蒙太奇

叙事蒙太奇的特征是以交代情节、展示事件为主旨，按照情节发展的时间流程、因果关系来分切组合镜头、场面和段落，从而引导观众理解剧情。因此，采用该蒙太奇思想组接而成的影片脉络清晰、逻辑连贯、明白易懂。

在叙事蒙太奇的应用过程中，根据具体情况的不同，还可将其分为以下 4 种情况。

1）平行蒙太奇

这种蒙太奇的表现方法是将不同时空（或同时异地）发生的两条或两条以上的情节线并列表现，虽然是分头叙述但却统一在一个完整的结构之中。因此，具有情节集中、节省篇幅、扩大影片信息量，以及增强影片节奏等优点；并且，几条线索的平行展现，也利于情节之间的相互烘托和对比，从而增强影片的艺术感染效果。

2）交叉蒙太奇

交叉蒙太奇又称交替蒙太奇，是一种将同一时间不同地域所发生的两条或数条情节线，迅速而频繁地交替组接在一起的剪辑手法。在组织的各条情节线中，其中一条情节线的变化往往影响其他情节的发展，各情节线相互依存，并最终汇合在一起。与其他手法相比，交叉蒙太奇剪辑技巧极易引起悬念，造成紧张激烈的气氛，并且能够加强矛盾冲突的尖锐性，是引导观众情绪的有力手法，多用于惊险片、恐怖片或战争题材的影片。

3）重复蒙太奇

这是一种类似于文学复叙方式的影片剪辑手法，其方式是在关键时刻反复出现一些包含寓意的镜头，以达到刻画人物、深化主题的目的。

4）连续蒙太奇

该类型蒙太奇的特点是沿着一条情节线索进行发展，并且会按照事件的逻辑顺序，有节奏地连续叙事，而不像平行蒙太奇或交叉蒙太奇那样同时处理多条情节线。与其他类型的剪辑方式相比，连续蒙太奇有着叙事自然流畅、朴实平顺的特点。但是，由于缺乏时空与场面的变换，连续蒙太奇无法直接展示同时发生的情节，以及多情节内的对列关系，并且容易带来拖沓冗长、平铺直叙之感。

2. 表现蒙太奇

表现蒙太奇是以镜头对列为基础，通过关联镜头在形式或内容上的相互对照、冲击，从而产生单个镜头本身所不具有的丰富含义，以表达某种情绪或思想，从而达到激发现众进行联想与思考的目的。

1）抒情蒙太奇

这是一种在保证叙事和描写连贯性的同时，通过与剧情无关的镜头来表现人物思想和情感，以及事件发展的手法。最常见、最易被观众所感受到的抒情蒙太奇，往往是在一段叙事场面之后，恰当地切入象征情绪情感的其他镜头。

2）心理蒙太奇

该类型的剪辑手法是进行人物心理描写的重要手段，能够通过画面镜头组接或声画有机结合，形象而生动地展示出人物的内心世界。常用于表现人物的梦境、回忆、闪念、幻觉、遐想、思索等精神活动。这种蒙太奇在剪接技巧上多用交叉、穿插等手法，其特点是画面和声音形象的片断性、叙述的不连贯性和节奏的跳跃性，并且会在声画形象带有剧中人物强烈的主观性。

3）隐喻蒙太奇

通过镜头或场面的对列进行类比，含蓄而形象地表达创作者的某种寓意。这种手法往往将不同事物之间某种相似的特征突现出来，以引起观众的联想，领会导演的寓意和领略事件的情绪色彩。

4）对比蒙太奇

类似文学中的对比描写，即通过镜头或场面之间在内容（如贫与富、苦与乐、生与死、高尚与卑下、胜利与失败等）或形式（如景别大小、色彩冷暖、声音强弱、动静等）间的强烈对比，从而产生相互冲突的作用，以表达创作者的某种寓意及其他思想。

3．理性蒙太奇

这是通过画面之间的思想关联，而不是单纯通过一环接一坏的连贯性叙事来表情达意的蒙太奇手法。理性蒙太奇与连贯性叙事的区别在于，即使所采用的画面属于实际经历过的事实，但这种事实所表达的总是主观印象。其中，理性蒙太奇又包括杂耍蒙太奇、反射蒙太奇和思想蒙太奇等类别。

1.3.4　声画组接蒙太奇简介

人类历史上最早出现的电影是没有声音的，画面主要是以演员的表情和动作来引起观众的联想，以及来完成创作思想的传递。随后，人们通过幕后语言配合或者人工声响（如钢琴、留声机、乐队伴奏）的方式与屏幕上的画面相互结合，从而提高了声画融合的艺术效果。

随后，人们开始将声音作为影视艺术的一种表现元素，并利用录音、声电光感应胶片技术和磁带录音技术，将声音作为影视艺术的一个组成因素合并到影视节目之中。

1．影视语言

影视艺术是声音与画面艺术的结合物，两者离开其中之一都不能称为现代影视艺术。在声音元素里，包括了影视的语言因素。在影视艺术中，对语言的要求不同于其他艺术形式，有着自己特殊的要求和规则。

1）语言的连贯性，声画和谐

在影视节目中，如果把语言分解开来，会发现它不像一篇完整的文章，出现语言断续，跳跃性大，而且段落之间也不一定有严密的逻辑性。但是，如果将语言与画面相配合，就可以看出节目整体的不可分割性和严密的逻辑性。这种逻辑性表现在语言和画面不是简单的相加，也不是简单的合成，而是互相渗透、互相溶解、相辅相成。

在声画组合中，有些时候是以画面为主，说明画面的抽象内涵；有些时候是以声音为主，画面只是作为形象的提示。由此可以看出，影视语言可以深化和升华主题，将形象的画面用语言表达出来；可以抽象概括画面，将具体的画面表现为抽象的概念；可以表现不同人物的性格和心态；还可以衔接画面，使镜头过渡流畅；还可以省略画面，将一些不必要的画面省略掉。

2）语言的口语化、通俗化

影视节目面对的观众具有多层次化，除了一些特定影片外，都应该使用通俗语言。所谓的通俗语言，就是影片中使用的口头语言。如果语言出现费解、难懂的问题，便会给观众造成听觉上的障碍，并妨碍到视觉功能，从而直接影响观众对画面的感受和理解，当然也就不能取得良好的视听效果。

3）语言简练概括

影视艺术是以画面为基础的，所以影视语言必须简明扼要，点明即止。影片应主要由画面来表达，让观众在有限的时空里展开遐想，自由想象。

4）语言准确贴切

由于影视画面是展示在观众眼前的，任何细节对观众来说都是一览无余的，因此要求影视语言必须相当精确。每句台词，都必须经得起观众的考验。这就不同于广播语言，即便在有些时候不够准确也能混过听众的听觉。在视听画面的影视节目前，观众既看清画面，又听声音效果，互相对照，一旦有所差别，便很容易被观众发现。

2．语言录音

影视节目中的语言录音包括对白、解说、旁白、独白、杂音等。为了提高录音效果，必须注意解说员的素质、录音技巧以及录音方式。

1）解说员的素质

一个合格的解说员必须充分理解稿本，对稿本的内容、重点做到心中有数，对一些比较专业的词语必须理解；在读的时候还要抓准主题，确定语音的基调，也就是总的气氛和情调。在配音风格上要表现爱憎分明，刚柔相济，严谨生动；在台词对白上必须符合人物形象的性格，解说的语音还要流畅、流利，而不能含混不清楚。

2）录音

录音在技术上要求尽量创造有利的物质条件，保证良好的音质音量，能够尽量在专业录音棚进行。在录音的现场，要有录音师统一指挥，默契配合。在进行解说录音的时候，需要先将画面进行编辑，然后再让配音员观看后做配音。

3）解说的形式

在影视节目的解说中，解说的形式多种多样，因此需要根据影片内容而定。不过大致上可以将其分为三类：第一人称解说、第三人称解说以及第一人称解说与第三人称交替解说的自由形式。

3．影视音乐

在日常生活中，音乐是一种用于满足人们听觉欣赏需求的艺术形式。不过，影视节目中的音乐却没有普通音乐中的独立性，而是具有一定的目的性。也就是说，由于影视节目在内容、对象、形式等方面的不同，决定了影视节目音乐的结构和目的在表现形式上各有特点。此外，影视音乐具有融合性，即影视音乐必须同其他影视因素结合，这是因为音乐本身在表达感情的程度上往往不够准确，但在与语言、音响和画面融合后，便可以突破这种局限性。

1.3.5 影视节目制作的基本流程

一部完整的影视节目从策划、前期拍摄、后期编辑到最终完成，期间需要进行众多的繁杂的步骤。不过，单就后期编辑制作而言，整个项目的制作流程却并不是很复杂，下面对其进行简单介绍。

1. 准备素材

在使用非线性编辑系统制作节目时，需要首先向系统中输入所要用到的素材。多数情况下，编辑人员要做的工作是将磁带上的音视频信号转录到磁盘中。在输入素材时，应该根据不同系统的特点和不同的编辑要求，决定使用的数据传输接口方式和压缩比，一般来说应遵循以下原则：

（1）尽量使用数字接口，如 QSDI 接口、CSDI 接口、SDI 接口和 DV 接口。

（2）对同一种压缩方法来说，压缩比越小，图像质量越高，占用的存储空间越大。

（3）采用不同压缩方式的非线性编辑系统，在录制视频素材时采用的压缩比可能不同，但却有可能获得同样的图像质量。

2. 节目制作

节目制作是非线性编辑系统中最为重要的一个环节，编辑人员在该环节需要进行的工作主要集中在以下几个方面。

- ❑ **素材浏览** 在非线性编辑系统中查看素材拥有极大的灵活性，因为既可以让素材以正常速度播放，也可实现快速重放、慢放和单帧播放等。

- ❑ **定位编辑点** 可实时定位是非线性编辑系统的最大优点，这为编辑人员节省了大量搜索时间，从而极大地提高了编辑效率。

- ❑ **调整素材长度** 通过时码编辑，非线性编辑系统能够提供精确到帧的编辑操作。

- ❑ **组接素材** 通过使用计算机，非线性编辑系统的工作人员能够快速、准确地在节目中的任一位置插入一段素材，也可以实现磁带编辑中常用的插入和组合编辑。

- ❑ **应用特技** 数字技术使影视节目应用特技变得非常简单，而且能够在应用特技的同时观看到应用效果。

□ **添加字幕** 字幕与视频画面的合成方式有软件和硬件两种。其中，软件字幕使用的是特技抠像方法，而硬件字幕则是通过视频硬件来实现字幕与画面的实时混合叠加。

□ **声音编辑** 大多数基于计算机的非线性编辑系统都能够直接从 CD 唱盘、MIDI 文件中录制波形声音文件，并利用同样数字化的音频编辑系统进行处理。

□ **动画制作与合成** 非线性编辑系统除了可以实时录制动画外，还能通过抠像实现动画与实拍画面的合成，极大地丰富了节目制作的手段。

3. 非线性编辑节目的输出

在非线性编辑系统中，节目在编辑完成后主要通过以下 3 种方法进行输出。

1）输出到录像带

这是联机非线性编辑时最常用的输出方式，操作要求与输入素材时的要求基本相同，即优先考虑使用数字接口，其次是分量接口、S-Video 接口和复合接口。

2）输出 EDL 表

在某些对节目画质要求较高，即便非线性编辑系统采用最小压缩比仍不能满足要求时，可以考虑只在非线性编辑系统上进行初编；然后，输出 EDL 表至 DVW 或 BVW 编辑台进行精编。

3）直接用硬盘播出

该方法可减少中间环节，降低视频信号的损失。不过，在使用时必须保证系统的稳定性，有条件的情况下还应准备备用设备。

1.4 常用数字音视频格式介绍

非线性编辑的出现，使得视频影像的处理方式进入了数字时代。与之相应的是，影像的数字化记录方法也更加多样化，下面对目前常见的一些音视频编码技术和文件格式进行简单介绍。

●-- 1.4.1 常见视频格式

视频编码技术的不断发展，使得视频文件的格式种类也变得极为丰富。一般情况下，经常使用的数字视频格式包括下列 6 种格式。

1. MPEG/MPG/DAT

MPEG/MPG/DAT 类型的视频文件都是由 MPEG 编码技术压缩而成的视频文件，被广泛应用于 VCD/DVD 和 HDTV 的视频编辑与处理等方面。其中，VCD 内的视频文件由 MPEG1 编码技术压缩而成（刻录软件会自动将 MPEG1 编码的视频文件转换为 DAT 格式），DVD 内的视频文件则由 MPEG2 压缩而成。

2. AVI

AVI 是由微软公司所研发的视频格式，其优点是允许影像的视频部分和音频部分交错在一起同步播放，调用方便、图像质量好，缺点是文件体积过于庞大。

3．MOV

这是由 Apple 公司研发的一种视频格式，是基于 QuickTime 音视频软件的配套格式。在 MOV 格式刚刚出现时，该格式的视频文件仅能够在 Apple 公司所生产的 Mac 机上进行播放。此后，Apple 公司推出了基于 Windows 操作系统的 QuickTime 软件，MOV 格式也逐渐成为使用较为频繁的视频文件格式。

4．RM/RMVB

这是按照 Real Networks 公司所制定的音频/视频压缩规范而创建的视频文件格式。其中，RM 格式的视频文件只适于本地播放，而 RMVB 除了能够进行本地播放外，还可通过互联网进行流式播放，从而使用户只需进行极短时间的缓冲，便可不间断地长时间欣赏影视节目。

5．WMV

这是一种可在互联网上实时传播的视频文件类型，其主要优点为可扩充媒体类型、本地或网络回放、可伸缩的媒体类型、流的优先级化、多语言支持、扩展性好等。

6．ASF

ASF（Advanced Streaming Format，高级流格式）是 Microsoft 为了和现在的 Real Networks 竞争而发展出来的一种可直接在网上观看视频节目的文件压缩格式。ASF 使用了 MPEG4 压缩算法，其压缩率和图像的质量都很好。

1.4.2 常见音频格式

在影视作品中，除了使用影视素材外，还需要使用大量音频文件来增加影视作品的听觉效果。一般情况下，经常使用的数字音频格式包括下列 4 种格式。

1．WAV

WAV 音频文件也称为波形文件，是 Windows 本身存放数字声音的标准格式。WAV 音频文件是目前最具通用性的一种数字声音文件格式，几乎所有的音频处理软件都支持 WAV 格式。由于该格式文件存放的是没有经过压缩处理，而直接对声音信号进行采样得到的音频数据，所以 WAV 音频文件的音质在各种音频文件中是最好的，同时它的体积也是最大的，1 分钟 CD 音质的 WAV 音频文件大约有 10MB。由于 WAV 音频文件的体积过于庞大，所以不适合于在网络上进行传播。

2．MP3

MP3（MPEG-AudioLayer3）是一种采用了有损压缩算法的音频文件格式。由于 MP3 在采用心理声学编码技术的同时结合了人们的听觉原理，因此剔除了某些人耳分辨不出的音频信号，从而实现了高达 1∶12 或 1∶14 的压缩比。

此外，MP3 还可以根据不同需要采用不同的采样率进行编码，如 96kbps、112kbps、128kbps 等。其中，使用 128kbps 采样率所获得 MP3 的音质非常接近于 CD 音质，但其大小仅为 CD 音乐的 1/10，因此成为目前最为流行的一种音乐文件。

3．WMA

WMA 是微软公司为了与 Real Networks 公司的 RA 以及 MP3 竞争而研发的新一代数字音频压缩技术，其全称为 Windows Media Audio，特点是同时兼顾了高保真度和网络传输需求。从压缩比来看，WMA 比 MP3 更优秀，同样音质 WMA 文件的大小是 MP3 的一半或更少，而相同大小的 WMA 文件又比 RA 的质量要好。总体来说，WMA 音频文件既适合在网络上用于数字音频的实时播放，同时也适用于在本地计算机上进行音乐回放。

4．MIDI

严格来说，MIDI 并不是一种数字音频文件格式，而是电子乐器与计算机之间进行通信的一种通信标准。在 MIDI 文件中，不同乐器的音色都被事先采集下来，每种音色都有一个唯一的编号，当所有参数都编码完毕后，就得到了 MIDI 音色表。在播放时，计算机软件即可通过参照 MIDI 音色表的方式将 MIDI 文件数据还原为电子音乐。

1.5　数字视频编辑基础

现阶段，人们在使用影像录制设备获取视频后，通常还要对其进行剪切、重新编排等一系列处理，然后才会将其用于播出。在上述过程中，对源视频进行的剪切、编排及其他操作统称为视频编辑操作，而当用户以数字方式来完成这一任务时，整个过程便称为数字视频编辑。

1.5.1　线性编辑与非性线编辑

在电影电视的发展过程中，视频节目的制作先后经历了"物理剪辑"、"电子编辑"和"数字编辑" 3 个不同发展阶段，其编辑方式也先后出现了线性编辑和非线性编辑。

1．线性编辑

线性编辑是一种按照播出节目的需求，利用电子手段对原始素材磁带进行顺序剪接处理，从而形成新的连续画面的技术。在线性编辑系统中，工作人员通常使用组合编辑手段将素材磁带顺序编辑后，以插入编辑片段的方式对某一段视频画面进行同样长度的替换。因此，当人们需要删除、缩短或加长磁带内的某一视频片段时，线性编辑便无能为力了。

在以磁带为存储介质的"电子编辑"阶段，线性编辑是一种最为常用且重要的视频编辑方式，其特点如下。

1）技术成熟、操作简便

线性编辑所使用的设备主要有编辑放像机和编辑录像机，但根据节目需求还会用到多种编辑设备。不过，由于在进行线性编辑时可以直接、直观地对素材录像带进行操作，因此整体操作简单。

2）编辑过程烦琐、只能按时间顺序进行编辑

在线性编辑过程中，素材的搜索和录制都必须按时间顺序进行，编辑时只有完成前一段编辑后，才能开始编辑下一段。

为了寻找合适素材，工作人员需要在录制过程中来回反复地查阅素材，这样很浪费时间。更重要的是，如果要在已经编辑好的节目中插入、修改或删除素材，都要严格受到预留时间、长度的限制，无形中给节目的编辑增加了许多麻烦，同时还会造成资金的浪费。最终的结果便是，如果不花费一定的时间，便很难制作出艺术性强、加工精美的电视节目。

3）线性编辑系统所需设备较多

在一套完整的线性编辑系统中，所要用到的编辑设备包括编辑放映机、编辑录像机、遥控器、字幕机、特技器、时基校正器等设备。要全套购买这些设备，不仅投资较高，而且设备间的连线多、故障率也较高，重要的是出现故障后的维修也较为复杂。

2．非线性编辑

进入 20 世纪 90 年代后，随着计算机软硬件技术的发展，计算机在图形图像处理方面的技术逐渐增强，应用范围也覆盖至广播电视的各个领域。随后，出现了以计算机为中心，利用数字技术编辑视频节目的方式，非线性视频编辑由此诞生。

从狭义上讲，非线性编辑是指剪切、复制和粘贴素材时无须在存储介质上对其进行重新安排的视频编辑方式。从广义上讲，非线性编辑是指在编辑视频的同时，还能实现诸多处理效果，例如添加视觉特技、更改视觉效果等操作的视频编辑方式。

与线性编辑相比，非线性编辑的特点主要集中体现在以下方面。

1）素材浏览

在查看素材时，不仅可以瞬间开始播放，还可以使用不同速度进行播放，或实现逐幅播放、反向播放等。

2）编辑点定位

在确定编辑点时，用户既可以手动操作进行粗略定位，也可以使用时码精确定位编辑点。由于不再需要花费大量时间来搜索磁带，因此极大地提高了编辑效率，如图 1-14 所示。

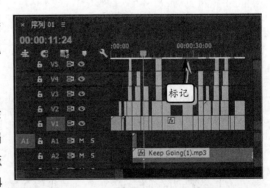

图 1-14　视频编辑素材上的各种标记

3）调整素材长度

非线性编辑允许用户随时调整素材长度，并可通过时码标记实现精确编辑。此外，非线性编辑方式还吸取了电影剪接时简便直观的优点，允许用户参考编辑点前后的画面，以便直接进行手工剪辑。

4）素材的组接

在非线性编辑系统中，各段素材间的相互位置可随意调整。因此，用户可以在任何时候删除节目中的一个或多个片段，或向节目中的任意位置插入一段新的素材。

5）素材的复制和重复使用

在非线性编辑系统中，由于用到的所有素材全都以数字格式进行存储，因此在复制素材时不会引起画面质量的下降。此外，同一段素材可以在一个或多个节目中反复使用，而且无论使用多少次，都不会影响画面质量。

6）便捷的效果制作功能

在非线性编辑系统中制作特技时，通常可以在调整特技参数的同时观察特技对画面的影响，如图 1-15 所示。此外，根据节目需求，人们可随时扩充和升级软件的效果模块，从而易于增加新的特技功能。

图 1-15　轻松制作特技效果

提示

非线性编辑系统中的特技效果独立于素材本身，即用户不仅可以随时为素材添加某种特殊效果，还可随时去除该效果，以便将素材还原至最初的样式。

7）声音编辑

基于计算机的非线性编辑系统能够方便地从 CD 唱盘、MIDI 文件中采集音频素材。而且，在使用编辑软件进行多轨声音的合成时，也不会受到总音轨数量的限制。

8）动画制作与合成

由于非线性编辑系统的出现，动画的逐帧录制设备已被淘汰。而且，非线性编辑系统除了可以实时录制动画以外，还能够通过抠像的方法实现动画与实拍画面的合成，从而极大地丰富了影视节目制作手段，如图 1-16 所示。

图 1-16　由动画明星和真实人物共同"拍摄"的电影

1.5.2 非线性编辑系统的构成

非线性编辑的实现要靠软件与硬件两方面的共同支持，而两者间的组合，便称为非线性编辑系统。目前，一套完整的非线性编辑系统，其硬件部分至少应包括一台多媒体计算机，此外还需要视频卡、IEEE 1394 卡，以及其他专用板卡（如特技卡）和外围设备，如图 1-17 所示。

● 图 1-17 非线性编辑系统中的部分硬件设备

其中，视频卡用于采集和输出模拟视频，也就是担负着模拟视频与数字视频之间相互转换的功能，图 1-18 展示了一款视频卡。

从软件上看，非线性编辑系统主要由非线性编辑软件、二维动画软件、三维动画软件、图像处理软件和音频处理软件等外围软件构成。

提 示

> 随着计算机硬件性能的提高，编辑处理视频对专用硬件设备的依赖越来越小，而软件在非线性编辑过程中的作用日益突出。因此，熟练掌握一款像 Premiere Pro 之类的非线性编辑软件显得尤为关键。

● 图 1-18 非线性编辑系统中的视频卡

1.5.3 非线性编辑的工作流程

无论是在哪种非线性编辑系统中，其视频编辑工作流程都可以简单地分为输入、编辑和输出 3 个步骤。当然，由于不同非线性编辑软件在功能上的差异，上述步骤还可进一步细化。下面以 Premiere Pro 为例，简单介绍非线性编辑视频时的整个工作流程。

1. 素材采集与输入

素材是视频节目的基础，因此收集、整理素材后将其导入编辑系统，便成为正式编辑视频节目前的首要工作。利用 Premiere Pro 的素材采集功能，用户可以方便地将磁带或其他存储介质上的模拟音/视频信号转换为数字信号后存储在计算机中，并将其导入至编辑项目，使其成为可以处理的素材。

除此之外，Premiere Pro 还可以将其他软件处理过的图像、声音等素材直接纳入当前的非线性编辑系统中，并将上述素材应用于视频编辑的过程中。

2. 素材编辑

多数情况下，并不是素材中的所有部分都会出现在编辑完成的视频中。很多时候，视频编辑人员需要使用剪切、复制、粘贴等方法，选择素材内最合适的部分，然后按一定顺序将不同素材组接成一段完整视频，而上述操作便是编辑素材的过程。图 1-19 为视频编辑人员在对部分素材进行编辑时的软件截图。

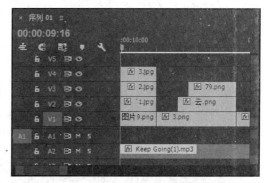

图 1-19 编辑素材中的工作截图

3. 特技处理

由于拍摄手段与技术及其他原因的限制，很多时候人们都无法直接得到所需要的画面效果。例如，在含有航空镜头的影片中，很多镜头无法通过常规方法获取。此时，视频编辑人员便需要通过特技处理的方式向观众呈现此类很难拍摄或根本无法拍摄到的画面效果，如图 1-20 所示。

图 1-20 视频中的合成效果

4. 添加字幕

字幕是影视节目的重要组成部分，在该方面 Premiere Pro 拥有强大的字幕制作功能，操作也极其简便。除此之外，Premiere Pro 还内置了大量字幕模板，很多时候用户只需借助字幕模板，便可以获得令人满意的字幕效果，如图 1-21 所示。

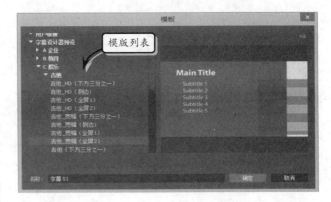

5. 输出影片

视频节目在编辑完成后，就可以输出回录到录像带上。当然，根据需要也可以将其输出为视频文件，以便发布到网上，或者直接刻录成 VCD 光盘、DVD 光盘等，如图 1-22 所示。

图 1-21　**Premiere 内置的字幕模板**

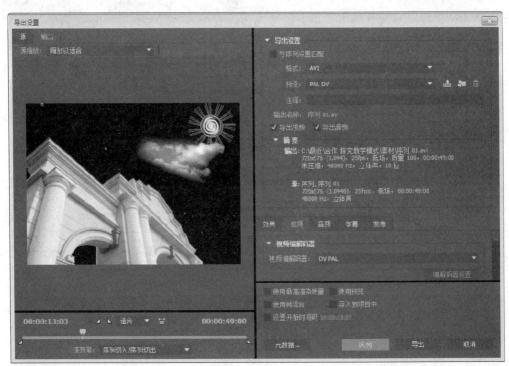

图 1-22　将编辑项目输出为视频

第 2 章

Premiere Pro CC 概述

本章将详细介绍 Premiere Pro CC 版本的工作界面、新增功能、创建项目等基础知识。

本章学习目的：

- ➢ Premiere Pro 简介；
- ➢ Premiere Pro CC 系统功能；
- ➢ Premiere Pro CC 的工作界面；
- ➢ Premiere Pro CC 新增功能；
- ➢ 自定义工作空间；
- ➢ 创建项目并设置项目信息；
- ➢ 打开与保存项目。

2.1 Premiere Pro 简介

Premiere Pro 是由 Adobe 公司所开发的一款非线性视频编辑软件，具有采集、剪辑、调色、美化音频、字幕添加、输出、DVD 刻录等功能，是目前影视编辑领域内应用最广泛的视频编辑与处理软件。

2.1.1 Premiere Pro 版本介绍

Premiere Pro 是一款常用于视频组合和拼接的非线性视频编辑软件，具有较好的兼容性，可以与 Adobe 公司推出的其他软件相互协作。目前这款软件广泛应用于广告制作和电视节目制作中，其常用版本包括 CS4、CS5、CS6、CC 以及 CC 2014，其最新版本为 Adobe Premiere Pro CC 2015。

Premiere Pro 的具体版本比较多，下面详细介绍一些具有重要功能和转折意义的版本，如表 2-1 所示。

表 2-1　Premiere Pro 主要版本及其重要功能汇总表

版　　本	功　　能
Premiere Pro 2.0	实现了历史性的飞跃，不仅奠定了 Premiere 的软件构架和全部主要功能；而且还第一次提出了 Pro（专业版）的概念，从此 Premiere 多了 Pro 的后缀并且一直沿用至今
Premiere Pro CS3	该版本首次加入了 Creative Suite（缩写 CS）Adobe 软件套装，其版本号名称被更换为(CSx)，并整合了动态链接
Premiere Pro CS5	该版本为首个原生 64 位程序，具有大内存多核心极致发挥、水银加速引擎（仅限 Nvida 显卡）、支持加速特效无渲染实时播放等
Premiere Pro CS6	该版本为原生 64 位程序，其软件界面被重新规划，去繁从简，删掉了大量按钮和工具栏
Premiere Pro CC	该版本为原生 64 位程序，具有创意云 CreativeCloud、内置动态链接、水银加速新增支持 AMD 显卡、原生官方简体中文语言支持等

如果用户当前的操作系统为 32 位，则只能安装 Premiere Pro 2.0、CS3 或 CS4 版本。而在安装过程中最好不要安装绿色版和精简版，否则会出现一些输出问题。

如果用户当前系统配置过低，则推荐使用 Vegas、Edius 版本。但 32 位版本的 Premiere 性能优化比较低，相对于要求配置系统比较高的 Premiere 来讲，除了无法充分利用 4GB 以上的内存和多核处理器之外，还容易出现白屏、卡机和崩溃等现象。

如果用户当前的操作系统为 64 位的 Windows7 或 Windows8，则推荐使用 CC 版。Adobe 在 CS6 版本后重新改良了软件的内核，带来了非常明显的性能优化和硬件提速，如果用户的显卡支持水银加速或破解了水银加速，则会获得更优秀的实时性能。

2.1.2　Premiere Pro 常用功能

Premiere Pro 作为一款应用广泛的视频编辑软件，具有从前期素材采集到后期素材编辑与效果制作等一系列功能。因此，最常用的功能包括剪辑与编辑素材、制作效果、添加过渡、创建与编辑字幕等。

1. 剪辑与编辑素材

Premiere Pro 拥有多种素材编辑工具，让用户能够轻松剪除视频素材中的多余部分，并对素材的播放速度、排列顺序等内容进行调整。

2. 制作效果

Premiere Pro 预置有多种不同效果、不同风格的音、视频效果滤镜。应用这

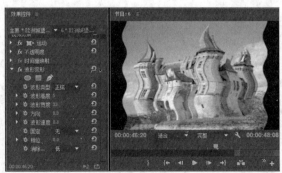

图 2-1　为素材应用效果滤镜

些效果滤镜后，视频素材可实现曝光、扭曲画面、立体相册等众多效果，如图 2-1 所示。

3．为相邻素材添加过渡

Premiere Pro 拥有闪白、黑场、淡入淡出等多种不同类型、不同样式的视频过渡效果，能够让各种样式的镜头实现自然过渡。图 2-2 为 2 张素材图片在使用"菱形划像"过渡后的变换效果。

注　意

在实际编辑视频素材的过程中，在两个素材片段间应用过渡时必须谨慎，以免给观众造成突兀的感觉。

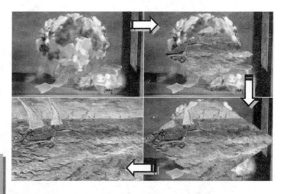

图2-2　在素材间应用过渡效果

4．创建与编辑字幕

Premiere Pro 拥有多种创建和编辑字幕的工具，灵活运用这些工具能够创建出各种效果的静态字幕和动态字幕，从而使影片内容更加丰富，如图 2-3 所示。

5．编辑、处理音频素材

声音也是现代影视节目中的一个重要组成部分，为此 Premiere Pro 也为用户提供了强大的音频素材编辑与处理功

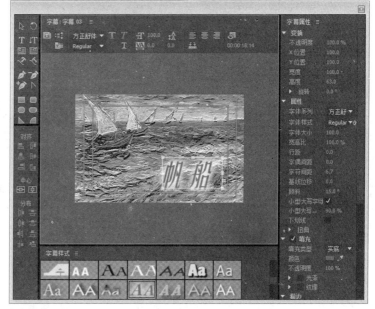

图2-3　创建字幕

能。在 Premiere Pro 中，用户不仅可以直接修剪音频素材，还可制作出淡入淡出、回声等不同的音响效果，如图 2-4 所示。

6．影片输出

当整部影片编辑完成后，Premiere Pro可以将编辑后的众多素材输出为多种格式的媒体文件，如 AVI、MOV 等格式的数字视频，如图 2-5 所示。或者，将素材输出为GIF、TIFF、TGA 等格式的静态图片后，再借助其他软件做进一步的处理。

图2-4　对音频素材进行编辑操作

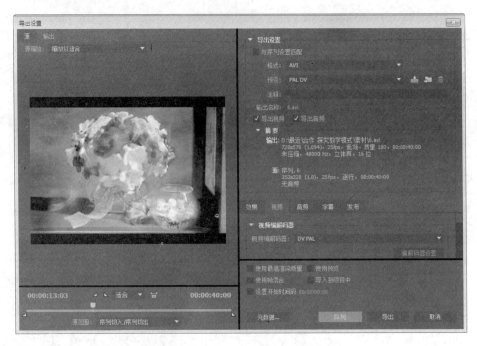

图 2-5　导出影视作品

2.2　认识 Premiere Pro CC

Premiere Pro CC 是 Adobe 公司推出的最新版本的非线性编辑软件，当用户了解影视后期制作基础知识之后，便需要认识一下 Premiere Pro CC 的工作界面、新增功能以及工作空间等基础知识。

2.2.1　Premiere Pro CC 系统要求

Premiere Pro 安装具有一定的系统要求，针对最新版本的 Premiere Pro CC 而言，更需要相对较高端的系统配置。

Premiere Pro CC 版本不仅支持 Windows 系统，而且还可以在 Mac OS 系统中安装使用。在 Windows 系统中安装，需要的硬件配置如表 2-2 所示。

表 2-2　Premiere Pro CC 在 Windows 系统中安装硬件配置表

系　　统	配　　置
处理器	英特尔酷睿 2 双核以上或 AMD 羿龙®Ⅱ以上处理器
操作系统	MicrosoftWindows7（带有 Service Pack 1）或 Windows 8（64 位）
内存	4GBRAM（建议使用 8GB）
硬盘	7200　r/min 或更快的硬盘驱动器，4GB 以上可用硬盘空间用于安装，10GB 额外硬盘空间用于浏览文件及其他工作档案
分辨率	1280×800 屏幕分辨率
声卡	声卡兼容 ASIO 协议或 Microsoft Windows 驱动程序模型
QuickTime	QuickTime 7.6.6 以上软件

而对于 Mac OS 系统，需要的配置如表 2-3 所示。

表 2-3　Premiere Pro CC 在 Mac OS 系统中安装硬件配置表

系　　统	配　　置
处理器	英特尔酷睿 2 双核以上或 AMD 羿龙 II 以上处理器
操作系统	MicrosoftWindows7（Service Pack 1）或 Windows 8（64 位）
内存	4GBRAM（建议使用 8GB）
硬盘	7200 r/min 或更快的硬盘驱动器，4GB 以上可用硬盘空间用于安装，10GB 额外硬盘空间用于浏览文件及其他工作档案
分辨率	1280×800 屏幕分辨率
QuickTime	QuickTime 7.6.6 以上软件

2.2.2　Premiere Pro CC 的工作界面

Premiere Pro CC 相对于旧版本软件来讲，不仅增加了启动界面的优美感，而且在其工作界面中也有一些细微的改进。

1. 欢迎界面

当用户启用 Premiere Pro CC 时，会出现一个欢迎界面，以帮助用户进行相应的操作，包括打开最近项目、新建项目、了解、设置同步等操作，如图 2-6 所示。

> **提　示**
>
> 用户可以通过禁用【启动时显示欢迎屏幕】复选框，取消启动时所显示的欢迎界面，直接进入工作界面。

2. 工作界面

关闭欢迎界面或在欢迎界面中执行某项操作之后，便可以进入工作界面中。Premiere Pro CC 所提供的工作界面是一种可伸缩、自由定制的界面，用户可以根据工作习惯自由设置界面。默认的黑色界面颜色使整个界面显得更加紧凑，如图 2-7 所示。

图 2-6　欢迎界面

默认情况下，工作界面是由菜单栏、工具栏、【源】窗口、【时间轴】面板、【节目监视器】面板以及其他面板等模块组成。Premiere Pro CC 工作界面中各面板的具体功能如下所述。

- ❑ 【项目】面板　该面板主要分为三个部分，分别为素材属性区、素材列表和工具按钮，主要作用是管理当前编辑项目内的各种素材资源，此外还可在素材属性区域内查看素材属性并快速预览部分素材的内容。
- ❑ 【时间轴】面板　该面板是人们在对音、视频素材进行编辑操作时的主要场所之一，共由视频轨道、音频轨道和一些工具按钮组成。

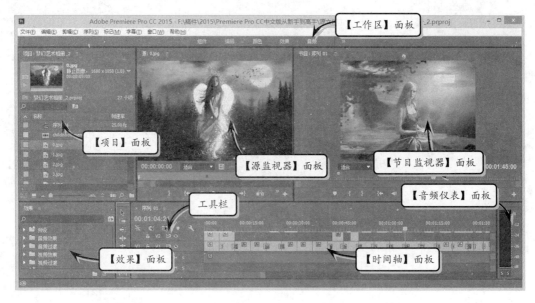

图2-7 工作界面

- □ 【节目监视器】面板　该面板用于在用户编辑影片时预览操作结果，该面板共由监视器窗格、当前时间指示器和影片控制按钮所组成。
- □ 【源监视器】面板　该面板用于显示某个文件，以及在该面板中剪辑、播放该文件。
- □ 【音频仪表】面板　该面板用于显示播放【时间轴】面板中视频片段中的音频波动效果。
- □ 工具栏　主要用于对时间轴上的素材进行剪辑、添加或移除关键帧等操作。
- □ 【工作区】面板　该面板用于切换工作区的类型，包括组件、编辑、颜色、效果、音频和源数据记录等工作区类型。

2.2.3　Premiere Pro CC 新增功能

作为 Premiere Pro 系列软件中的最新版本，Adobe 公司在 Premiere Pro CC 中增加或增强了快速颜色工作流程、Morph Cut 过渡、扩展功能、资源共享以及若干新功能，这些功能不仅让 Premiere Pro 变得更为强大，还增强了 Premiere Pro 的易用性。

1. 改进的工作界面

Premiere Pro CC 2015 的英文版拥有全新的欢迎体验，以帮助用户发现、学习和使用 Premiere Pro 中的功能。当用户启用 Premiere Pro 软件，或执行【帮助】|【欢迎】命令时，即可显示一个基于选项卡的"欢迎"屏幕，通过该屏幕不仅可以轻松查找新功能、快速入门教程、提示和技巧，而且还可以显示与用户相关的 Premiere Pro 订阅和使用有关的个性化内容。

除了新颖的英文版的欢迎界面之外，Premiere Pro CC 2015 版本提供了更为动态的用户界面，包括面向任务的【工作区】面板，该面板可针对用户手头的工作类型显示所需要的工具集。其中，每个工作区侧重于后期制作工作流程的特定任务，并且包含各种面板，即包含可处理该任务所需的选项和控件，如图 2-8 所示。

2. 新增颜色功能

Premiere Pro CC 新增了 Lumetri 颜色工具，该工具结合了 Adobe SpeedGrade 和 Adobe Lightroom 技术，以方便用户协同颜色编辑和颜色分级工作。

全新的 Lumetri 颜色工作区提供了完整的专业颜色分级工具箱，用户可以直接在编辑时间轴上使用专业颜色工具，以便对素材进行分级，如图 2-9 所示。

在 Lumetri 颜色工作区中，还可以使用滑块和控件来进行简单的颜色校正或复杂的 Lumetri Looks 设置。除此之外，还可以通过使用高级颜色校正工具，轻松调整剪切或微调分级，如图 2-10 所示。

3. 新增 Morph Cut 过渡效果

Morph Cut 是 Premiere Pro 新增的一种视频过渡效果，可通过在原声摘要之间平滑跳切来创建更加完美的访谈，而不必淡入淡出或切去其他场景。

在具有"演说者头部特写"的素材中，可通过移除剪辑中不需要的部分，并为其应用 Morph Cut 视频过渡平滑分散注意力的跳切，有效清理访谈对话。除此之外，用户还可以使用 Morph Cut 重新整理访谈素材中的剪辑，以确保叙事流的平滑性，而杜绝视觉连续性上的任何跳跃点，如图

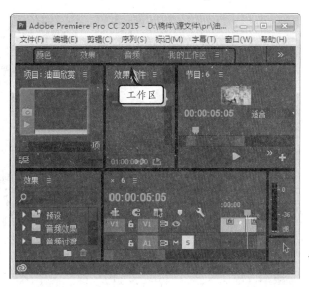

图 2-8　工作界面

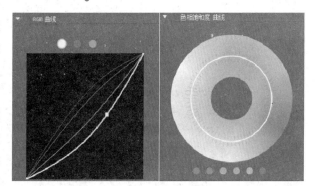

图 2-9　Lumetri 颜色工具

图 2-10　Lumetri Looks 设置

2-11 所示。

Morph Cut 采用脸部跟踪和可选流插值的高级组合，可在剪辑之间形成无缝过渡。若使用得当，Morph Cut 过渡看起来就像拍摄视频一样自然，而不存在可能中断叙事流的想象。

4. 新增【库】面板

Premiere Pro CC 提供了 Creative Cloud Libraries，用户所有收藏自由可通过 Premiere Pro 中的【库】面板进行访问。通过该新增功能，用户可以跨 Adobe 桌面和移动应用程序来保存、访问和重复使用存储在库中的资源。

图 2-11 Premiere Clip 项目

用户还可以与具有 Creative Cloud 账户的任何人共享库资源，通过共享可达到与团队成员进行协作的目的，还可以在含有常见资源（如图片、颜色、Looks、类型颜色）的项目之间保持一致。

5. 与 Premiere Clip 紧密集成

Premiere Pro 还与 Premiere Clip 更紧密的集成，该集成使用户通过几个轻松的步骤便可从快速手机编辑无缝转换为更加专业的台式机非线性编辑。

Adobe Premiere Clip 可借助 iPhone 和 iPad 轻松快速地制作令人惊叹的视频，并利用 Creative Cloud 功能将资源从手机无缝传输到台式机，并让其完成一些专业级的编辑工作，从而将用户的创造能力提升一个级别。用户可以直接从 Premiere Pro 的【欢迎】屏幕中打开 Premiere Clip 项目，并可将 Premiere Clip 中应用的编辑、音乐提示和 Look 直接转换到 Premiere Pro 时间轴中，如图 2-12 所示。

6. 与 Adobe Stock 无缝集成

Adobe Stock 是用于销售数百万

图 2-12 Premiere Clip 项目

高质量、免版税的照片、插图和图形的一项新服务。用户可以使用 Premiere Pro 中的【库】面板来搜索 Adobe Stock 按钮或内容，然后为 Premiere Pro 库中的资源购买许可证。或者，将一些未获许可的预览（带水印）副本添加到【库】面板中，以后再为其购买许可证。

7．改进音频工作流

Premiere Pro CC 集成了来自 Adobe Audition 的强大音频引擎，从而确保无缝和强大的音频编辑体验。

除此之外，改进的音频工作流还包括更快的画外音录制配置、多通道音频导出和用于音频路由的更直观的用户界面。当用户需要为标准、单声道、5.1 和自适应轨道直观地分配输出通道时，新的音频路由界面可以使用户能够施加更多的控制。例如，"修改剪辑"工作流程中的音频通道带有一个矩阵，可将源文件中的可用通道与剪辑中的通道和轨道项匹配起来。

此外，Premiere Pro 还允许用户使用即插即用的各种音频硬件，包括 ASIO 和 MME(Windows)以及 CoreAudio(Mac)。

8．Dynamic Link 视频流

当用户使用 Dynamic Link 视频流式传输选项向 Audition 发送 Premiere Pro 项目时，可以在 Audition 中以它的本机分辨率来查看视频。

首先，在【项目】面板中选择一个包含音频的序列。然后，执行【编辑】|【在 Adobe Audition 中编辑】|【序列】命令，在弹出的【在 Adobe Audition 中编辑】对话框中，将【视频】选项设置为【通过 Dynamic Link 发送】，单击【在 Adobe Audition 中打开】复选框即可，如图 2-13 所示。

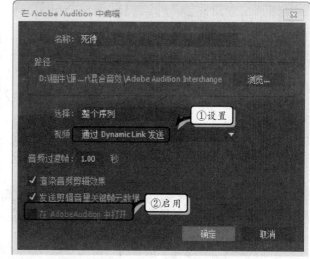

图 2-13　Dynamic Link 视频流

9．时间调谐器

时间调谐器是 Adobe Media Encoder 中的一项新功能，可为用户提供精准的持续时间的细微编辑。时间调谐器通过在场景更改或视觉活动较弱的部分自动添加或移除帧来调整视频长度。该新增功能可满足特定的交付要求，对一些在广播公司工作的编辑人员特别有用。

10．字幕刻录

Premiere Pro CC 新增字幕刻录功能，该功能可以使用户能够针对隐藏字幕和开放字幕的文件格式将永久字幕刻录到视频中。

当用户导入开放字幕文件时，Premiere Pro 会将开放字幕自动转换为隐藏字幕。此时，用户可以使用 Premiere Pro 或 Adobe Media Encoder 编辑字幕并刻录到视频中。

11．显示在最小化时间轴轨道上的剪辑标记

在旧版本的 Premiere Pro 中，当轨道收缩到最小高度时，不会显示剪辑标记。而新版本的 Premiere Pro 中，可以始终显示剪辑标记，以方便用户对其进行操作。当用户需要关闭剪辑标记时，则需要在【时间轴】面板中单击 ▓ 按钮，取消选择【显示剪辑标记】选项。

12．从序列段创建子序列

在新版本的 Premiere Pro 中，用户可以在源监视器中使用入点/出点范围制作序列的一部分，并创建一个只包含具有原始剪辑内容和轨道布局的入点/出点范围的新序列。例如，可以将一个长序列划分为几个可用作其他序列的源的分段。

用户只需在【时间轴】面板或【源监视器】面板中打开一个序列，并标记入点和出点范围。然后，执行【序列】|【制作子序列】命令，即可使用原始序列的名称在【项目】面板中创建一个新序列，其新序列的名称会附加_Sub_01，并且会针对下一个子序列自动递增。

13．新增其他功能

除了上述 12 种新增功能之外，Premiere Pro CC 还新增了【效果控件】面板中提供的源设置、改进的四点编辑、直接在【节目监视器】面板中调整锚点、在时间轴中缩放对数波形、在【项目】面板中隐藏项、在修剪期间合成预览、为项目项禁用主剪辑效果，以及扩展格式支持、新增帧定格选项、以特定时间码导出影片、改进的事件通知等新功能。

2.3 创建项目并设置项目信息

在 Premiere Pro CC 中，创建项目是为获得某个视频剪辑而产生的任务集合，或者理解为对某个视频文件的编辑处理工作而创建的框架。在制作影片时，由于所有操作都是围绕项目进行的，因此对 Premiere 项目的各项管理、配置工作便显得尤其重要。

2.3.1 创建项目

Premiere Pro CC 中，所有的影视编辑任务都以项目的形式呈现，因此创建项目文件是 Premiere 软件进行视频制作的首先工作。为此，Premiere 提供了两种创建项目的方法。

1．欢迎界面新建法

启动 Premiere 时，系统会自动弹出欢迎界面。在该界面中，系统提供了【将设置

同步到 Adobe Creative Cloud】、【打开最近项目】、【了解】和【新建】4个选项组。用户只需在【新建】选项组中，选择【新建项目】选项，即可创建一个新项目，如图 2-14 所示。

2. 菜单新建法

当用户在使用 Premiere 的过程中需要新建一个项目时，在菜单栏中执行【文件】|【新建】|【项目】命令（快捷键 Ctrl+Alt+N），可新建一个空白项目，如图 2-15 所示。

2.3.2 设置项目信息

无论用户使用哪种项目创建方法，在创建项目之后系统都会自动弹出【新建项目】对话框，以帮助用户对项目的配置信息进行一系列设置，使其满足用户在编辑视频时的工作基本环境，如图 2-16 所示。

在【新建项目】对话框中，用户可以在【名称】文本框中输入项目名称。另外，单击【浏览】按钮，在弹出的【请选择新项目的目标路径】对话框中，选择新项目的保存文件夹，单击【选择文件夹】按钮，设置新项目的保存位置，如图 2-17 所示。

设置完新项目名称和保存位置之后，用户便可以详细地设置【常规】和【暂存盘】选项卡中的各个选项。

1. 设置常规选项

在【新建项目】对话框中的【常

图 2-14 在欢迎界面中创建项目

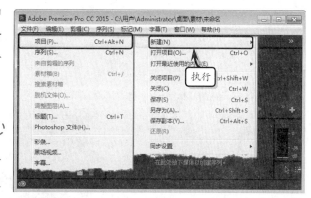

图 2-15 在菜单中创建项目

图 2-16 新建项目中的常规对话框

规】选项卡中，主要用于设置视频渲染和回放、视频格式、音频格式和捕捉格式等选项，其每种选项的具体含义如下所述。

- □ 【视频渲染和回放】 该选项组主要用来指定是否启用 Mercury Playback Engine 软件或硬件功能。用户可单击【渲染程序】下拉按钮，在下拉列表中选择具体选项。

- □ 【视频】 该选项组主要用来设置影片的视频格式，用户可单击【显示格式】下拉按钮，在下拉列表中选择"时间码"、"英尺+帧 16 毫米"、"英尺+帧 35 毫米"或"帧"选项。

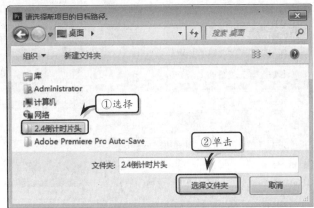

图 2-17 新建项目中的保存位置

- □ 【音频】 该选项组主要用来设置影片的音频格式，用户可单击【显示格式】下拉按钮，在其下拉列表中选择"音频采样"或"毫秒"选项。

- □ 【捕捉】 该选项组主要用来设置素材捕捉格式，用户可单击【捕捉格式】下拉按钮，在其下拉列表中选择 DV 或 HDV 选项。

- □ 【针对所有实例显示项目项的名称和标签颜色】 启用该复选框，所有轨道项的名称和标签颜色将匹配相应的项目项。

2. 设置暂存盘

在【新建项目】对话框中，【暂存盘】选项卡用来设置采集到的音/视频素材、视频预览文件和音频预览文件以及项目自动保存位置，如图 2-18 所示。

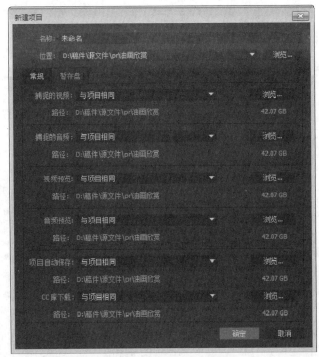

图 2-18 新建项目中的暂存盘对话框

在该选项卡中，用户只需单击各选项对应的【浏览】按钮，即可在弹出的【选择文件夹】对话框中，设置文件的保存位置，如图 2-19 所示。

在【暂存盘】面板中，由于各个临时文件夹的位置被记录在项目中，因此严禁在项目设置完成后更改所设临时文件夹的名称与保存位置，否则将造成项目所用文件的链接丢失，导致无法进行正常的项目编辑工作。

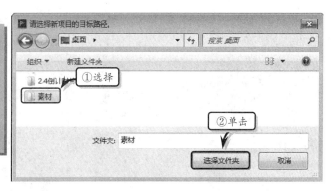

2.3.3　新建序列

序列是 Premiere 项目中的重要组成元素，项目内的所有素材，以及为素材所应用的动画、特效和自定义设置都会装载在"序列"内。

Premiere 内的"序列"是单独操作的，创建项目后，执行【文件】|【新建】|【序列】命令，即可弹出【新建序列】对话框，该对话框主要包括序列预设、设置、轨道 3 部分内容。

1. 序列预设

在【新建序列】对话框中，激活【序列预设】选项卡，分门别类地列出了众多序列预置方案，在选择某种预置方案后，可在右侧文本框内查看相应的方案描述信息与部分参数，如图2-20 所示。

图 2-19　文件的保存位置

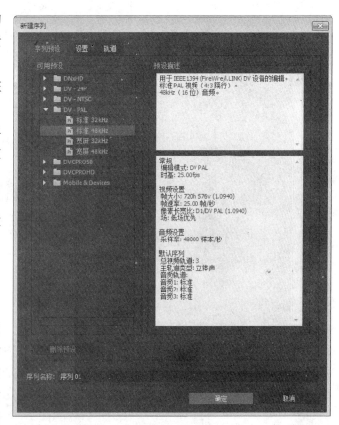

图 2-20　【序列预设】对话框

在【新建序列】对话框中，可在【序列名称】文本框中自定义序列名称。

2. 设置

当【序列预设】选项卡中的预置方案无法满足用户需求时，可以通过【设置】和【轨道】选项卡来自定义序列信息。

在【新建序列】对话框中，激活【设置】选项卡，可设置序列的编辑模式、时基，以及视频画面和音频所采用的标准等配置信息，如图 2-21 所示。

【设置】选项卡主要包括下列一些选项或选项组。

- **【编辑模式】** 用于设定新序列所要依据的序列预置方案类型，即新序列的配置方案的设置是以所选预置方案为基础进行的。

- **【时基】** 用于设置序列所应用的帧速率标准，在设置时应根据目标播出设备的规则进行调整。

- **【视频】** 用于调整与视频画面有关的各项参数，其中的【帧大小】选项用于设置视频画面的大小；【像素长

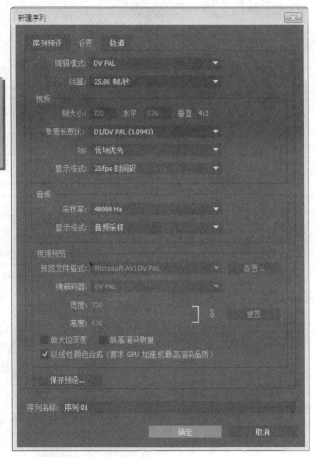

图 2-21 【设置】选项卡对话框

宽比】用于设置单个像素的长宽比；【场】用于设置场顺序，或在每个帧中绘制第一个场；【显示格式】选项用于设置时间码的显示格式，包括 "25fps 时间码"、"英尺+帧 16 毫米"、"英尺+帧 35 毫米"、"帧" 4 种选项。

- **【音频】** 用于设置影片的音频信息，其中【采样率】选项用于设置控制序列内的音频文件采样率，【显示格式】选项则用于设置音频时间显示是使用 "音频采用" 或 "毫秒"。

- **【视频预览】** 在该选项组中，【预览文件格式】用于控制 Premiere 将以哪种文件格式来生成相应序列的预览文件。当采用 Microsoft AVI 作为预览文件格式时，还可在【编解码器】下拉列表内挑选生成预览文件时采用的编码方式。此外，在启用【最大位深度】和【最高渲染质量】复选框后，还可提高预览文件的质量。

- **【保存预设】** 单击该按钮，可在弹出的【保存设置】对话框中设置保存名称，以及保存序列设置信息。

3. 轨道

在【新建序列】对话框中，激活【轨道】选项卡，设置新序列的视频轨道数量和音

轨的数量和类型。

其中，【视频】选项主要用于设置视频的轨道数，该数值介于1~99之间。而【音频】选项组中的【主】选项，主要用来设置主音轨的默认声道类型，包括【立体声】、【5.1】、【多声道】和【单声道】4种选项。只有将【主】选项设置为【多声道】时，【声道数】选项才变为可用状态。

用户也可以通过单击 ➕ 按钮添加轨道数量，并在列表框中设置轨道名称、轨道类型等，如图2-22所示。

在【新建序列】对话框中，设置完所有的选项之后，单击【确定】按钮即可创建新序列。

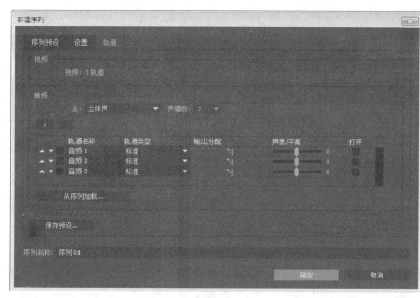

🔘 图2-22 【轨道】对话框

此时，在【项目】面板中，将显示新创建的序列。另外，作为编辑影片时的重要对象之一，一个序列往往无法满足用户编辑影片的需要。除了执行【序列】命令外，还可以在【项目】面板内单击【新建项】按钮 🔲，在弹出的菜单中选择【序列】选项，也可新建序列，如图2-23所示。

提 示

用户也可以使用Ctrl +N键，打开【新建序列】对话框。

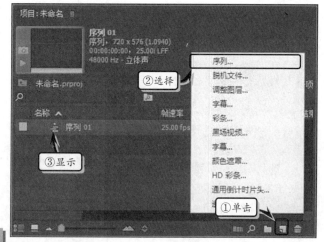

🔘 图2-23 在项目面板中创建序列

2.4 导入与创建素材

在使用Premiere编辑影片之前，还需要通过导入外部素材及创建素材达到创作影视和丰富影片题材的目的，例如导入视频、音频、图像和创建片头素材等。

2.4.1 导入素材

Premiere 调整了自身对不同格式素材文件的兼容性，从而使得支持的素材类型更为广泛。

1. 导入单个素材

在 Premiere 中，执行【文件】|【导入】命令，在弹出的【导入】对话框中选择需要导入的素材文件，单击【打开】按钮即可导入素材，如图 2-24 所示。

2. 导入序列素材

当用户需要导入序列素材时，则需要执行【文件】|【导入】命令，在弹出的【导入】对话框中，启用【图像序列】复选框，单击【打开】按钮便可导入整个序列，如图 2-25 所示。

3. 导入素材文件夹

当用户需要将某一文件夹中的所有素材全部导入至项目内，可执行【文件】|【导入】命令，在【导入】对话框中选择文件夹，并单击【导入文件夹】按钮，如图 2-26 所示。

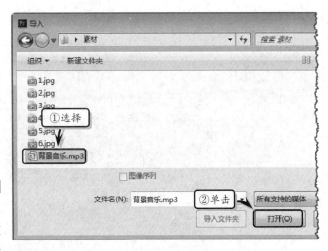

图 2-24　导入单个素材对话框

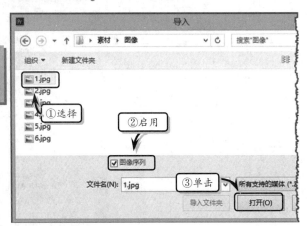

图 2-25　导入序列素材对话框

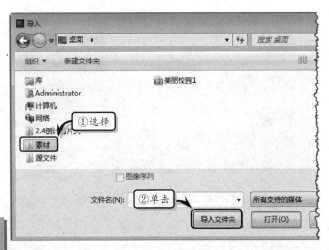

图 2-26　导入素材文件夹对话框

2.4.2 创建素材

在 Premiere 中，不仅可以导入或捕获素材，而且还可以根据设计需求，运用"新建项"功能创建一些素材。例如，创建颜色素材、创建片头素材等。

1. 创建黑场视频素材

黑场视频素材通常用于两个素材或者场景之间，具有提示或概括下一场景将播放的内容的效果。

在【项目】面板中，单击【新建项】按钮，在展开的级联菜单中选择【黑场视频】选项，如图 2-27 所示。

然后，在弹出的【新建黑场视频】对话框中，设置视频基本参数，单击【确定】按钮，如图 2-28 所示。

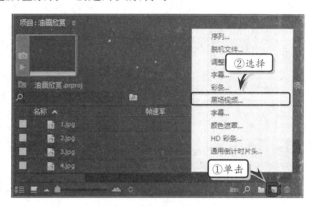

图 2-27　创建黑场视频素材

2. 创建颜色遮罩

在【项目】面板中，单击【新建项】按钮，在展开的级联菜单中选择【颜色遮罩】选项。在弹出的【新建颜色遮罩】对话框中，设置视频的基本参数并单击【确定】按钮，如图 2-29 所示。

在弹出的【拾色器】对话框中指定遮罩的具体颜色，单击【确定】按钮，如图 2-30 所示。

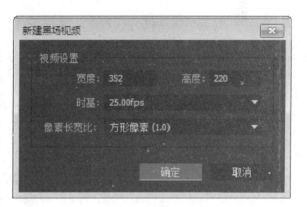

图 2-28　【新建黑场视频】对话框

图 2-29　【新建颜色遮罩】对话框

图 2-30　【拾色器】对话框

在弹出的【选择名称】对话框中输入素材名称，单击【确定】按钮，即可在【项目】面板中显示所创建的素材，如图2-31所示。

3．创建彩条

在【项目】面板中，单击【新建项】按钮，在展开的菜单中选择【彩条】选项。在弹出的【新建彩条】对话框中设置视频和音频基础参数，单击【确定】按钮，如图2-32所示。

图 2-31　设置颜色遮罩名称

此时，在【项目】面板中将显示所创建的彩条素材，将该素材添加到【时间轴】面板中，将会在【节目】面板中显示素材，如图2-33所示。

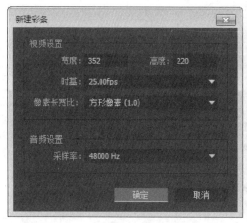

图 2-32　【新建彩条】对话框

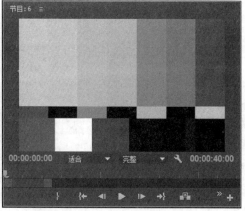

图 2-33　显示彩条素材

4．创建通用倒计时片头

在【项目】面板中，单击【新建项】按钮，在展开的菜单中选择【通用倒计时片头】选项。在弹出的【新建通用倒计时片头】对话框中设置视频和音频参数，单击【确定】按钮，如图2-34所示。

在弹出的【通过倒计时设置】对话框中设置视频和音频详细参数，单击【确定】按

图 2-34　【新建通用倒计时片头】对话框

钮即可，如图 2-35 所示。

　　【通用倒计时设置】对话框主要包括
下列选项。

　　❑ **【擦除颜色】** 用于设置旋转擦除
　　　色。播放倒计时影片时，指示线
　　　不停地围绕圆心转动，指示线旋
　　　转之后的颜色就为擦除颜色。

　　❑ **【背景色】** 用于设置指示线转换
　　　方向之前的颜色。

　　❑ **【线条颜色】** 用于设置固定十字
　　　以及指示线的颜色。

　　❑ **【目标颜色】** 用于设置固定圆形
　　　的准星颜色。

　　❑ **【数字颜色】** 用于设置倒计时影
　　　片中数字的颜色。

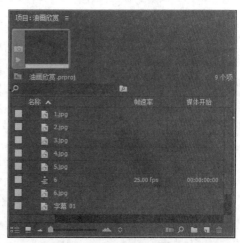

🔘 **图 2-35** 【通过倒计时设置】对话框

　　❑ **【出点时提示音】** 启用该复选框，表示在倒计时结束时显示提示音。

　　❑ **【倒数 2 秒提示音】** 启用该复选框，表示倒计时在显示数字 2 的时候发出声音。

　　❑ **【在每秒都响提示音】** 启用该复选框，表示在每一秒开始的时候都会发出提示
　　　声音。

2.5　管理素材

　　通常情况下，Premiere 项目中的所有素材都将直接显示在【项目】面板中，而且由
于名称、类型等属性的不同，素材在【项目】面板中的排列方式往往会杂乱不堪，从而
在一定程度上影响工作效率。为此，必须对项目中的素材进行统一管理，例如将相同类
型的素材放置在同一文件夹内，或将相关联的素材放置在一起等。

● 2.5.1　查看素材

　　Premiere 中的不同格式的素材文件，具有
不同的查看方式。例如，在查看视频时可以使
用"悬停划动"功能，详细地查看视频素材。

1. 查看静止素材

　　Premiere 提供了"列表"与"图标"两种
不同的素材显示方式。默认情况下，素材将采
用"列表视图"的方式进行显示。在该显示方
式中，可以查看素材名称、帧速率、媒体开始、
媒体结束等众多素材信息，如图 2-36 所示。

🔘 **图 2-36**　使用"列表视图"查看素材

此时，单击【项目】面板底部的【图标视图】按钮▢后，即可切换至"图标视图"
模式。该模式主要以缩略图的方式来显示
素材，以方便用户查看素材的具体内容，
如图 2-37 所示。

2．查看视频

在 Premiere 中，视频文件不仅能够进
行静态查看，还能够进行动态查看。在【项
目】面板中的视频文件不被选中的情况下，
将鼠标指向该视频文件，在该视频文件缩
略图范围内滑动，即可发现视频被播放，
如图 2-38 所示。

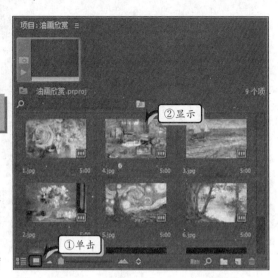

图 2-37　使用"图标视图"查看素材

图 2-38　查看动态视频

Premiere 中"悬停划动"功能，用
户可通过单击【项目】面板菜单按钮，
在弹出菜单中取消选择【悬停划动】选
项（快捷键 Shift+H），即可禁用该功能，
如图 2-39 所示。

2.5.2　使用素材箱

Premiere 中的素材大体可以分为
视频、音频和图像几种类型，用户可以
将不同类型的素材放置在同一的素材
箱中，以方便查找和使用。

图 2-39　禁用【悬停划动】命令

1.创建素材箱

在【项目】面板中，单击【新建素材箱】按钮，此时系统会自动创建一个名为【素材箱】的素材箱，创建素材箱之后，其名称处于可编辑状态，此时可通过直接输入文字的方式更改素材箱名称，如图 2-40 所示。

完成素材箱重命名操作后，在【项目】面板中将部分素材拖曳至素材箱内，即可将该素材添加到素材箱内了，以方便用户通过该素材箱管理这些素材。为素材箱添加素材之后，双击素材箱图标，即可单独显示素材箱，如图 2-41 所示。

2.创建嵌套素材箱

嵌套素材箱是在已有的素材箱里再次创建一个素材箱，以通过嵌套的方式来管理分类更为复杂的素材。

首先，用户需要双击已创建的素材箱，打开该素材箱。然后，在该素材箱面板中单击【新建素材箱】按钮，即可创建一个嵌套素材箱，如图 2-42 所示。

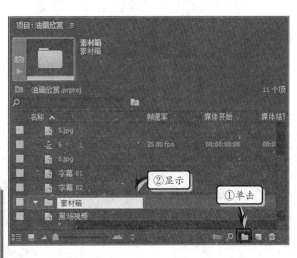

图 2-40　创建素材箱

图 2-41　素材箱面板

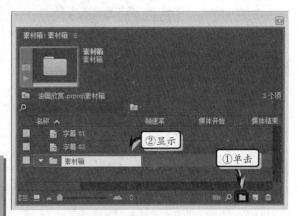

图 2-42　创建嵌套素材箱

2.5.3 管理素材的基本方法

Premiere Pro CC 的【项目】面板内包含一组专用于管理素材的功能按钮，通过这些按钮，用户能够从大量素材中快速查找所需要素材，或者按照想要的顺序进行排列。

1. 自动匹配序列

Premiere 中的"自动匹配序列"功能，不仅可以快捷地将所选素材添加至序列中，还能够在各素材之间添加一种默认的过渡效果。

在【项目】面板中选择相应的素材，单击【自动匹配序列】按钮，如图 2-43 所示。

此时，系统将自动弹出【序列自动化】对话框，调整匹配顺序与转场过渡的应用设置后，单击【确定】按钮，即可自动按照设置将所选素材添加至序列中，如图 2-44 所示。

图 2-43 单击【自动匹配序列】按钮

在【自动匹配到序列】对话框中，各选项所用参数的不同，会使得素材匹配至序列后的结果也不尽相同。【自动匹配到序列】对话框内各选项的具体作用，如下所述。

1）顺序

【顺序】选项包括"排序"和"选择顺序"

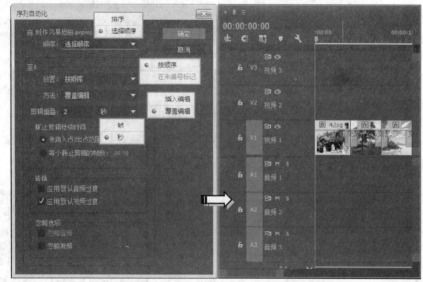

图 2-44 素材自动匹配结果

两种顺序类型。其中，"排序"类型表示按照【项目】面板中的排列顺序在序列中放置素材；而"选择顺序"类型则表示将按照在【项目】面板中选择素材的顺序将其放置在序列中。

2）至

【至】选项组主要包括下列选项和选项组。

- **【放置】** 该选项用于设置素材在序列中的位置，包括"按顺序"和"在未编号标记"两种位置。
- **【方法】** 该选项用于设置素材添加到序列的方式，包括"覆盖编辑"和"插入编辑"两种方式。
- **【剪辑重叠】** 该选项用于设置过渡效果的帧数量或者时长。
- **【静止剪辑持续时间】** 该选项组主要用于设置剪辑的持续时间，是使用"入点/出点"范围还是使用每个静止剪辑的帧数。
- **【转换】** 该选项组主要用来设置素材的转换效果是使用默认的音频过渡方式，还是使用默认视频过渡的方式。
- **【忽略选项】** 该选项组主要用来设置素材内的音频或视频内容。启用【忽略音频】复选框，则不会显示素材内的音频内容；启用【忽略视频】复选框，则不会显示素材内的视频内容。

2. 查找素材

随着项目进度的逐渐推进，【项目】面板中的素材往往会越来越多。此时，再通过拖曳滚动条的方式查找素材会变得费时又费力。为此，Premiere 专门提供了查找素材的功能，从而极大地方便了用户。

1）简单查找

在查找素材时，为了便于识别素材名称，还需要将【项目】面板中的素材显示方式，更改为"列表视图"方式。然后，在【项目】面板中的【搜索】文本框中，输入部分或全部素材名称。此时，所有包含用户所输关键字的素材都将显示在【项目】面板内，如图 2-45 所示。

图 2-45 通过名称查找素材

技巧

使用素材名称查找素材后，单击搜索框内的 ⊠ 按钮，或者清除搜索框中的文字，即可在【项目】面板内重新显示所有素材。

2）高级查找

当通过素材名称无法快速查找到匹配的素材时，可通过场景、磁带信息或标签内容等信息来查找相应素材。

在【项目】面板中单击【查找】按钮，在弹出的【查找】对话框中，分别在【列】和【操作】栏内设置查找条件，并在【查找目标】栏中输入关键字，单击【查找】按钮即可，如图 2-46 所示。

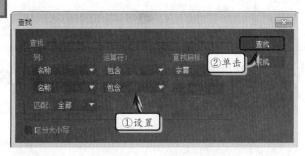

图 2-46 高级查找

3. 编辑素材

在编辑影片的过程中，通过更改素材名称，可以让素材的使用变得更加方便、准确。此外，替换素材、删除多余素材等一系列的编辑操作，可以方便用户更加准确、方便地使用各类素材。

1）重命名素材

默认情况下，素材被导入【项目】面板后，会依据自身的名称进行显示。为了便于用户对其进行查找和分类，还需要对素材进行重命名操作。

在【项目】面板中，选择素材，右击执行【重命名】命令。此时，只需输入新的素材名称，即可完成重命名素材的操作，如图 2-47 所示。

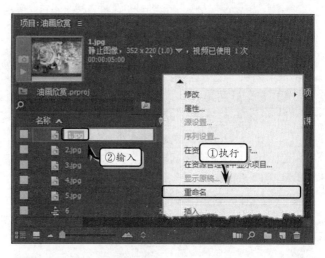

图 2-47 重命名素材

注　意

若单击素材前的图标，将会选择该素材；若要更改其名称，则必须单击素材名称的文字部分。此外，右击素材后，执行【重命名】命令，也可将素材名称设置为可编辑状态，从而通过输入文字的方式对其进行重命名操作。

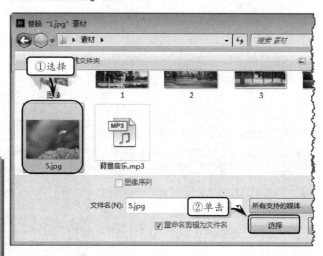

图 2-48 替换素材

2）替换素材

替换素材就是在保持原有素材所有格式和特效的情况下更换为另外一种素材，适用于已对素材进行相应设计且不想丢弃设计而更换素材的行为。

在【项目】面板中，选择一个素材，右击执行【替换素材】命令。然后，在弹出的对话框中选择替换素材，单击【选择】按钮，如图 2-48 所示。

2.6 思考与练习

一、填空题

1. Premiere Pro CC 是由 Adobe 公司开发的一款_____编辑软件。

2. 按 Ctrl+Alt+S 键，执行的是【_____】命令。

3. Premiere Pro 拥有多种创建和编辑字幕的工具，灵活运用这些工具能够创建出各种效果的静态字幕和_____，从而使影片内容更加丰富。

4. Premiere Pro CC 为用户预置了编辑、元数据记录、效果、组件、音频等 7 种不同的工作

区布局方案,用户只需执行【窗口】|【_____】命令,在其级联菜单中选择相应选项即可。

5. 在 Lumetri 颜色工作区中,还可以使用滑块和控件,应用简单的颜色校正或复杂的_____设置。

二、选择题

1. Premiere 是一款非常优秀的_____软件。

    A. 视频   B. 图形处理
    C. 视频编辑   D. 音频

2. _____面板可以在素材属性区域内查看素材属性并快速预览部分素材的内容。

    A. 项目面板   B. 时间轴面板
    C. 工具面板   D. 效果面板

3.【窗口】|【工作区】|【编辑】命令的快捷键是_____。

    A. Alt+Shift+1   B. Alt+Shift+2
    C. Alt+Shift+3   D. Alt+Shift+4

4. 启动 Premiere Pro CC 后,直接单击欢迎界面中的【_____】选项,即可创建新的影片编辑项目。

    A. 新建   B. 了解
    C. 新建项目   D. 打开最近项目

5. 在【新建项目】对话框的【常规】选项卡中,用户可直接对项目文件的名称和保存位置以及_____和音/视频显示格式等内容进行调整。

    A. 轨道数量   B. 序列参数
    C. 缓存盘位置   D. 视频渲染和回放

三、问答题

1. 怎样创建新项目?

2. 如何设置 Premiere Pro CC 菜单中的某个命令快捷键?

3. 如何将 Premiere Pro CC 的界面显示为"效果"工作区?

4. Premiere 的常用功能有哪些?

5. 在 Premiere Pro 中有哪两个监视器窗口?它们作用是什么?

四、上机练习

1. 改变 Premiere Pro CC 界面颜色

Premiere 的界面颜色是能够重新定义的,但是定义的是界面的亮度,并不是界面的色相。执行【编辑】|【首选项】|【外观】命令,在弹出的【首选项】对话框中,向左拖动滑块能够降低界面亮度;向右拖动滑块能够提高界面亮度,根据需要选择想要的界面亮度,如图 2-49 所示。

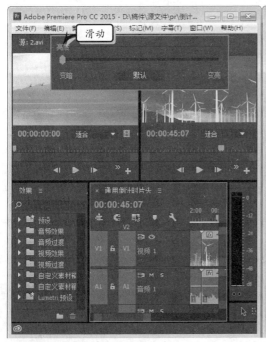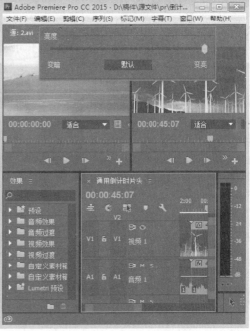

图 2-49　改变界面颜色

2．使【项目】面板独立显示

在默认情况下，所有面板均是在 Premiere Pro 界面中。要想将某个面板独立显示，用户可通过单击面板菜单按钮，在弹出菜单中选择【浮动面板】选项，如图 2-50 所示。

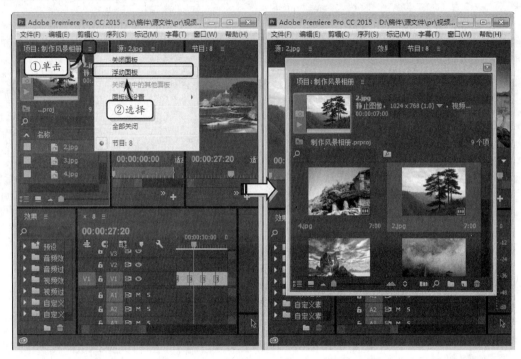

图 2-50　浮动面板

第 3 章

视频编辑

  视频素材是通过摄影机等录像设备所记录下的影像，而视频编辑则是将视频素材进行加工，并将其按照一定的时间、空间等顺序连贯起来的制作过程，它是影片制作过程中必不可少的一个环节。在 Premiere 中，对视频素材的编辑共分为分割、排序、修剪等多种操作，此外还可利用编辑工具对素材进行一些较为复杂的编辑操作，使其符合影片要求的素材，并最终完成整部影片的剪辑与制作。

  本章除了介绍编辑影片素材所使用的各种选项和面板之外，还将对剪辑素材、装配序列等内容进行讲解，以便读者更好地学习 Premiere 编辑影片素材的各种方法与技巧。

本章学习目的：

➢ 使用【时间轴】面板；

➢ 监视器面板概述；

➢ 时间控制与安全区域；

➢ 编辑素材片段速度；

➢ 调整播放时间与速度；

➢ 组合与分离音频素材。

3.1 使用【时间轴】面板

  视频素材的编辑与剪辑的前提是将视频素材放置在【时间轴】面板中。在该面板中，不仅能够将不同的视频素材按照一定顺序排列在时间轴上，还可以对其进行播放时间的编辑。

3.1.1 时间轴面板概览

在 Premiere Pro CC 中，【时间轴】面板可进行自定义，不仅可以选择要显示的内容并立即访问控件，而且可以通过音量和声像、录制以及音频计量轨道控件更加快速而有效地完成工作。

在【时间轴】面板中，时间轴标尺上的各种控制选项决定了查看影片素材的方式以及影片渲染和导出的区域，如图 3-1 所示。

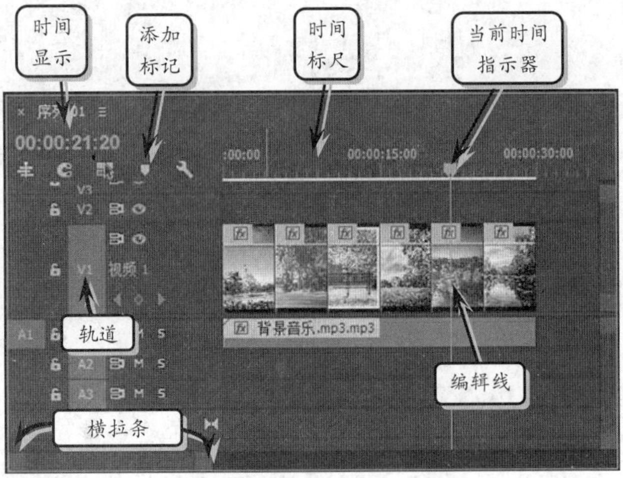

图 3-1 【时间轴】面板

1. 时间标尺

时间标尺是一种可视化时间间隔显示工具。默认情况下，Premiere 按照每秒所播放画面的数量来划分时间轴，从而对应于项目的帧速率。不过，如果当前正在编辑的是音频素材，则应在【时间轴】面板的关联菜单内选择【显示音频时间单位】命令后，将标尺更改为按照毫秒或音频采样率等音频单位进行显示，如图 3-2 所示。

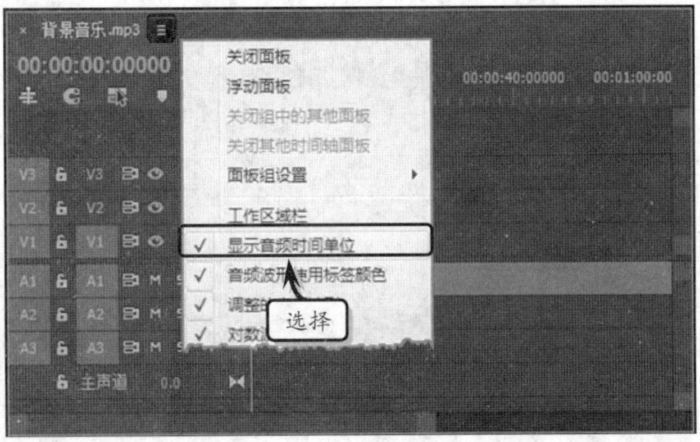

图 3-2 使用音频单位划分标尺

提 示

执行【文件】|【项目设置】|【常规】命令后，即可在弹出对话框内的【音频】选项组中，设置时间标尺在显示音频素材时的单位。

2. 当前时间指示器

“当前时间指示器”（CTI）是一个蓝色的三角形图标，其作用是标识当前所查看的视频帧以及该帧在当前序列中的位置。在时间标尺中，既可以采用直接拖动“当前时间指示器”的方法来查看视频内容，也可在单击时间标尺后，将“当前时间指示器”移至鼠标单击处的某个视频帧，如图 3-3 所示。

3. 时间显示

时间显示与【当前时间指示器】相互关联，当移动时间标尺上的【当前时间指示器】时，时间显示区域中的内容也会随之发生变化。同时，当在时间显示区域上左右拖动鼠标时，也可控制【当前时间指示器】在时间标尺上的位置，从而达到快速浏览和查看素材的目的。

在单击时间显示区域后，还可根据时间显示单位的不同，输入相应数值，从而将【当前时间指示器】精确移动至时间轴上的某一位置，如图 3-4 所示。

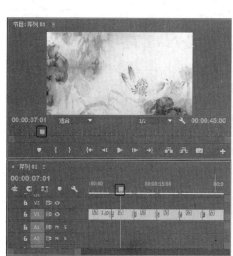

图 3-3 查看指定视频帧 · · · · · 图 3-4 调整时间显示单位

4. 查看区域栏

查看区域栏的作用是确定出现在时间轴上的视频帧数量。在单击横拉条左侧或者右侧的端点并向左拖动，从而使其长度减少时，【时间轴】面板在当前可见区域内能够显示的视频帧将逐渐减少，而时间标尺上各时间标记间的距离将会随之延长；反之，时间标尺内将显示更多的视频帧，并减少时间轴上的时间间隔，如图 3-5 所示。

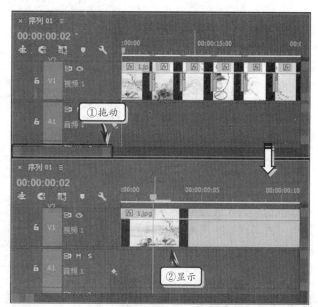

3.1.2 时间轴面板基本控制

图 3-5 调整查看区域栏

轨道是【时间线】面板最为重要的组成部分，能够以可视化的方式显示音视频素材、过渡和效果。除此之外，运用轨道选项，还可控制轨道的显示方式或添加和删除轨道，并在导出项目时决定是否输出特定轨道。各轨道的图标及选项如图 3-6 所示。

1. 切换轨道输出

在视频轨道中，【切换轨 道输出】按钮◎用于控制是否输出视频素材，可以在播放或导出项目时，决定能否在【节目】面板内查看相应轨道中的影片。

在音频轨道中，"静音轨道"图标M的功能是在播放或导出项目时，决定是否输出相应轨道中的音频素材。单击该图标后，既可使视频中的音频静音，也可让图标改变颜色，如图3-7所示。

2．切换同步锁定

通过对轨道启用"切换同步锁定"功能，确定执行插入、波纹删除或波纹修剪操作时哪些轨道将会受到影响。对于同属于操作一部分的轨道，无论其同步锁定的状态如何，这些轨道始终都会发生变动，但是其他轨道将只在其同步锁定处于启用状态的情况下才发生变动，如图3-8所示。

3．切换轨道锁定

该选项的功能是锁定相应轨道上的素材及其他各项设置，以免因误操作而破坏已编辑好的素材。当单击该选项按钮，使其出现"锁"图标时，表示轨道内容已被锁定，此时无法对相应轨道进行任何修改，如图3-9所示。

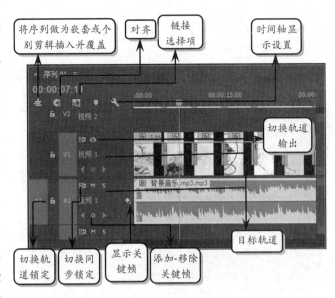

图3-6　轨道图标及选项

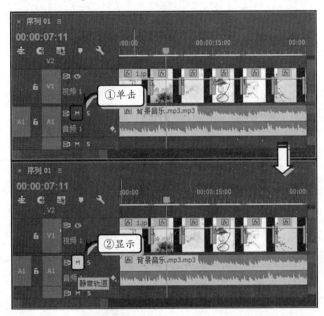

图3-7　静音轨道

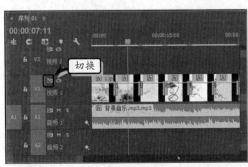

图3-8　用异步方式调整素材

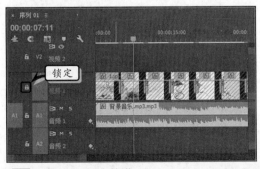

图3-9　锁定轨道

再次单击【切换轨道锁定】按钮后，即可去除选项上的"锁"图标 🔒，并解除对相应轨道的锁定保护。

4．时间轴显示设置

为了便于用户查看轨道上的各种素材，Premiere 分别为视频素材和音频素材提供了多种显示方式。单击【时间轴】面板中【时间轴显示设置】按钮 🔧，在弹出的菜单中进行选择，各样式的显示效果如图 3-10 所示。

对于视频素材，Premiere 提供了视频缩览图的显示方式。只要单

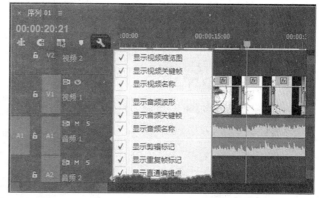

图 3-10　使用不同方式查看轨道上的视频素材

击【时间轴】面板的关联菜单按钮，选择其中的不同选项，即可得到视频缩览图显示效果，如图 3-11 所示。

对于轨道上的音频素材，Premiere 也提供了不同的显示方式。应用时，同样需要单击【时间轴显示设置】按钮 🔧，在弹出菜单内进行选择后，即可采用新的方式查看轨道上的音频素材，如图 3-12 所示。

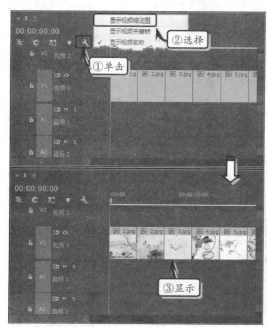

图 3-11　视频缩览图显示效果

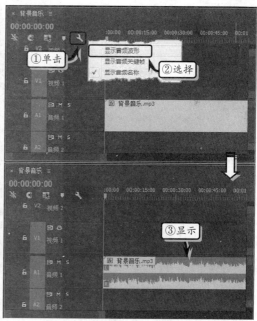

图 3-12　音频不同方式显示效果

3.1.3　轨道的基本管理方法

在编辑影片时，往往要根据编辑需要而添加、删除轨道，或对轨道进行重命名操

作。下面对轨道进行上述操作的
方法。

1. 重命名轨道

在【时间轴】面板中，右击轨
道后，选择【重命名】命令，即可
进入轨道名称编辑状态。此时，输
入新的轨道名称后，按 Enter 键，
即可为相应轨道设置新的名称，如
图 3-13 所示。

2. 添加轨道

当影片剪辑使用的素材较多
时，增加轨道的数量有利于提高影
片编辑效率。此时，可以在【时间
轴】面板内右击轨道并选择【添加
轨道】命令，如图 3-14 所示。

此时，系统会自动弹出【添加
轨道】对话框。在【视频轨道】选
项组中，【添加】选项用于设置新
增视频轨道的数量，而【放置】选项用于
设置新增视频轨道的位置，可通过单击下
拉按钮选择轨道位置，如图 3-15 所示。

完成上述设置后，单击【确定】按钮，
即可在【时间轴】面板的相应位置处添加
所设数量的视频轨道，如图 3-16 所示。

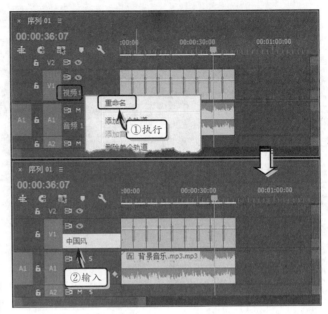

图 3-13 轨道重命名

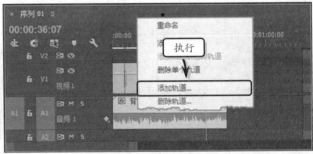

图 3-14 选择【添加轨道】命令

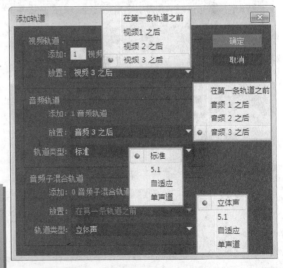

图 3-15 设置新轨道

在【添加视音轨】对话框中，使用相同方法在【音频轨】和【音频子混合轨】选项组内进行设置后，即可在【时间轴】面板内添加新的音频轨道。

3. 删除轨道

当用户添加过多的轨道，或存在多个无用轨道时，则需要通过删除空白轨道的方法，减少项目文件的复杂程度，从而在输出影片时提高渲染速度。

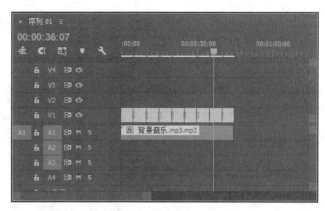

图 3-16　添加轨道

在【时间轴】面板内右击需要删除的轨道，执行【删除轨道】命令。在弹出的【删除轨道】对话框中，启用【删除视频轨道】复选框，并在其下拉列表框内选择所要删除的轨道，单击【确定】按钮即可删除相应的视频轨道，如图 3-17所示。

在弹出的【删除轨道】对话框中，启用【视频轨道】选项组内的【删除视频轨道】复选框。然后，在该复选框下方的下拉列表框内选择所要删除的轨道，完成后单击【确定】按钮，即可删除相应的视频轨道，如图 3-18所示。

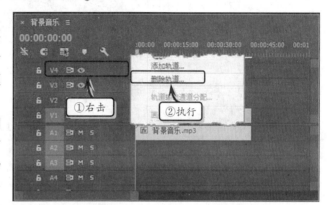

图 3-17　删除多余轨道

在【删除轨道】对话框中，使用相同方法在【音频轨道】和【音频子混合轨道】选项组内进行设置后，即可在【时间轴】面板内删除相应的音频轨道。

技 巧

要想删除单个轨道时，在该轨道中右击，选择【删除轨道】选项，即可直接删除该轨道。

图 3-18　删除"视频 4"轨道

4. 自定义轨道头

在改版后的【时间轴】面板中，可以自定义【时间轴】面板中的轨道标题，利用此功能可决定显示哪些控件。由于视频和音频轨道的控件各不相同，因此每种轨道类型各有单独的按钮编辑器。

右击视频或音频轨道，执行【自定义】命令。在弹出的【按钮编辑器】面板中，根据需要进行拖放即可。例如，可选择【轨道计】控件，并将其拖动到音频轨道中，如图 3-19 所示。

这时单击【按钮编辑器】面板中的【确定】按钮，关闭该面板后，【时间轴】面板的音频轨道中则显示添加后的【轨道计】控件。播放视频或者拖动【当前指示器】时，就会发现【轨道计】控件中的音频效果，如图 3-20 所示。

■ 图 3-19　自定义控件

提　示

用户可以单击【时间轴显示设置】按钮，在其菜中选择【自定义视频头】和【自定义音频头】选项，即可自定义轨道头。

5.添加视频关键帧

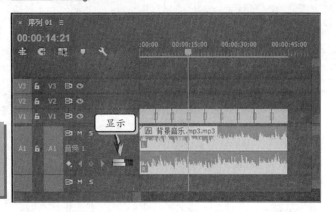

■ 图 3-20　自定义效果

在【时间轴】面板中，双击视频轨道，显示定义的所有轨道头按钮。此时，选择轨道中的素材，移动"当前时间指示器"至所需位置，单击【添加-移除关键帧】按钮，如图 3-21 所示。

当用户将"当前时间指示器"移至包含关键帧的时间处时，单击【添加-移除关键帧】按钮，即可移除该关键帧。

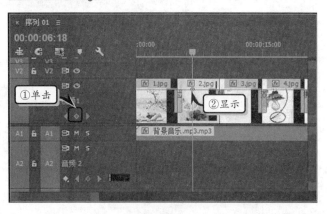

■ 图 3-21　添加视频关键帧

提　示

在添加音频关键帧时，还需要先单击【显示关键帧】按钮，在其菜单中选择【轨道关键帧】选项，然后再为其添加关键帧。

3.2　使用监视器面板

在 Premiere Pro 中，可直接在监视器面板或【时间轴】面板中编辑各种素材剪辑。

不过，如果要进行各种精确的编辑操作，就必须先使用监视器面板对素材进行预处理后，再将其添加至【时间轴】面板内。

3.2.1 监视器面板概述

Premiere Pro 中的监视器面板不仅可在影片制作过程中预览素材或作品，还可用于精确编辑和修剪剪辑。根据监视器面板类型的不同，可以分为源监视器面板（简称源面板）、节目监视器面板（简称节目面板）和参考监视器面板。

1. 源监视器面板

源监视器面板的主要作用是预览和修剪素材，编辑影片时只需双击【项目】面板中的素材，即可通过源监视器面板预览其效果，如图 3-22 所示。

在面板中，素材画面预览区的

图 3-22　查看素材播放效果

下方为时间标尺，底部则为播放控制区。在【源监视器】面板中，各个控制按钮的作用如表 3-1 所示。

表 3-1　源监视器面板部分控件的作用

图　标	名　称	作　用
	查看区域栏	用于放大或缩小时间标尺
无	时间标尺	用于表示时间，其间的"当前时间指示器"用于表示当前所播放视频画面的具体时间
	标记入点	设置素材进入时间
	标记出点	设置素材结束时间
	设置未编号标记	添加自由标记
	跳转入点	无论当前位置在何处，都将直接跳至当前素材的入点处。
	跳转出点	无论当前位置在何处，都将直接跳至素材出点。
	步退	以逐帧的方式倒放素材
	播放-停止切换	控制素材画面的播放与暂停
	步进	以逐帧的方式播放素材
	插入	

Premiere Pro 现在提供了 HiDPI 支持，增强了高分辨率用户界面的显示体验。首先在源监视器面板中选择素材视频文件，可以通过单击面板中的按钮实现视频与音频之间的切换，如图 3-23 所示。

图3-23 视频与音频之间的切换

2.节目监视器面板

从外观上来看,节目监视器面板与源监视器面板基本一致。与源监视器面板不同的是,节目监视器面板用于查看各素材在添加至序列,并进行相应编辑之后的播出效果,如图3-24所示。

图3-24 查看节目播放效果

无论是源监视器面板还是节目监视器面板,在播放控制区中单击【按钮编辑器】按钮 ✛。然后,在弹出的【按钮编辑器】面板中,将某个按钮图标拖入面板下方,单击【确定】按钮即可为监视器添加该按钮,如图3-25所示。

3.参考监视器面板

参考监视器面板的作用类似于辅助节目监视器,它可以并排比较序列的不同帧,或使用不同查看模式查看序列的相同帧。另外,还可以独立于节目监视器定位显示在参考监视器中的序列帧,以便于可以将每个视图定位到不同的帧进行比较。

图3-25 添加编辑按钮

执行【窗口】|【参考监视器】命令,即可打开【参考监视器】面板,如图3-26所示。用户可以指定参考监视器的质量设置、放大率和查看模式,就像在节目监视器中那样。其时间标尺和查看区域栏也具有相同的作用。但是,它本身只是为了提供参考信息而不

是用于编辑，因此参考监视器包含用于定位到帧的控件，而没有用于回放或编辑的控件。

用户可以将参考监视器和节目监视器绑定到一起，以使它们显示序列的相同帧。单击面板中的【绑定到节目监视器】按钮，使其与节目监视器面板进行绑定，如图3-27所示。

图3-26　参考监视器　　　　　　图3-27　绑定参考监视器和节目监视器

3.2.2　时间控制与安全区域

监视器面板与直接在【时间轴】面板中进行的编辑操作相比，在监视器面板中编辑影片剪辑的优点是能方便地控制时间。

1. 时间控制

利用监视器面板除了能够通过直接输入当前时间的方式来精确定位外，还可通过步进、步退等多个工具来微调当前播放时间。

除此之外，在拖动【时间区域标杆】两端的锚点后，【时间区域标杆】变得越长，则时间标尺所显示的总播放时间越长；【时间区域标杆】变得越短，则时间标尺所显示的总播放时间也越短，如图3-28所示。

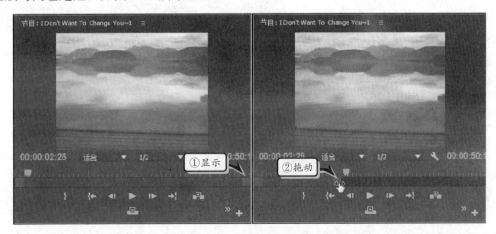

图3-28　【时间区域标杆】在不同状态下的效果对比

2. 安全区域

Premiere 中的安全区域分为字幕安全区和动作安全区两种类型，其作用是标识字幕或动作的安全活动范围。安全区域的范围在创建项目时便已设定，且一旦设置后将无法进行更改。

右击监视器面板，选择【安全边距】命令，即可显示或隐藏画面中的安全框，如图 3-29 所示。其中，内侧的安全框为字幕安全框，外侧的为动作安全框。

默认的动作和字幕安全边距分别为 10%和 20%。可以在【项目设置】对话框中更改安全区域的尺寸。方法是执行【文件】|【项目设置】|【常规】命令，即可在【项目设置】对话框的【动作与字幕安全区域】选项区域中设置，如图 3-30 所示。

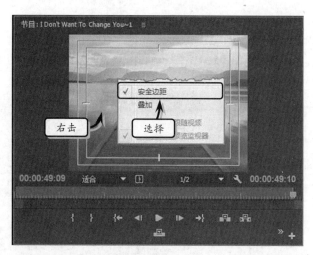

图 3-29 显示安全框

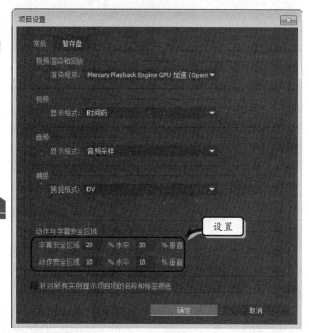

图 3-30 设置安全边距

3.3 编辑序列素材

序列素材的编辑操作需要在【时间轴】面板中进行，包括添加素材、复制素材、移动素材、修剪素材等基础编辑操作，以及设置视频的播放速度和时间、组合与分离音频素材等高级编辑操作。

3.3.1 添加与复制素材

添加素材和复制素材是编辑序列素材的基础操作，也是整个影片编辑的必要环节。

1. 添加素材

添加素材是编辑素材的首要前提，其操作目的是将【项目】面板中的素材移至时间轴内。为了提高影片的编辑效率，Premiere 为用户提供了多种添加素材的方法。

（1）使用命令添加素材

在【项目】面板中，选择所要添加的素材后，右击该素材，并在弹出菜单内选择【插入】命令，即可将其添加至时间轴内的相应轨道中，如图 3-31 所示。

（2）将素材直接拖至【时间轴】面板

在 Premiere 工作区中，直接将【项目】面板中的素材拖曳至【时间轴】面板中的某一轨道后，也可将所选素材添加至相应轨道内，如图 3-32 所示。并且能够将多个视频素材拖至同一时间轴上，从而添加多个视频素材。

2.复制和移动素材

可重复利用素材是非线性编辑系统的特点之一，而实现这一特点的常用手法便是复制素材片段。不过，对于无须修改即可重复使用的素材而言，向时间轴内重复添加素材与复制时间轴已有素材的结果相同。但是，在需要重复使用的是修改过的素材时，只能通过复制时间轴已有素材的方法来实现。

首先，单击工具栏中的【选择工具】按钮，然后在时间轴上选择所要复制的素材，并在右击该素材后选择【复制】命令，如图 3-33 所示。

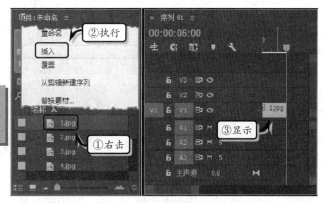

图 3-31 通过命令将素材添加至时间轴

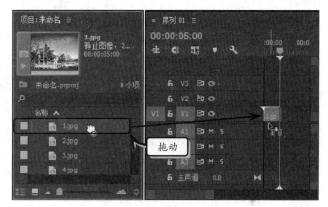

图 3-32 以拖曳方式添加素材

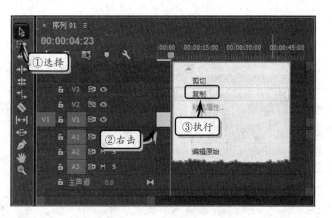

图 3-33 复制素材

接下来，将【当前时间指示器】移至空白位置处，按 Ctrl+V 键，即可将刚刚复制的素材粘贴至当前位置，如图 3-34 所示。

在粘贴素材时，新素材会以当前位置为起点，并根据素材长度的不同，延伸至相应位置。在该过程中，新素材会覆盖其长度范围内的所有其他素材，因此在粘贴素材时必须将【当前时间指示器】移至拥有足够空间的空白位置处。

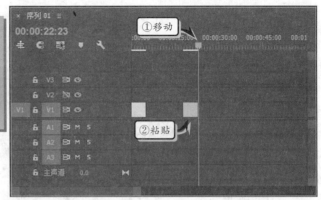

图 3-34　粘贴素材

完成上述操作后，使用【选择工具】依次向前拖动各个素材，调整其位置，使相邻素材之间没有间隙。在移动素材的过程中，应避免素材出现相互覆盖的情况，如图 3-35 所示。

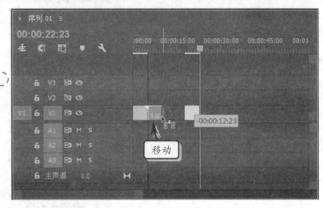

图 3-35　移动素材

3.3.2　编辑素材片段

在制作影片时用到的各种素材中，很多时候只需要使用素材内的某个片段。此时，需要对源素材进行裁切，删除多余的素材片段。

1. 使用【时间轴】面板

拖动时间标尺上的当前时间指示器，将其移至所需要裁切的位置，如图 3-36 所示。

然后，单击【工具】面板中的【剃刀工具】按钮，在当前时间指示器的位置处单击时间线上的素材，即可将该素材裁切为两部分，如图 3-37 所示。

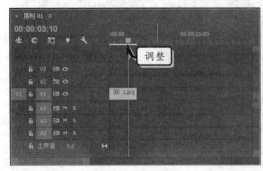

图 3-36　确定时间点

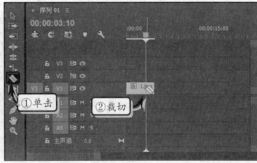

图 3-37　裁切素材

最后，使用【选择工具】单击多余素材片段，按 Delete 键将其删除，即可完成裁切素材多余部分的操作，如图 3-38 所示。如果所裁切的视频素材带有音频部分，则音频部分也会随同视频部分被分为两个片段。

2. 使用【源监视器】面板

在 Premiere 中，用户还可以在【源监视器】面板中对素材进行修剪。

在【项目】面板中双击素材将其显示在【源监视器】面板中，拖动"时间指示器"至合适位置，单击【标记入点】按钮，确定视频的入点。然后，拖动"时间指示器"至合适位置，单击【标记出点】按钮，确定视频的出点，如图 3-39 所示。

此时，在【时间轴】面板会发现该视频的播放时间明显缩短，说明当前所插入的视频是裁剪后的视频，并不是原视频文件，如图 3-40 所示。

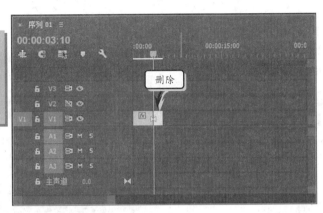

图 3-38　删除素材片段

图 3-39　设置入点与出点

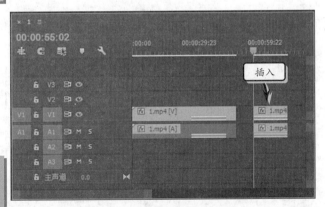

图 3-40　插入裁剪后的视频

3.3.3 调整播放时间与速度

Premiere 中的每种素材都有其特定的播放速度与播放时间。一般情况下，音视频素材的播放速度与播放时间由素材本身所决定，而图像素材的播放时间为 5s。但在进行影片编辑过程中，往往需要调整素材的播放时间与速度，来实现画面的特殊效果。

1. 调整图片素材的播放时间

将图片素材添加至时间轴后，将鼠标指标置于图片素材的末端。当光标变为右箭头时，向右拖动鼠标，即可随意延长其播放时间，如图 3-41 所示。如果向左拖动鼠标，则可缩短图片的播放时间。

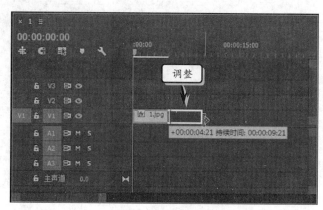

图 3-41　调整图片素材的播放时间

提　示

如果图片素材的左侧存在间隙，使用相同方法向左拖动图片素材的前端，也可延长其播放时间。不过，无论是拖动图片素材的前端或末端，都必须在相应一侧含有间隙时才能进行。也就是说，如果图片素材的两侧没有间隙，则 Premiere 将不允许通过拖动素材端点的方式延长其播放时间。

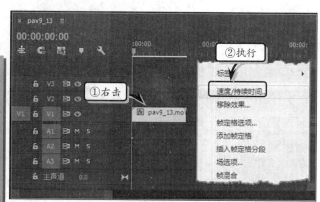

图 3-42　选择设置命令

2. 调整视频播放速度

在调整视频素材时，如果按照调整图片素材的方法来延长其播放时间，由于视频素材的播放速度并未改变，因此会造成素材内容丢失的现象。此时，还需要通过调整视频播放速度的方法来调整视频的播放时间。

首先，在【时间轴】面板中右击视频素材，执行【速度/持续时间】命令，如图 3-42 所示。

然后，在弹出的【剪辑速度/持续时间】对话框中，将【速度】设置为 50%，单击【确定】按钮，即可将相应视频素材的播放时间延长一倍，如图 3-43 所示。

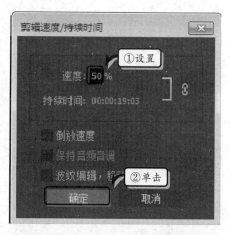

图 3-43　降低素材播放速度

如果需要精确控制素材的播放时间，则应在【素材速度/持续时间】对话框内调整【持续时间】选项，如图3-44所示。

此外，在【素材速度/持续时间】对话框内启用【倒放速度】复选框后，还可颠倒视频素材的播放顺序，使其从末尾向前进行倒序播放，如图3-45所示。

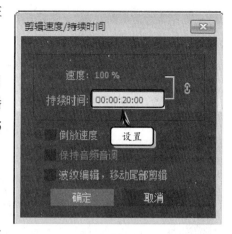

图3-44 精确控制素材播放时间

3.3.4 组合与分离音频素材

除了默片（无声电影）或纯音乐外，几乎所有的影片都是图像与声音的组合。换句话说，所有的影片都由音频和视频两部分组成，而这种相关的素材又可以分为硬相关和软相关两种类型。

在进行素材导入时，当素材文件中既包括音频又包括视频时，该素材内的音频与视频部分的关系即称为硬相关。在影片编辑过程中，如果人为地将两个相互独立的音频和视频素材联系在一起，则两者之间的关系即称为软相关。

1. 分离素材中的音视频

由于音频部分与视频部分存在硬相关的原因，用户对素材所进行的复制、移动和删除等操作将同时作用于素材的音频部分与视频部分。

如果用户需要单独移动音频或视频的素材，可以在【时间轴】面板中右击该素材，执行【取消链接】命令，即可解除相应素材内音频与视频部分的硬相关联系，如图3-46所示。

此时，当用户在音频轨道内移动素材时，便不再会影响视频轨道内的素材，如图3-47所示。

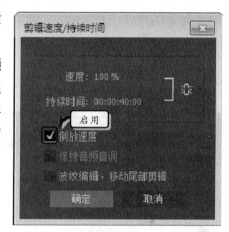

图3-45 倒序播放

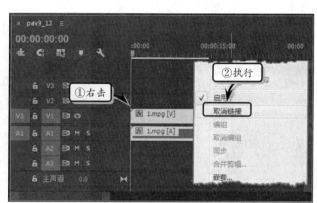

图3-46 解除音视频素材的硬相关联系

2. 组合音视频素材

事实上，为素材建立软相关的操作方法与解除素材硬相关的步骤基本相同。只不过，前者所需要的是两个分别独立的音频素材和视频素材，而后者是一个既包含音频又包含视频的素材。

在【时间轴】面板中，选择要组合的视频素材与音频素材，右击任意一个素材，执行【链接】命令，即可将所选音频与视频素材之间建立软相关的联系，如图 3-48 所示。

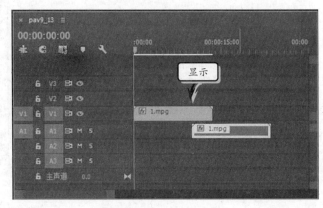

图 3-47 移动素材

此时，在【时间轴】面板中，将显示已链接状态，并显示 2 个素材之间相差时间的数值，如图 3-49 所示。

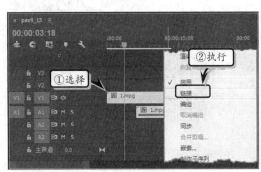

图 3-48 组合音视频素材

图 3-49 链接音视频素材

技　巧

在【时间轴】面板中，可以通过按 Shift 键的方法选择多个素材。

3.4 课堂练习：制作风景相册

电子相册是一种采用动态视频技术来呈现静态图像的媒体展示方式，是数字图像技术与数字视频技术结合的产物。在电子相册中，适当地添加动态画面不仅能够改善静态照片呆板的感觉，还能够起到突出照片内容的作用。本练习通过制作一个风景相册详细介绍电子相册的制作方法，如图 3-50 所示。

图 3-50 最终效果图

操作步骤

1 创建项目。启动 Premiere，在弹出的【欢迎
界面】对话框中选择【新建项目】选项，如
图 3-51 所示。

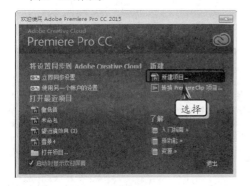

图 3-51 新建项目

2 然后，在弹出的【新建项目】对话框中，设
置新项目名称、位置和常规、设置选项，并
单击【确定】按钮，如图 3-52 所示。

图 3-52 设置选项

3 导入素材。双击【项目】面板空白区域，在
弹出的【导入】对话框中选择导入素材，单
击【打开】按钮，如图 3-53 所示。

图 3-53 导入素材

4 设置持续时间。在【项目】面板中，选择所
有素材，右击执行【速度/持续时间】命令，
如图 3-54 所示。

图 3-54 设置持续时间

73

5 在弹出的对话框中设置素材的持续时间，并单击【确定】按钮，如图 3-55 所示。

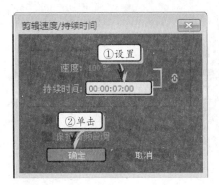

图 3-55 设置选项

6 自动匹配序列。在【项目】面板中，选择所有素材，将其拖至【时间轴】面板中，添加素材，如图 3-56 所示。

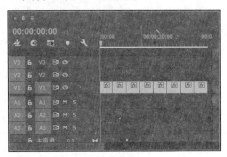

图 3-56 添加素材

7 匹配序列。在【项目】面板中，选择所有图片素材，单击【自动匹配序列】按钮，如图 3-57 所示。

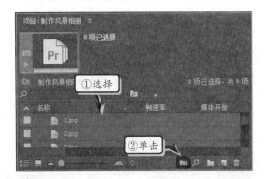

图 3-57 匹配序列

8 然后，在弹出的【序列自动化】对话框中，将【剪辑重叠】设置为"2 秒"，禁用【应用默认音频过渡】复选框，并单击【确定】按钮，如图 3-58 所示。

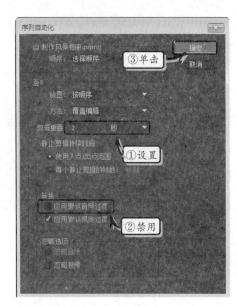

图 3-58 设置选项

9 将图片匹配至序列后，在序列内选择所有图片素材，右击素材后，执行【缩放为帧大小】命令，如图 3-59 所示。

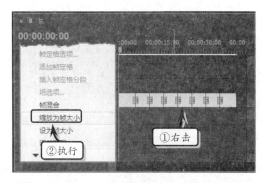

图 3-59 执行【缩放为帧大小】命令

10 最后，在【节目监视器】面板中，单击【播放-停止切换】按钮，预览相册效果，如图 3-60 所示。

图 3-60 预览影片

3.5 课堂练习：制作快慢镜头

Premiere 具有强大的素材编辑功能，运用其复制素材、裁剪素材以及设置持续时间、播放速度等功能，可以帮助用户轻松实现制作影片快慢镜头的目的。本练习将详细介绍使用 Premiere 制作快慢镜头和画中画效果的操作方法，如图 3-61 所示。

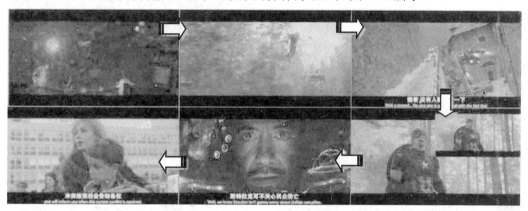

图 3-61 最终效果图

操作步骤

1 创建项目。启动 Premiere，在弹出的【欢迎界面】对话框中，选择【新建项目】选项，如图 3-62 所示。

图 3-62 新建项目

2 然后，在弹出的【新建项目】对话框中，设置新项目名称、位置和常规、设置选项，并单击【确定】按钮，如图 3-63 所示。

3 导入素材。双击【项目】面板空白区域，在弹出的【导入】对话框中，选择导入素材，

单击【打开】按钮，如图 3-64 所示。

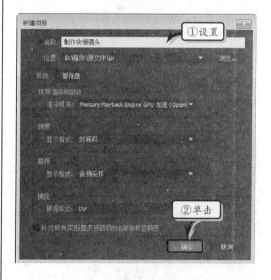

图 3-63 设置选项

4 然后，将【项目】面板中所导入的素材，直接拖到【时间轴】面板中，如图 3-65 所示。

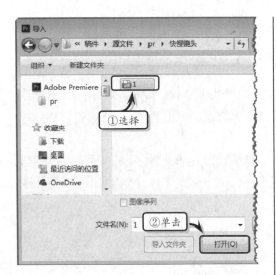

图 3-64 导入素材

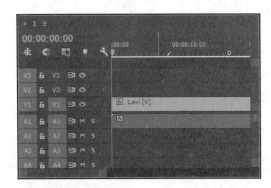

图 3-65 添加素材

5 取消链接。右击素材执行【取消链接】命令，取消视频和音频之间的链接关系，如图 3-66 所示。

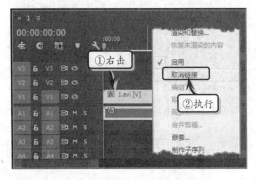

图 3-66 取消链接

6 制作慢镜头。将"当前时间指示器"调整为 00:00:31:04，使用【工具】面板中的【剃

刀工具】分割素材，如图 3-67 所示。

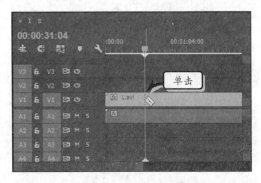

图 3-67 分割素材

7 同时将"当前时间指示器"调整为 00:00:43:00，使用【工具】面板中的【剃刀工具】分割素材，如图 3-68 所示。

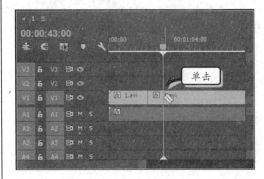

图 3-68 分割素材

8 使用【选择工具】选择剪切素材的中间部分，右击执行【速度/持续时间】命令，如图 3-69 所示。

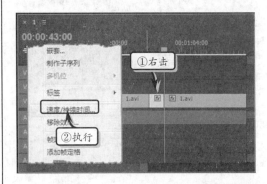

图 3-69 执行【速度/持续时间】命令

9 在弹出的【剪辑速度/持续时间】对话框中，将【速度】选项设置为 30%，单击【确定】

按钮,如图 3-70 所示。

设置参数

10 制作快镜头。将"当前时间指示器"调整为 00:01:11:00,使用【工具】面板中的【剃刀工具】分割素材,如图 3-71 所示。

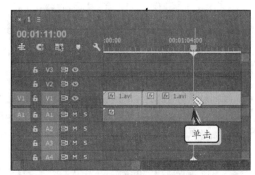

图 3-71 分割素材

11 同时将"当前时间指示器"调整为 00:01:16:15,使用【工具】面板中的【剃刀工具】分割素材,如图 3-72 所示。

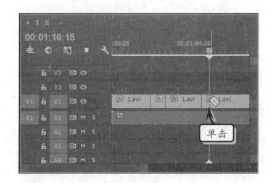

图 3-72 分割素材

12 使用【选择工具】选择剪切素材的中间部分,右击执行【速度/持续时间】命令,如图 3-73 所示。

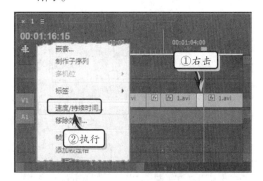

图 3-73 执行【速度/持续时间】命令

13 在弹出的【剪辑速度/持续时间】对话框中,将【速度】选项设置为 200%,并单击【确定】按钮,如图 3-74 所示。

图 3-74 设置参数

14 制作画中画。将"当前时间指示器"调整为 00:01:20:02,使用【工具】面板中的【剃刀工具】分割素材,如图 3-75 所示。

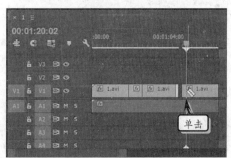

图 3-75 分割素材

15 同时将"当前时间指示器"调整为 00:01:29:04，使用【工具】面板中的【剃刀工具】分割素材，如图 3-76 所示。

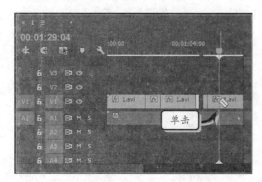

图 3-76　分割素材

16 使用【选择工具】选择剪切素材的中间部分，右击执行【复制】命令，复制该素材片段，如图 3-77 所示。

图 3-77　执行【复制】命令

17 然后，将"当前时间指示器"调整至空白处，按 Ctrl+V 键，粘贴素材片段，如图 3-78 所示。

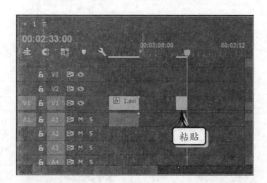

图 3-78　粘贴素材片段

18 将"当前时间指示器"调整至复制素片原素材片段的左侧剪切处，同时拖动末尾处的素材片段至 V2 轨道该位置中，如图 3-79 所示。

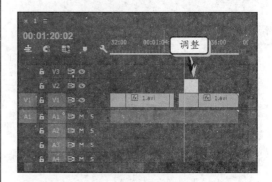

图 3-79　调整素材位置

19 选择 V2 轨道中的素材片段，在【效果控件】面板中，展开【运动】效果组，将【缩放】选项参数设置为 50%，并调整其【位置】参数，如图 3-80 所示。

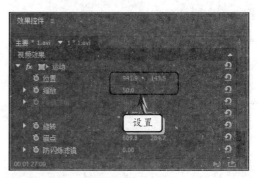

图 3-80　设置参数

20 播放视频。在【节目】面板中，单击【播放－停止切换】按钮，观看影片的最终效果，如图 3-81 所示。

图 3-81　预览影片

3.6 思考与练习

一、填空题

1. Premiere Pro 中，根据监视器面板类型的不同，可以分为＿＿＿＿＿面板、＿＿＿＿＿面板和参考监视器面板。

2. Premiere 中的安全区分为＿＿＿＿＿安全区和动作安全区两种类型。

3. 添加素材的方法有＿＿＿＿＿＿＿、＿＿＿＿＿＿＿。

4. 在 Premiere 中，用户除了在【时间轴】面板中裁切素材外，还可以在＿＿＿＿＿面板中对素材进行修剪。

5. 当素材文件中既包括音频又包括视频时，该素材内的音频与视频部分的关系即称为＿＿＿＿＿。

6. 一般情况下，音视频素材的播放速度与播放时间由＿＿＿＿＿所决定，而图像素材的播放时间则为 5s。

二、选择题

1. 以下列选项中，无法在源监视器面板内进行的操作是＿＿＿＿＿。
   A. 设置入点与出点
   B. 设置标记
   C. 预览素材内容
   D. 分离素材中的音频与视频部分

2. 拖动【时间轴】面板中的＿＿＿＿＿，能够查看视频效果。
   A. 缩放滑块
   B. 当前时间指示器
   C. 查看区域
   D. 时间标尺

3. 关于 Premiere Pro 中的监视器面板，下列说法错误的一项是＿＿＿＿＿。
   A. 源监视器面板
   B. 节目监视器面板
   C. 参考监视器面板
   D. 效果监视器面板

4. 在下列选项中，无法将素材添加至序列的是＿＿＿＿＿。

A. 选择素材后，在英文输入法状态下按"逗号"(,)键
B. 直接将素材拖至时间轴内
C. 在【项目】面板内双击素材
D. 右击素材后，执行【插入】命令

5. 在【时间轴】面板中粘贴素材，按＿＿＿＿＿快捷键。
   A. Ctrl+V
   B. V
   C. Shift+V
   D. Ctrl+C

6. 如果用户需要单独移动音频或视频的素材，可以在【时间轴】面板中右击该素材，执行＿＿＿＿＿命令，即可解除相应素材内音频与视频部分的硬相关联系。
   A. 【移除效果】
   B. 【取消编组】
   C. 【取消链接】
   D. 【清除】

三、问答题

1. 如何在【时间轴】面板中添加标记？
2. 简述源监视器面板与节目监视器面板之间的区别。
3. 如何在【时间轴】面板中添加轨道？
4. 如何调整视频播放速度？

四、上机练习

1. 调整图片素材的播放时间

首先将指示图标置于图片素材的末端，当指示图标中的箭头变成向右的时候，向右拖动鼠标即可随意延迟其播放时间，如图 3-82 所示。

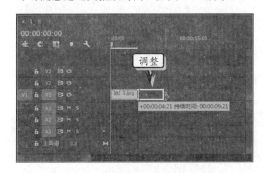

图 3-82 调整图片素材的播放时间

2．清除视频素材中的音频

所有的影片或拍摄的视频片段都由音频和视频两部分组成，如何删除视频素材中的音频，就需要分离并清除素材的音频。首先，右击素材，执行【取消链接】命令。然后，右击音频素材，执行【清除】命令，如图 3-83 所示。

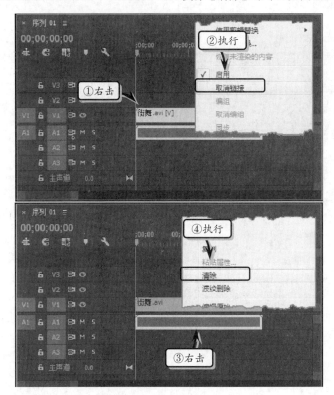

图 3-83　清除视频素材中的音频

第4章

视频高级编辑技术

如果用户需要更加快速、方便地制作绚丽的视频效果，就需要更加深入地了解 Premiere 软件的各种编辑技术，并通过设置标记点、三点编辑、四点编辑和剪辑素材等操作制作出一个画面丰富多彩并具有时间逻辑性的影片。本章将详细介绍视频的一些高级视频编辑技术，使用户能够更好地学习使用 Premiere 编辑影片素材的方法与技巧。

本章学习目的：

➢ 三点编辑与四点编辑；
➢ 使用标记；
➢ 插入和覆盖编辑；
➢ 提升与提取编辑；
➢ 嵌套序列；
➢ 应用视频编辑工具。

4.1 三点编辑与四点编辑

三点和四点编辑是专业视频编辑工作中经常会采用的影片编辑方法，它们是对源素材的剪辑方法，三点和四点是指素材的入点和出点的个数。

4.1.1 三点编辑

通常情况下，三点编辑用于将素材中的部分内容替换影片剪辑中的部分内容。在进行此项操作时，需要依次在素材和影片剪辑内指定 3 个至关重要的点，各点的位置及含义如下。

❑ 素材的入点 素材在影片剪辑内首先出现的帧。

□ **影片剪辑的入点** 影片剪辑内被替换部分在当前序列上的第一帧。

□ **影片剪辑的出点** 影片剪辑内被替换部分在当前序列上的最后一帧。

在【项目】面板中双击某个素材，将该素材显示在源监视器面板中，同时在【时间轴】面板中，选择需要添加剪辑轨道，将其设置为目标轨道，并将"时间指示器"移动到轨道头，如图 4-1 所示。

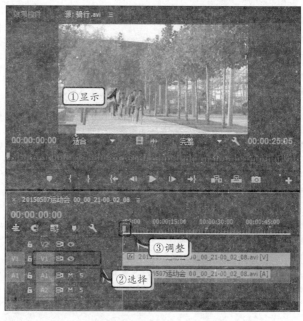

图 4-1 源监视器面板和【时间轴】面板

然后，在源监视器面板中，将"时间指示器"移动到 00:00:05:13 位置处，单击【标记入点】按钮，如图 4-2 所示。

此时，在节目监视器面板中，将"时间指示器"移动到 00:00:37:04 位置处，单击【标记入点】按钮，如图 4-3 所示。

同时，将"时间指示器"调整为 00:01:01:09，单击【标记出点】按钮，如图 4-4 所示。

最后，单击源监视器面板中的【覆盖】按钮，在弹出的【适合剪辑】对话框中，使用默认设置，单击【确定】按钮，即可将源监视器面板中的素材覆盖到节目面板中所设置入点和出点之间的部分，如图 4-5 所示。

图 4-2 在源监视器面板中单击【标记入点】按钮

图 4-3 在【节目】面板中单击【标记入点】按钮

图 4-4 在节目面板中单击【标记出点】按钮

4.1.2 四点编辑

四点编辑方法类似于三点编辑方法,在【项目】面板中双击某个素材,将该素材显示在源监视器面板中,同时在【时间轴】面板中,选择需要添加剪辑轨道,将其设置为目标轨道,并将"时间指示器"移动到轨道头。

然后,在源监视器面板中,将"时间指示器"移动到合适位置,单击【标记入点】按钮。同时,将"时间指示器"移动到合适位置,单击【标记出点】按钮,如图4-6所示。

此时,在节目监视器面板中,将"时间指示器"移动到合适位置,单击【标记入点】按钮。同时,将"时间指示器"移动到合适位置,单击【标记出点】按钮,如图4-7所示。

最后,单击源监视器面板中的【覆盖】按钮,在弹出的【适合剪辑】对话框中,使用默认设置,单击【确定】按钮,即可将源监视器面板中的素材覆盖到节目监视器面板中所设置入点和出点之间的部分,如图4-8所示。

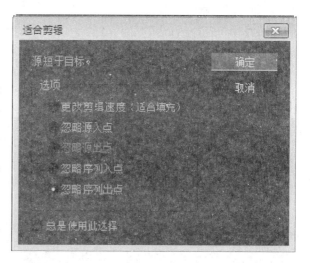

图4-5 【适合剪辑】对话框

图4-6 在源监视器面板中设置出入点

图4-7 在节目监视器面板中设置出入点

图4-8 四点编辑最终效果

在【时间轴】面板上添加关键帧后，保持当前时间指示器的位置不变，再次单击【添加-移除关键帧】
按钮，即可将该位置上的关键帧删除。

4.2 装配序列

在 Premiere 中，用户可以结合监视器和【时间轴】面板，对不同的视频素材进行设置、剪辑与合成，从而组合出画面丰富多彩并具有时间逻辑性的影片。

4.2.1 使用标记

编辑影片时，在素材或时间轴上添加标记后，可以在随后的编辑过程中快速切换至标记的位置，从而实现快速查找视频帧，或与时间轴上的其他素材快速对齐的目的。

1．添加标记

添加标记既可以在源监视器面板中添加，又可以在【时间轴】面板中添加。

图 4-9　在源监视器面板中添加标记

1）在源监视器面板中添加

在源监视器面板中，将"当前时间指示器"调整至合适位置，单击【添加标记】按钮，即可在当前视频帧的位置处添加无编号的标记，如图 4-9 所示。

将含有未编号标记的素材添加至【时间轴】面板中后，即可在素材上看到标记符号，如图 4-10 所示。

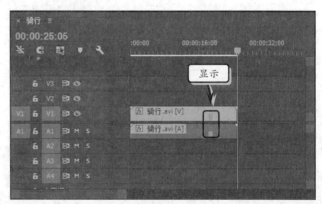

图 4-10　显示标记

在含有硬相关联系的音视频素材中，所添加的未编号标记将同时作用于素材的音频部分和视频部分。

2）在【时间轴】面板中添加

在【时间轴】面板中，将"当前时间指示器"调整至合适位置，单击【添加标记】按钮，即可在当前标尺的位置上添加无编号标记，如图 4-11 所示。

2. 应用标记

为素材或时间轴添加标记后，便可以使用这些标记完成对齐素材或查看素材内的某一视频帧等操作，从而提高影片编辑的效率。

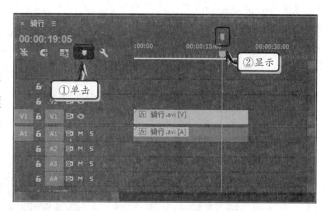

图 4-11　在【时间轴】面板中添加标记

1）对齐素材

在【时间轴】面板内拖动含有标记的素材时，利用素材内的标记可快速与其他轨道内的素材对齐，或将当前素材内的标记与其他素材内的标记对齐，如图 4-12 所示。

2）查找标记

在源监视器面板中，单击【转到下一标记】按钮，可将【当前时间指示器】移至下一标记处，如图 4-13 所示。如果单击面板内的【转到上一标记】按钮，即可将【当前时间指示器】快速移动至前一标记处。

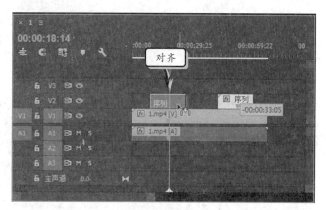

图 4-12　使用标记对齐素材

用户还可以在【时间轴】面板内查找标记，只需右击【时间轴】面板内的时间标尺，执行【转到下一个标记】命令，即可将当前时间指示器快速移动至下一标记处，如图 4-14 所示。

图 4-13　查找素材内的标记

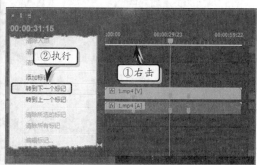

图 4-14　在【时间轴】面板上查找标记

3. 编辑标记

在素材【源监视器】或【时间轴】
面板中，右击时间标尺，执行【编辑标
记】命令。在弹出的对话框中，设置标
记名称、标记颜色、注释文本等选项，
即可对标记进行一系列自定义编辑，如
图 4-15 所示。

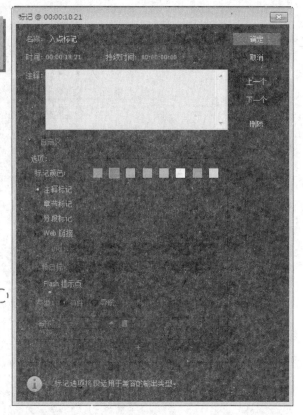

4.2.2　插入和覆盖编辑

在将素材添加到【时间轴】面板之
前，一些用户通常会先在源监视器面板
中对素材进行各种预处理。预处理完毕
之后，再从源监视器面板中将素材添加
到【时间轴】面板中。这种素材的添加
方法，统称为插入和叠加编辑。

图 4-15　编辑标记

1. 插入编辑

在当前时间轴上没有任何素
材的情况下，在源监视器面板中直
接单击【插入】按钮 ，或在面
板中右击执行【插入】命令，即可
将该素材添加到【时间轴】面板中，
如图 4-16 所示。添加素材的效果
与直接向时间轴添加素材的结果
完全相同。

图 4-16　插入编辑素材

另外，如果【时间轴】面板中已存在素材，并将"当前时间指示器"移至该素材的
中间位置时，单击源监视器面板中的【插入】按钮 ，Premiere 便会将时间轴上的素
材一分为二，并将源监视器面板内的素材添加至两者之间，如图 4-17 所示。

2．覆盖编辑

覆盖编辑与插入编辑不同，当用户采用覆盖编辑的方式在时间轴已有素材中间添加新素材时，新素材将会从"当前时间指示器"处替换相应时间的源素材片段。

在覆盖编辑时，用户只需在监视器面板中直接单击【覆盖】按钮 ，或在面板中右击执行【覆盖】命令即可，如图4-18所示。

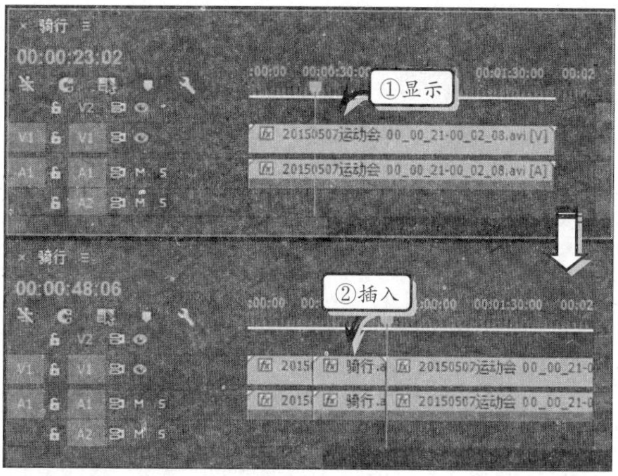

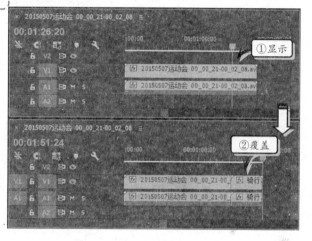

图 4-17 插入编辑素材

4.2.3 提升与提取编辑

在节目监视器面板中，Premiere提供了两个方便的素材剪除工具，以便快速删除序列内的某个部分。

1．提升编辑

提升编辑的功能是从序列内删除部分内容，但不会消除因删除素材内容而造成的间隙。

首先，在节目监视器面板中，将"当前时间指示器"移至合适位置，分别在所要删除部分的首帧和末帧位置处设置入点与出点，如图4-19所示。

图 4-18 以覆盖编辑方式添加素材

然后，单击节目监视器面板内的【提升】按钮 ，即可从入点与出点处裁切素材，再将出入点区间内的素材删除，如图4-20所示。无论出入点区间内有多少素材，都将在执行提升操作时被删除。

图 4-19 设置入点与出点

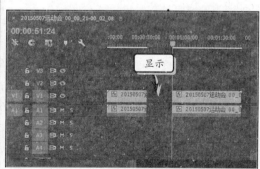

图 4-20 执行提升操作

2．提取编辑

与提升操作不同的是，提取编辑会在删除部分序列内容的同时，消除因此而产生的间隙，从而减少序列的持续时间。

首先，需要在节目监视器面板中，将"当前时间指示器"移至合适位置，分别在所要删除部分的首帧和末帧位置处设置入点与出点，如图 4-21 所示。

然后，单击节目监视器面板中的【提取】按钮 ，即可从入点与出点处裁切素材，再将出入点区间内的素材删除，如图 4-22 所示。

图 4-21　设置入点与出点

4.2.4　嵌套序列

时间轴内多个素材的组合称为"序列"，每个序列可以装载多个不同类型的素材。时间轴与序列的区别是：一个时间轴中可以包含多个序列，而每个序列内则装载着各种各样的素材。嵌套序列是在一个序列中包含了另外一个序列。

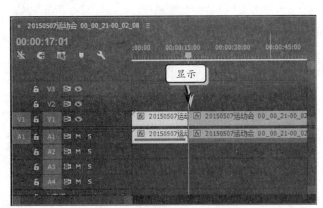

图 4-22　执行提取操作

利用嵌套序列可以将复杂的序列装配工作拆分为多个相对简单的任务，从而简化操作，降低影片编辑难度。此外，当用户为某一序列应用特效后，Premiere 会自动将该特效应用于所选序列内的所有素材上，从而提高了影片的编辑效率。

1．创建新序列

用户在创建项目之后，通常会紧跟着创建一个序列，用于编辑一系列素材。Premiere 为用户提供了嵌套序列功能，运用该功能可以根据影片的编辑需求，在一个项目中同时创建多个序列。

在【项目】面板中，单击【新建项】按钮 ，选择【序列】选项，在弹出的【新建序列】对话框中设置相应选项后，即可创建一个新序列，如图 4-23 所示。

2．嵌套序列

当项目内包含多个序列进行操作时，只需要右击【项目】面板中的序列，选择【插入】命令，或直接将其拖至轨道中，即可将所选序列嵌套至【时间轴】面板中的目标序列，如图4-24所示。

利用该特性，可以将复杂的项目分解为多个短小的序列，再将它们组合在一个序列中，从而降低影片编辑的难度。并且，每次嵌套序列时，都可以在【时间轴】面板内对其进行修剪、添加视频过渡或效果等操作。

嵌套序列的名称除了可以使用原有序列的名称外，还可以通过右击【时间轴】面板中的嵌套序列，执行【嵌套】命令，在弹出的【嵌套序列名称】对话框中输入名称，单击【确认】按钮后，即可更改嵌套序列的名称，如图4-25所示。

3．使用嵌套源序列

在 Premiere Pro 中，可以将序列加载到源监视器面板中，并在【时间轴】面板中对其进行编辑，同时还可保持所有轨道上的原始剪辑不受影响。

在【项目】面板中选中序列，将其拖入源监视器面板中，即可在源监视器面板中显示序列，如图4-26所示。

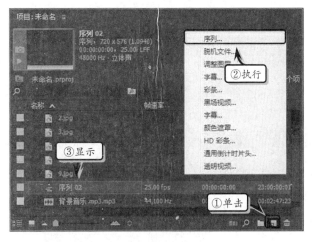

图 4-23　创建新建序列

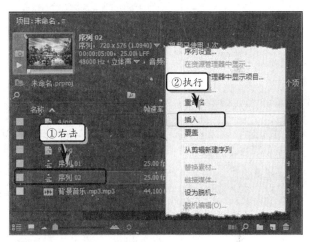

图 4-24　嵌套序列

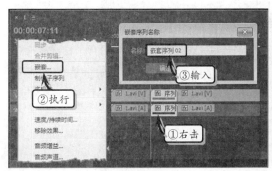

图 4-25　设置嵌套序列名称

图 4-26　嵌套源序列

序列被加载到源监视器面板中时，源序列中的轨道，即使为空轨道，也可用作修补模块中的源轨道。此外，将源序列中的空片段编辑到另一序列中不会影响目标序列。

4.3 应用视频编辑工具

虽然通过源监视器面板能够进行视频素材的剪辑，但视频素材导入【时间轴】面板后，就无法再通过源监视器面板中的剪辑来影像【时间轴】面板中的视频。所以，在【时间轴】面板中进行视频剪辑，能够更加灵活与方便，特别是针对两个或两个以上的视频短片。

4.3.1 滚动编辑

利用【滚动编辑工具】 ，可以在【时间轴】面板内通过直接拖动相邻素材边界的方法，同时更改编辑两侧素材的入点或出点。方法是打开待修改的项目文件后，分别为素材"街舞.avi"和素材"篮球.avi"设置出入点，并将其添加至时间轴内，如图4-27所示。

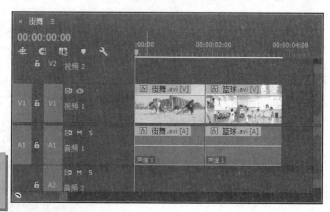

> **注 意**
>
> 在进行滚动编辑操作时，必须为所编辑的两素材设置入点和出点；否则，无法进行两个素材之间的调节操作。

🔵 **图4-27** 编辑项目

选择【滚动编辑工具】 后，在【时间轴】面板内将该光标置于两个视频之间，当光标变为"双层双向箭头"图标时向左拖动鼠标，如图4-28所示。

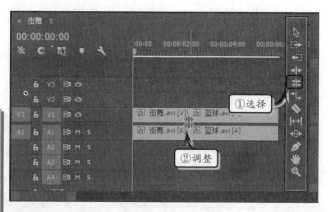

> **提 示**
>
> 如果之前使用【滚动编辑工具】 向右拖动，则会在序列持续播放时间不变的情况下，减少素材"街舞.avi"的播放时间与播放内容，而为素材"篮球.avi"增加相应的播放时间与播放内容。

🔵 **图4-28** 滚动编辑操作

上述操作的功能是在序列上向左移动素材"街舞.avi"出点的同时，将素材"篮球.avi"的入点也在序列上向左移动相应距离。从而在不更改序列持续时间的情况下，增加素材"篮球.avi"在序列内的持续播放时间，并减少素材"街舞.avi"在序列内相应的播放时间。

4.3.2　波纹编辑

与滚动编辑不同的是，波纹编辑能够在不影响相邻素材的情况下，对序列内某一素材的入点或出点进行调整。方法是，打开待修改项目后，选择【波纹编辑工具】，并

在【时间轴】面板内将其置于素材"街舞.avi"的末尾。当光标变为"右括号与双击箭头"图标时，向左拖动鼠标，如图4-29所示。

在上述操作中，【波纹编辑工具】会在序列上向左移动素材"街舞.avi"的出点，从而减少其播放时间与内容。与此同时，素材"篮球.avi"不会发生任何变化，但该素材在序列上的位置却会随着素材"街舞.avi"持续时间的减少而调整相应的距离。因此，序列不会由于素材"街舞.avi"持续时间的减少而出现空隙，但其持续时间随素材"街舞.avi"持续时间的减少而相应缩短。

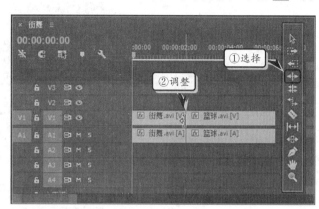

图 4-29　波纹编辑操作

无论是使用【滚动编辑工具】还是使用【波纹编辑工具】，在操作过程中，能够在节目监视器面板中查看两段视频的显示时间，如图4-30所示。

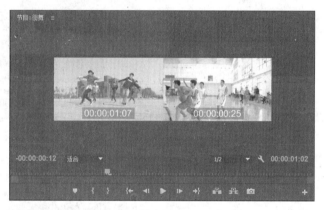

图 4-30　节目监视器面板显示

4.3.3　外滑编辑

利用 Premiere 所提供的滑移编辑工具，可以在保持序列持续时间不变的情况下，同时调整序列内某一素材的入点与出点，并且不会影响该素材两侧的其他素材。打开项目后，分别为三个图像素材设置入点与出点，并将其添加至时间轴内，如图4-31所示。

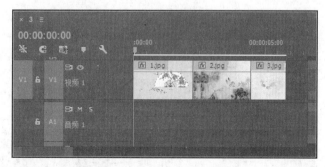

图 4-31　添加素材

选择工具栏板内的【外滑工具】后，在【时间轴】面板内将其置于中间素材上，

并向左拖动鼠标，如图 4-32 所示。

上述操作不会对序列的持续时间产生任何影响，但序列内中间素材的播放内容却会发生变化。简单地说，之前素材出点处的视频帧将会出现在修改后素材的出入点区间内，而素材原出点后的某一视频帧则会成为修改后素材出点处的视频帧。

4.3.4 内滑编辑

与滑移编辑一样的是，滑动编辑也能够在保持序列持续时间不变的情况下，在序列内修改素材的入点和出点。不过，滑动编辑所修改的对象并不是当前所操作的素材，而是与该素材相邻的其他素材。

选择工具栏内的【内滑工具】后，在【时间轴】面板内将其置于中间素材上，并向左拖动鼠标，如图 4-33 所示。

上述操作的结果是，序列内左侧素材的出点与右侧素材的入点同时向左移动，左侧素材的持续时间有所减少，而右侧素材的持续时间则有所增加。而且，右侧素材所增加的持续时间与左侧素材所减少的持续时间相同，整个序列的持续时间保持不变。至于中间素材，其播放内容与持续时间都不会发生变化。

4.3.5 重复帧检测

Premiere Pro 可以通过显示重复的帧标记，识别同一序列中在时间轴上使用多次的剪辑。重复帧标记是一个彩色条纹指示器，跨越每个重复帧的剪辑的底部。具体的做法是，单击【时间轴显示设置】按钮并选择【显示重复帧标记】选项，如图 4-34 所示。

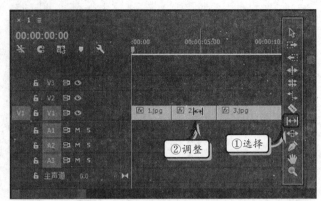

图 4-32　调整中间素材的入点与出点

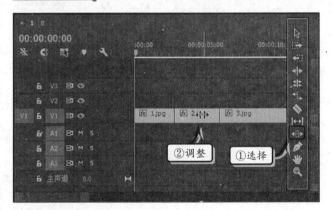

图 4-33　内滑编辑操作

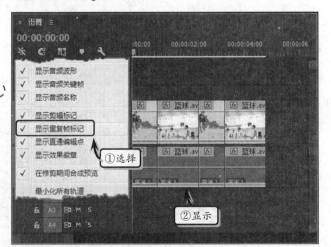

图 4-34　显示重复帧标记

Premiere Pro 会自动为每个存在重复剪辑的主剪辑分配一种颜色。最多分配 10 种不同的颜色。在 10 种颜色均被使用之后，将重复使用第 10 种颜色。

4.3.6 自动同步多个摄像机角度

Premiere Pro 新增的多机位模式能够在节目监视器中显示多机位编辑界面。可以从使用多个摄像机从不同角度拍摄的剪辑中或从特定场景的不同镜头中创建立即可编辑的序列。

要想创建多机位源序列，首先要在【项目】面板中导入多个视频文件，并且这些视频文件必须是多个摄像机从不同角度拍摄的视频，或者是从特定场景的不同镜头的视频文件，如图 4-35 所示。

图 4-35 导入多个视频文件

然后在【项目】面板中同时选中多个视频文件后，执行【剪辑】|【创建多机位源序列】命令，弹出【创建多机位源序列】对话框，如图 4-36 所示。

在【视频剪辑名称】文本框中输入名称后，单击【确定】按钮即可发现【项目】面板中创建了多机位源序列，并且所选择的视频为放置在新建的"处理的剪辑"素材箱中，如图 4-37 所示。

这时，在【项目】面板中双击"小宝贝儿 01.wmv 多机位"序列，即可在源监视器面板中同时查看宝宝不同角度的视频画面，如图 4-38 所示。

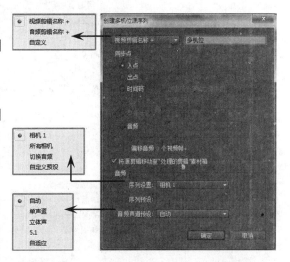

图 4-36 【创建多机位源序列】对话框

图 4-37 创建后的【项目】面板显示   图 4-38 多机位源序列显示

4.4 课堂练习：设置视频出入点

在 Premiere 中编辑视频素材的过程中，对大部分导入的剪辑文件，只是需要其中的一部分。此时就需要对相应的剪辑部分进行设置出入点等"预处理"操作，以达到完美编辑整个影片的目的。本练习将运用 Premiere 监视器中的"设置出点"和"设置入点"功能，获取所需的素材片段，如图 4-39 所示。

图 4-39 最终效果图

操作步骤

1. 创建项目。启动 Premiere，在弹出的欢迎界面中，选择【新建项目】选项，如图 4-40 所示。

2. 在弹出的【新建项目】对话框中，设置新项目名称、位置和常规等选项，并单击【确定】按钮，如图 4-41 所示。

3. 导入素材。双击【项目】面板，在弹出的【导入】对话框中，选择所需导入的所有素材，单击【打开】按钮，如图 4-42 所示。

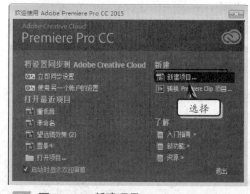

图 4-40 新建项目

图 4-41　设置选项

图 4-42　导入素材

4　添加素材。在【项目】面板中，选中所有的素材，将其拖至【时间轴】面板中的 V1 轨道中，如图 4-43 所示。

图 4-43　添加素材

5　插入视频片段。在【项目】面板中双击 2.mp4 视频素材，"当前时间指示器"调整为 00:00:01:11，将其显示在源监视器面板中，如图 4-44 所示。

图 4-44　插入素材片段

6　在源监视器面板中，将"当前时间指示器"调整为 00:00:06:05，并单击【标记入点】按钮，如图 4-45 所示。

图 4-45　单击【标记入点】按钮

7　将"当前时间指示器"调整为 00:00:43:06，并单击【标记出点】按钮，如图 4-46 所示。

图 4-46　单击【标记出点】按钮

8 在【时间轴】面板中，将"当前时间指示器"调整为 00:00:04:20，如图 4-47 所示。

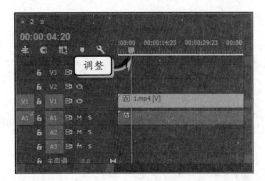

图 4-47 调整"当前时间指示器"

9 在源监视器面板中，单击【插入】按钮，插入视频片段，如图 4-48 所示。

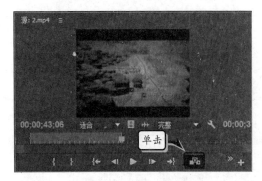

图 4-48 插入素材

10 提取视频片段。在节目监视器面板中，将"当前时间指示器"调整为 00:01:54:01，并单击【标记入点】按钮，如图 4-49 所示。

图 4-49 标记入点

11 然后，将"当前时间指示器"调整至末尾处，单击【标记出点】按钮，如图 4-50 所示。

图 4-50 标记出点

12 在节目监视器面板中，单击【提取】按钮，将所选择范围内的素材删除，如图 4-51 所示。

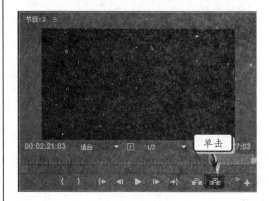

图 4-51 单击【提取】按钮

13 选择 V1 轨道中的最后一段素材，按下 Delete 键删除该素材，如图 4-52 所示。

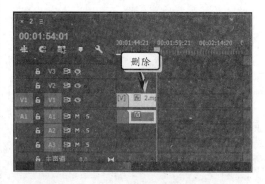

图 4-52 删除素材

14 最后，在节目监视器面板中，单击【播放-停止切换（Space）】按钮，预览最终效果，如图 4-53 所示。

图 4-53 预览影片

4.5 课堂练习：汽车行驶效果

Premiere 是一个功能强大的实时视频和音频编辑的非线性编辑工具，不仅可以展示静止图片和动态视频，还可以运用内置的视频效果和关键帧功能，创建具有模糊效果的动态运行图片。在本练习中，将运用其视频效果和关键帧功能，制作行驶中的汽车效果，如图4-54所示。

图 4-54 最终效果图

操作步骤

1 创建项目。启动 Premiere，在弹出的欢迎界面中选择【新建项目】选项，如图 4-55 所示。

目名称、位置和常规、设置选项，单击【确定】按钮，如图 4-56 所示。

图 4-55 新建项目

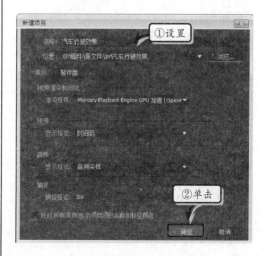

图 4-56 设置选项

2 在弹出的【新建项目】对话框中，设置新项

3 新建序列。执行【文件】|【新建】|【序列】命令，弹出【新建序列】对话框。在【序列预设】选项卡的【序列名称】文本框中，输入序列名称，如图 4-57 所示。

图 4-57　输入序列名称

4 激活【设置】选项卡，将【编辑模式】设置为"自定义"，设置【帧大小】选项，单击【确定】按钮，如图 4-58 所示。

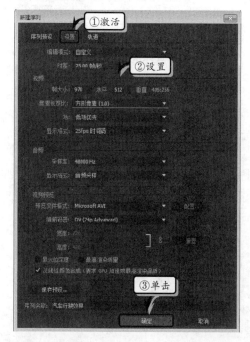

图 4-58　设置选项

5 导入素材。双击【项目】面板，在弹出的【导入】对话框中选择素材文件，单击【打开】按钮，如图 4-59 所示。

图 4-59　导入素材

6 制作公路模糊效果。将【项目】面板中的"公路"素材添加到【时间轴】面板中的 V1 轨道中，选中该素材，如图 4-60 所示。

图 4-60　添加素材

7 在【效果】面板中，展开【视频效果】下的【模糊和锐化】效果组，双击"快速模糊"效果，将其添加到所选素材中，如图 4-61 所示。

图 4-61　添加视频效果

8 在【效果控件】面板中，将【模糊度】设置为50，并将【模糊维度】设置为"水平"，如图4-62所示。

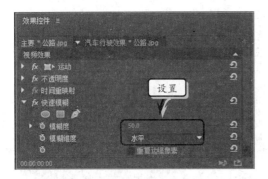

设置视频效果

9 制作汽车行驶效果。将【项目】面板中的"汽车"素材添加到【时间轴】面板中，选中该素材，如图4-63所示。

添加并选中素材

10 在【效果控件】面板中，展开【运动】效果组。单击【位置】左侧的【切换动画】按钮，调整素材的具体位置，如图4-64所示。

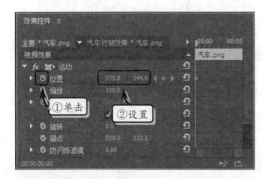

设置视频效果

11 单击【缩放】左侧的【切换动画】按钮，并

将其参数值设置为79.8。同时，将【旋转】效果参数设置为-1.4°，如图4-65所示。

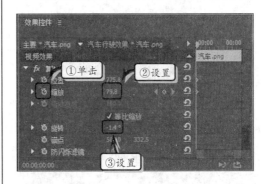

设置效果

12 在【效果控件】面板中，将"当前时间指示器"移到末尾处，同时设置【位置】和【缩放】效果的参数值，如图4-66所示。

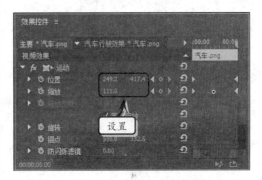

设置参数

13 添加汽车阴影。在【时间轴】面板中选中"汽车"素材，然后在【效果】面板中展开【视频效果】下的【调整】效果组，双击"阴影/高光"效果，将该效果添加到所选素材中，如图4-67所示。

添加视频效果

14 在【效果控件】面板中，禁用【自动数量】复选框，并分别设置【阴影数量】、【高光数量】和【与原始图像混合】效果参数，如图4-68所示。

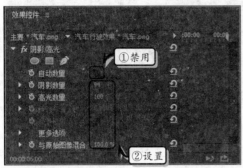

①禁用
②设置

图 4-68 设置参数

15 最后，在【节目】面板中，单击【播放-停止切换】按钮，预览播放效果，如图4-69所示。

单击

图 4-69 预览影片

4.6 思考与练习

一、填空题

1. 三点和四点编辑是专业视频编辑工作中经常会采用的影片编辑方法，它们是对源素材的剪辑方法，三点和四点是指素材的_____。

2. 在【时间轴】面板中，通过单击_____可以添加标记。

3. 时间轴内多个素材的组合称为_____。

4. 在进行滚动编辑操作时，必须为所编辑的两素材设置_____。否则，将无法进行两个素材之间的调节操作。

5. Premiere Pro 可以通过显示重复的_____标记，识别同一序列中在时间轴上使用多次的剪辑。

6. Premiere Pro 新增的多机位模式会在_____中显示多机位编辑界面。

二、选择题

1. 进行三点编辑操作时，需要依次在素材和影片剪辑内指定 3 个至关重要的点，下列错误的一项是_____。

   A. 素材的入点
   B. 素材的出点
   C. 影片剪辑的入点
   D. 影片剪辑的出点

2. 在【源监视器】面板中，确定【当前时间指示器】的位置后，单击【标记入点】按钮，或者直接按快捷键_____，即可在当前视频帧的位置上添加入点标记。

   A. I   B. O
   C. Ctrl+I   D. Shift

3. 添加标记既可以在【源监视器】面板中添加，又可以在_____中添加。

   A. 【参考监视器】面板
   B. 【节目监视器】面板
   C. 【时间轴】面板
   D. 【效果】面板

4. 在下列视频编辑工具中，请选出波纹编辑的图标_____。

   A.   B.
   C.   D.

5. 在下列有关嵌套序列的描述中，错误的是_____。

   A. 合理使用嵌套序列可降低影片编辑难度
   B. 合理使用嵌套序列可提高影片编辑效率
   C. 合理使用嵌套序列可优化主序列的序列装配结构
   D. 嵌套序列只会影响影片输出速度，无其他任何益处

6. 重复帧标记不适用于_____和时间

重映射。

    A．静止图像   B．视频
    C．音频   D．录像

三、问答题

    1．在源监视器面板中，怎么为素材设置入点与出点？

    2．简述覆盖编辑与插入编辑不同点。

    3．简述在【时间轴】面板中如何添加标记。

    4．提升与提取之间有什么区别？

四、上机练习

1．在视频中插入另外一个视频

    当【时间轴】面板中添加视频素材后，将【当前时间指示器】放置在视频片段的某个时间点。然后将【项目】面板中的另外一个视频素材放置在源监视器面板中，最后单击该面板中的【插入】按钮，即可在【当前时间指示器】所在的位置插入另外一段视频，而【当前时间指示器】右侧的原视频片段向右偏移，如图 4-70 所示。

图 4-70　插入视频

2．滚动编辑

    首先，利用【滚动编辑工具】，在【时间轴】面板内通过直接拖动相邻素材边界的方法，同时更改编辑两侧素材的入点或出点。打开待修改的项目文件后，分别将相应的素材添加到【时间轴】面板中。然后，单击【工具栏】面板中的【滚动工具】按钮，选择该工具。最后，在【时间轴】面板中将其置于两个素材之间，当光标变为"双层双向箭头"图标时向右拖动鼠标，如图 4-71 所示。

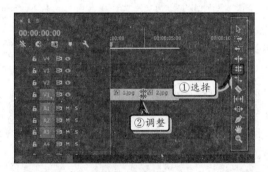

图 4-71　滚动编辑

第 5 章

设置过渡效果

视频过渡是电视节目和电影或视频编辑时，不同的镜头与镜头切换中所加入的过渡效果。这种技术被广泛应用于数字电视制作中，是比较普遍的技术手段。视频过渡可以将所有的视频素材有序地连接起来，并在每个镜头切换中添加过渡效果，从而提升整部作品的流畅感，突出影片的风格和含义。通过对本章的学习，可以了解视频过渡在影片中的运用和一些常用视频过渡的效果，并掌握如何为影片添加视频过渡。

本章学习目的：

- ➢ 过渡的基本原理；
- ➢ 使用视频过渡；
- ➢ 设置视频过渡；
- ➢ 编辑视频过渡；
- ➢ 应用过渡效果。

5.1 影视过渡概述

镜头是构成影片的基本要素，而镜头的切换一般被称为过渡。合理的视频过渡效果，可以使镜头与镜头间的过渡更为自然、顺畅，使影片的视觉连续性更强。

5.1.1 过渡的基本原理

过渡是指在前一个素材逐渐消失的过程中，后一个素材逐渐出现。这样便需要素材之间存在交叠部分，或者说素材的入点和出点要与起始点和结束点拉开距离，即额外帧；此时，可以使用期间的额外帧作为过渡的过渡帧。

一般情况下镜头的过渡包括硬切和软切两种方式，其中硬切，是镜头简单的衔接完成切换，属于一种直接切换的简单效果；而软切，指在镜头组接时加入淡入淡出、叠化等视频转场过渡手法，使镜头之间的过渡更加多样化。

如今在制作一部电影作品时，往往要用到成百上千的镜头。这些镜头的画面和视角大都千差万别，因此直接将这些镜头连接在一起会让整部影片显示断断续续。为此，在编辑影片时便需要在镜头之间添加视频过渡，使镜头与镜头间的过渡更为自然、顺畅，使影片的视觉连续性更强，如图 5-1 所示。

影片的开场通常是以渐变的过渡方式进行的，由暗场开始逐渐变亮，这种过渡效果可以缓解观众的情绪，如图 5-2 所示。

◐ 图 5-1　视频过渡效果　　　　　◐ 图 5-2　视频过渡效果

在制作儿童动画影片时，经常会使用滑像、卷页、擦出等过渡方法，使影片更具欣赏性，如图 5-3 所示。

在影片中经常会使用闪白视频过渡，该视频过渡经常表现在失去记忆以后或对往事进行回忆的画面。除此之外，还可以将画面的运动主体突然变为静止状态，强调某一主体的形象、细节和视觉冲击力，并可以创造悬念表达主观感受。

◐ 图 5-3　视频过渡效果

5.1.2　使用视频过渡

Premiere 为用户提供了多种视频转场效果和样式，通过对各个镜头之间的转换使影片内容更加和谐、丰富。

执行【窗口】|【效果】命令，在【效果】面板中，展开【视频过渡】选项组，将会显示所有的视频过渡效果，如图5-4所示。

如果需要在素材之间添加视频过渡时，须保证这两段素材必须在同一轨道上且不存在间隙。此时，用户只需将【效果】面板中的某一过渡效果拖曳至时间轴上的两个素材之间即可，如图5-5所示。

当释放鼠标后，两个素材之间会出现视频过渡图标，将鼠标移动到图标上，将会显示视频转场的名称，如图5-6所示。

图5-4　视频过渡分类列表

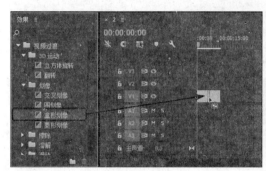

图5-5　使用视频过渡　　　　图5-6　显示视频转场名称

此时，单击【节目】面板内的【播放-停止切换】按钮 ▶，即可预览所应用视频过渡的效果，如图5-7所示。

5.1.3　设置视频过渡

Premiere 内置了设置视频过渡效果功能，该功能允许用户在一定范围内修改视频过渡效果。例如，设置过渡效果的持续时间、开始方向、结束方向等。

1. 设置持续时间

当用户在两个素材中添加过渡效果后，在【时间轴】面板中选择所添加的过渡效果。此时，在【效

图5-7　预览视频过渡效果

果控件】面板中将会显示该视频过渡的各项参数，如图5-8所示。

单击【持续时间】选项右侧的数值，在时间文本框中输入自定义时间值，即可设置视频过渡的持续时间，如图 5-9 所示。

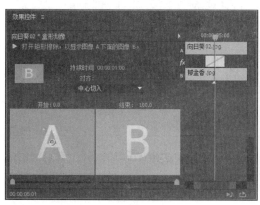

图 5-8 视频过渡各项参数　　　图 5-9 设置视频过渡持续时间

提 示

在将鼠标置于选项参数的数值位置上，光标变成⇔形状时，左右拖动鼠标便可以更改其数值。

2. 显示素材画面

在【效果控件】面板中，启用【显示实际源】复选框，过渡所连接镜头画面在过渡过程中的前后效果将分别显示在 A、B 区域内，如图 5-10 所示。

提 示

当添加的过渡效果为上下或左右动画时，在预览区中，通过单击方向按钮，即可设置视频过渡效果的开始方向与结束方向。

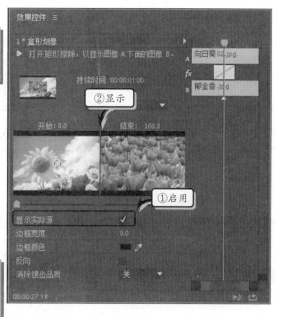

图 5-10 显示素材画面

3. 设置对齐方式

在【效果控件】面板中，单击【对齐】下拉按钮，在【对齐】下拉列表中选择效果位于两个素材上的位置。例如，选择"起点切入"选项，视频过渡效果会在时间滑块进入第 2 个素材时开始播放，如图 5-11 所示。

提 示

调整【开始】或【结束】选项内的数值，或拖动该选项下方的时间滑块后，即可设置视频过渡在开始和结束时的效果。

4. 设置边框

在【效果控件】面板中，调整【边框宽度】选项后的数值，即可更改素材在过渡效果中的边框宽度。另外，用户还可以通过单击【边框颜色】色块设置边框的显示颜色；或者单击吸管工具，吸取屏幕中的色彩，如图 5-12 所示。

5. 设置个性化效果

如果需要更为个性化的效果，可启动【反向】复选框，从而使视频过渡采用相反的顺序进行播放。

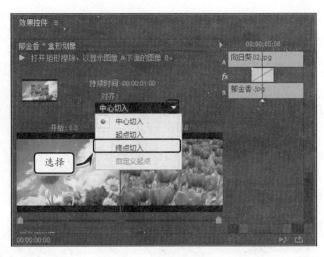

图 5-11　设置视频过渡对齐方式

另外，还可以单击【消除锯齿品质】下拉按钮，在其下拉列表中选择品质级别选项，即可调整视频过渡的画面效果，如图 5-13 所示。

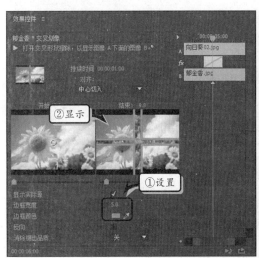

图 5-12　设置视频过渡边框

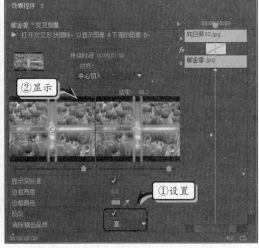

图 5-13　设置视频过渡个性化效果

5.1.4　编辑视频过渡

在编排镜头的过程中，有些时候很难预料镜头在添加视频过渡后产生怎样的效果。此时，往往需要通过清除、替换转换的方法，尝试用不同的过渡，并从中挑选出最为合适的效果。

1. 清除过渡效果

当用户想取消当前所使用的过渡效果时，可在【时间轴】面板中，右击过渡效果执行【清除】命令，即可清除该效果，如图5-14所示。

2. 替换过渡效果

当用户想更改当前的过渡效果时，除了清除当前效果并添加新效果之外，还可以直接从【效果】面板中，将所需的视频或音频过渡拖放到序列中原有过渡上完成替换效果，如图5-15所示。

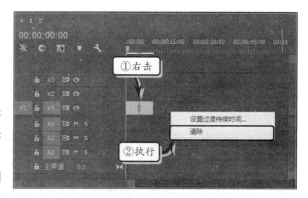

图 5-14　清除视频过渡

5.2　应用拆分过渡效果

拆分过渡效果是一些通过拆分上一个素材画面显示下一个素材画面的过渡效果类型，包括【视频过渡】效果组中的划像、擦除、滑动等效果。

● 5.2.1　应用划像效果

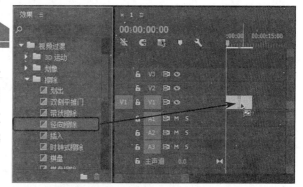

图 5-15　替换视频过渡

"划像"类视频过渡效果的特征是直接进行两镜头画面的交替切换，其方式通常是在前一镜头画面以划像方式退出的同时，后一镜头中的画面逐渐显现。

1. 交叉划像

在"交叉划像"过渡效果中，镜头二画面会以十字状的形态出现在镜头一画面中。随着"十字"的逐渐变

图 5-16　"交叉划像"过渡效果

大，镜头二画面会完全覆盖镜头一画面，从而完成划像过渡效果，如图5-16所示。

2. 圆划像

在"圆划像"过渡效果中，镜头二画面会以圆形形状的形态出现在镜头一画面中。随着"圆形"的逐渐变大，镜头二画面会完全覆盖镜头一画面，从而完成划像过渡效果。如图5-17所示。

3．盒状划像

在"盒状划像"过渡效果中，镜头二画面会以方形形状的形态出现在镜头一画面中。随着"方形"的逐渐变大，镜头二画面会完全覆盖镜头一画面，从而完成盒状划像的过渡效果，如图5-18所示。

图 5-17 "圆划像"过渡效果

4．菱形划像

在"菱形划像"过渡效果中，镜头二画面会以菱形形状的形态出现在镜头一画面中。随着"菱形"的逐渐变大，镜头二画面会完全覆盖镜头一画面，从而完成划像过渡效果，如图 5-19 所示。

图 5-18 "盒状划像"过渡效果

图 5-19 "菱形划像"过渡效果

5.2.2 应用擦除效果

擦除类视频转场是在画面的不同位置，以多种不同形式的方式抹除镜头一画面，并逐渐显现出第二个镜头中的画面。在最新版的 Premiere 中，其擦除过渡效果只包含了划出、双侧平推门、带状擦除等17 种类型。

1．双侧平推门与划出

在"双侧平推门"过渡效果中，镜头二画面会以高度与屏幕相同的尺寸和极小的宽度，显现在屏幕中央。接下来，镜头二画面会向左右两边同时伸展，直接全部覆盖镜头一画面，铺满整个屏幕为止，如图5-20 所示。

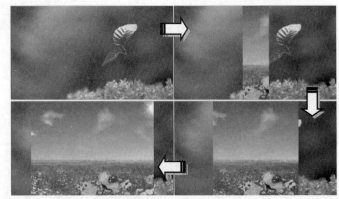

图 5-20 "双侧平推门"过渡效果

相比之下，"划出"过渡效果则较为简单。应用后，镜头二画面会从屏幕一侧显现出来，同时显示有镜头二画面的区域会快速推向屏幕另一侧，直到镜头二画面全部占据屏幕为止，如图 5-21 所示。

图 5-21　"划出"过渡效果

2．带状擦除

在"带状擦除"效果中，采用了矩形条带左右交叉的形式擦除镜头一画面，从而显示镜头二画面的视频过渡效果，如图 5-22 所示。

另外，在【时间轴】面板中选择"带状擦除"效果，单击【效果控件】面板中的【自定义】按钮，即可在弹出对话框内修改条带的数量，如图 5-23 所示。

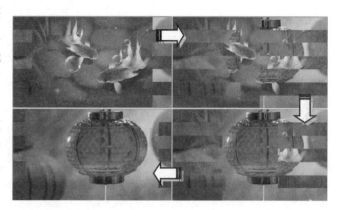

3．径向、时钟式和楔形擦除

图 5-22　"带状擦除"过渡效果

"径向擦除"过渡效果是以屏幕的某一角作为圆心，以顺时针方向擦除镜头一画面，从而显露出后面的镜头二画面，如图 5-24 所示。

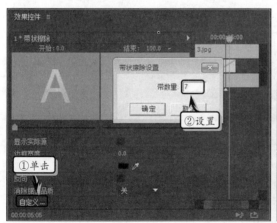

图 5-23　设置带状擦除过渡效果

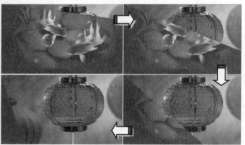

图 5-24　"径向擦除"过渡效果

相比之下，"时钟式擦除"过渡效果则是以屏幕中心为圆心，采用时钟转动的方式擦除镜头一画面，如图 5-25 所示。

而"楔形擦除"过渡效果同样是将屏幕中心作为圆心，不过在擦除镜头一画面时采用的是扇状图形，如图5-26所示。

4. 插入擦除

"插入"过渡效果通过一个逐渐放大的矩形框，将镜头一画面从屏幕的某一角处开始擦除，直至完全显露出镜头二画面为止，如图5-27所示。

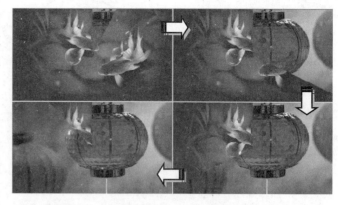

图 5-25　"时钟式擦除"过渡效果

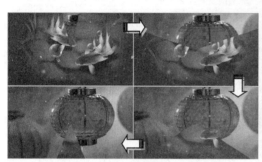

图 5-26　"楔形擦除"过渡效果

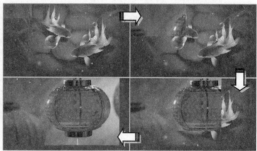

图 5-27　"插入"过渡效果

5. 棋盘和棋盘擦除

在"棋盘"视频过渡中，屏幕画面会被分割为大小相等的方格。随着"棋盘"过渡效果的播放，屏幕中的方格会以棋盘格的方式将镜头一画面替换为镜头二画面，如图5-28所示。

为素材添加"棋盘"过渡效果后，在【时间轴】面板中选择"棋盘"视频效果，单击【效果控件】面板中的【自定义】按钮，

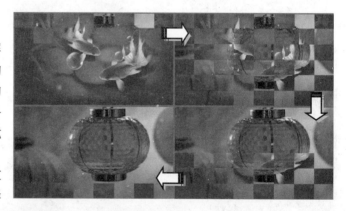

图 5-28　"棋盘"过渡效果

可在在弹出的对话框内设置"棋盘"中的纵横方格数量，如图5-29所示。

而"棋盘擦除"过渡效果是将镜头二中的画面分成若干方块后，从指定方向同时进行划像操作，从而覆盖镜头一画面，如图5-30所示。

提 示

当用户为素材添加"棋盘擦除"过渡效果后，也可在【效果控件】面板中，通过单击【自定义】按钮，来设置擦除的纵横方格数量。

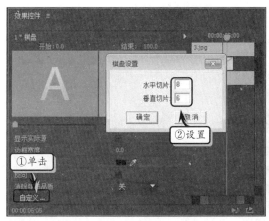

图 5-29 设置棋盘过渡效果

图 5-30 "棋盘擦除"过渡效果

6. 螺旋框效果

"螺旋框"过渡效果可以将画面分割为若干方块，并且同时按照顺序擦除镜头一画面，从而达到切换镜头二画面的目的。它与"水波块"过渡效果的差别在于擦除顺序的不同，其"水波块"过渡效果采用的是按水平顺序进行擦除，而"螺旋框"过渡效果则是采用由外而内的顺序擦除镜头一画面，如图 5-31 所示。

7. 其他擦除过渡效果

【擦除】效果组中的其他效果，其使用方法与上述效果基本相同。只是过渡样式有所不同，比如【水波块】、【油漆飞溅】、【百叶窗】、【风车】、【渐变擦除】、【随机块】、【随机擦除】等过渡效果，如图 5-32 所示。

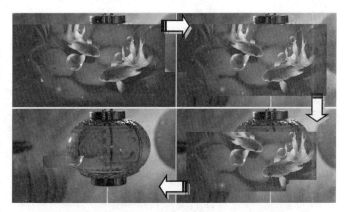

图 5-31 "螺旋框"过渡效果

油漆飞溅　渐变擦除

风车　百叶窗

图 5-32 其他过渡效果

5.2.3 应用滑动效果

滑动类视频过渡主要通过画面的平移变化实现镜头画面间的切换，其中共包括中心拆分、带状滑块、拆分、推和滑动 5 种类型。

1. 中心拆分

"中心拆分"过渡效果在将镜头一画面均分为 4 部分后，让这 4 部分镜头在一画面中同时向屏幕 4 角移动，并最终将屏幕过渡到二画面中，如图 5-33 所示。

图 5-33　"中心拆分"过渡效果

2. 带状滑动

"带状滑动"过渡效果类似于"带状擦除"过渡效果，也是采用矩形条带左右交叉的形式来滑动镜头一画面，从而显示镜头二画面的视频过渡效果，如图 5-34 所示。

提　示

用户为素材添加"带状滑动"过渡效果后，也可在【效果控件】面板中，通过单击【自定义】按钮，设置带的数量。

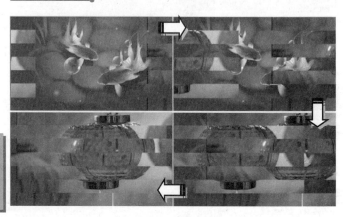

图 5-34　"带状滑动"过渡效果

3. 拆分

"拆分"过渡效果是在将镜头一画面平均分割为左、右两半后，左半部和右半部同时向左、右两侧移动，从而显露出下方的镜头二画面，如图 5-35 所示。

4. 推与滑动

"推"过渡效果的效果与其名称完全相同，其镜头二画面正是靠着"推"走镜头一画面

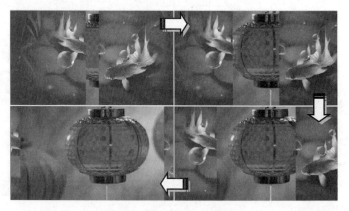

图 5-35　"拆分"过渡效果

的方式，才得以显现在观众面前，如图 5-36 所示。

　　虽然"滑动"过渡效果与"推"过渡效果中的镜头二画面都是在没有任何花哨方式的情况下滑入屏幕，但由于"滑动"过渡效果中的镜头一画面始终没有改变其画面位置，因此两者之间还是存在少许的不同，如图 5-37 所示。

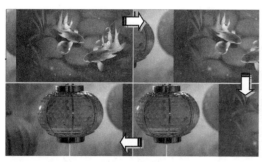

图 5-36　"推"过渡效果

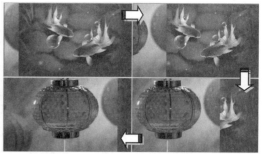

图 5-37　"滑动"过渡效果

5.2.4　应用页面剥落效果

从过渡方式上看，页面剥落过渡效果类似于 GPU 中的部分过渡效果。二者的不同之处在于，GPU 过渡的立体效果更为明显、逼真，而页面剥落过渡效果则仅关注镜头切换时的视觉表现方式。在新版本的 Premiere 中，页面剥落效果只包括翻页和页面剥落两种类型。

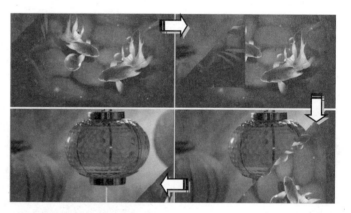

图 5-38　"翻页"过渡效果

1．翻页

"翻页"过渡效果是从屏幕一角被"揭"开后，拖向屏幕的另一角，如图 5-38 所示。

2．页面剥落

"页面剥落"过渡效果，是采用揭开"整张"画面的方式让镜头一画面退出屏幕，同时让镜头二画面呈现在大家面前，如图 5-39 所示。

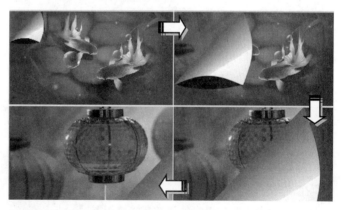

图 5-39　"页面剥落"过渡效果

5.3　应用其他过渡效果

Premiere 中的视频过渡效果，除了拆分类过渡效果之外，还内置了 3D 运动、缩放和溶解效果，以帮助用户制作更加丰富多彩的视频效果。

5.3.1 设置 3D 运动效果

3D 运动效果主要体现镜头之间的层次变化，从而给观众带来一种从二维空间过渡到三维空间的立体视觉效果。在最新版的 Premiere 中，其 3D 运动效果只包含了立方体旋转和翻转 2 种效果。

1. 立方体旋转

在"立方体旋转"视频过渡中，镜头一与镜头二画面都只是某个立方体的一个面，而整个转场所展现的便是在立方体旋转过程中，画面从一个面（镜头一画面）切换至另一个面（镜头二画面）的效果，如图 5-40 所示。

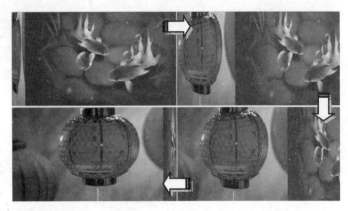

图 5-40 "立方体旋转"过渡效果

2. 翻转

"翻转"过渡效果中的镜头一和镜头二画面更像是一个平面物体的两个面，而该物体在翻腾结束后，朝向屏幕的画面由原本的镜头一画面改成了镜头二，如图 5-41 所示。

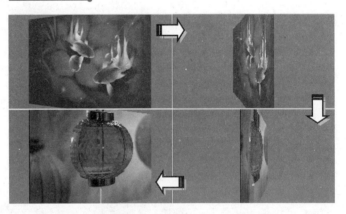

图 5-41 "翻转"过渡效果

3. 自定义翻转过渡效果

为素材添加"翻转"过渡效果之后，在【时间轴】面板中选择该效果，单击【效果控件】面板中的【自定义】按钮，可在弹出对话框内设置镜头画面翻转时的条带数量以及翻转过程中的背景颜色，如图 5-42 所示。

例如，将条带数量设置为 2，翻转背景色设置为黄色后，其效果如图 5-43 所示。

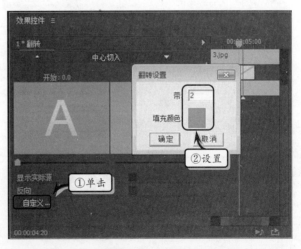

图 5-42 设置"自定义翻转"过渡效果

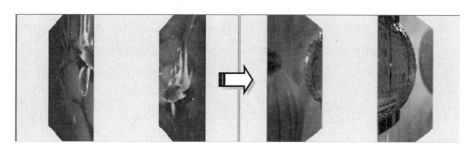

图 5-43　"自定义翻转"过渡效果

5.3.2　应用溶解效果

溶解类过渡效果主要以淡入淡出的形式来完成不同镜头间的过渡过渡，使前一个镜头中的画面以柔和的方式过渡到后一个镜头的画面中。

1. MorphCut

MorphCut 是 Premiere Pro 新增的一种视频过渡效果，它可以通过在原声摘要之间平滑跳切，来创建更加完美的访谈，而不必淡入淡出或切去其他场景。

在具有"演说者头部特写"的素材中，可以通过移除剪辑中不需要的部分，并为其应用 MorphCut 视频过渡的方法，平滑分散注意力的跳切，有效清理访谈对话。除此之外，用户还可以使用 MorphCut 重新整理访谈素材中的剪辑，以确保叙事流的平滑性，而杜绝视觉连续性上的任何跳跃点，如图 5-44 所示。

图 5-44　MorphCut 过渡效果

2. 叠加/非叠加溶解

"叠加溶解"过渡效果是在镜头一和镜头二画面淡入淡出的同时，附加一种屏幕内容逐渐过曝光并消隐的效果，如图 5-45 所示。

"非叠加溶解"过渡的效果是镜头二画面在屏幕上直接替代镜头一画面，在画面交替的过程中，

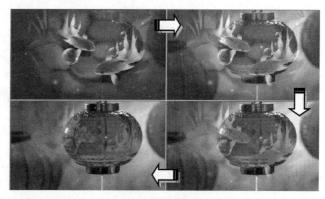

图 5-45　"叠加溶解"过渡效果

交替的部分呈不规则形状，画面内容交替的顺序则由画面的颜色所决定，如图 5-46 所示。

图 5-46 "非叠加溶解"过渡效果

3. 交叉和胶片溶解

"交叉溶解"过渡效果是最基础，也最简单的一种叠化过渡。该过渡效果，随着镜头一画面透明度的提高（淡出，即逐渐消隐），镜头二画面的透明度越来越低（淡入，即逐渐显现），直至在屏幕上完全取代镜头一画面，如图 5-47 所示。

图 5-47 "交叉溶解"过渡效果

> **提 示**
>
> 当镜头画面中的质量不佳时，使用溶解过渡效果能够减弱因此产生的负面影响。

"胶片溶解"过渡效果类似于"交叉溶解"过渡效果，唯一不同的是"交叉溶解"主要用于视频过渡，在【效果控件】面板中并没有普通过渡效果中的选项设置；而"胶片溶解"过渡效果既可以用于视频，又可以用于图片素材，如图 5-48 所示。

4. 渐隐为白色/黑色

所谓白场是屏幕呈单一的白色，而黑场则是屏幕呈单一的黑色。渐隐为白色，则是

图 5-48 "胶片溶解"过渡效果

指镜头一画面在逐渐变为白色后，屏幕内容再从白色逐渐变为镜头二画面，如图 5-49 所示。

相比之下，渐隐为黑色则是指镜头一画面在逐渐变为黑色后，屏幕内容再由黑色转

变为镜头二画面。

5.3.3 应用缩放效果

　　缩放类视频过渡通过快速切换缩小与放大的镜头画面来完成视频过渡任务。在 Premiere 中，使用最频繁的效果便是"交叉缩放"效果。而"交叉缩放"过渡效果是在将镜头一画面放大后，使用同样经过放大的镜头二画面替镜头一画面。然后，再将镜头二画面恢复至正常比例，如图 5-50 所示。

图 5-49　"渐隐为白色"过渡效果

5.4　课堂练习：雪景

　　在影视编辑过程中，运用 Premiere 内置的视频过渡效果，不仅可以提升整部作品的流畅感，而且还可以使节目更富有表现力。本练习将通过制作雪景的影片详细介绍

图 5-50　"交叉缩放"过渡效果

Premiere 中视频过渡效果的使用方法和操作技巧，如图 5-51 所示。

图 5-51　最终效果图

操作步骤

1　创建项目。启动 Premiere，在弹出的欢迎界面中选择【新建项目】选项，如图 5-52 所示。

2　在弹出的【新建项目】对话框中设置新项目名称、位置和常规等选项，单击【确定】按钮，如图 5-53 所示。

图 5-52 新建项目

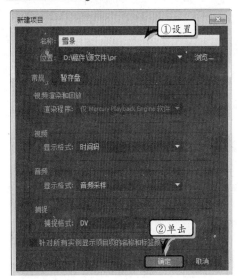

图 5-53 设置选项

3 双击【项目】面板空白区域，在弹出的【导入】对话框中，选择导入素材，单击【打开】按钮，如图 5-54 所示。

图 5-54 导入视频素材

4 在【项目】面板中双击 1.mov 视频素材，将其显示在源监视器面板中，如图 5-55 所示。

图 5-55 显示素材

5 将"当前时间指示器"调整为 00:00:05:00，单击【标记入点】按钮，如图 5-56 所示。

图 5-56 设置【标记入点】

6 在源监视器面板中，将"当前时间指示器"调整为 00:00:10:00 位置处，单击【标记出点】按钮，如图 5-57 所示。

图 5-57 设置【标记出点】

7 在源监视器面板中，单击【插入】按钮，如图 5-58 所示。

图 5-58 插入视频

⑧ 然后，拖动【项目】面板中 1.mov 素材至【时间轴】面板中的 V1 轨道中，松开鼠标即可将素材添加到【时间轴】面板中。使用同样的方法，分别设置各素材的出入点，并按顺序添加到 V1 轨道中，如图 5-59 所示。

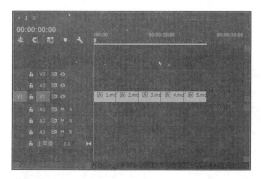

图 5-59 添加素材

⑨ 在【效果】面板中，选择【视频过渡】|【3D运动】|【立方体旋转】选项，将其拖至【时间轴】面板的第一个与第二个视频之间，添加该过渡效果，如图 5-60 所示。

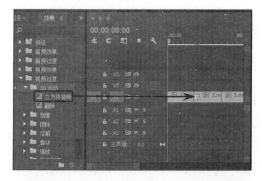

图 5-60 添加【立方体旋转】过渡

⑩ 在【效果】面板中，选择【视频过渡】|【擦

除】|【棋盘】选项，将其拖至【时间轴】面板的第二个与第三个视频之间，添加该过渡效果，如图 5-61 所示。

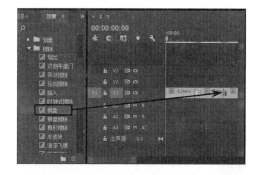

图 5-61 添加【棋盘】过渡

⑪ 按照上述方法，在【效果】面板中，选择【视频过渡】|【缩放】|【交叉缩放】选项，将其拖至【时间轴】面板的第三个与第四个视频之间，添加该过渡效果，如图 5-62 所示。

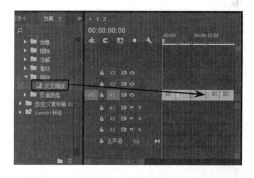

图 5-62 添加【交叉缩放】过渡

⑫ 在【效果】面板中，选择【视频过渡】|【溶解】|【交叉溶解】选项，将其拖至【时间轴】面板的第四个与第五个视频之间，添加该过渡效果，如图 5-63 所示。

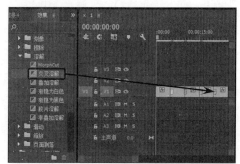

图 5-63 添加【交叉溶解】过渡

⓭ 最后，在【节目】面板中，单击【播放–停止切换】按钮，预览最终效果，如图 5-64所示。

图 5-64 预览最终效果

5.5 课堂练习：美丽校园

图片转场效果的作用是将不同的素材文件进行无缝衔接，使其观看起来更像一个整体。而 Premiere 中的图片转场效果则是运用视频过渡效果，对图片素材进行拼接，提升了整部作品的流畅感。本练习将通过制作图片素材的转场效果详细介绍视频过渡效果的使用方法，如图 5-65 所示。

图 5-65 最终效果图

操作步骤

1 创建项目。启动 Premiere，在弹出的欢迎界面中选择【新建项目】选项，如图 5-66 所示。

图 5-66 创建项目

2 然后，在弹出的【新建项目】对话框中设置新项目名称、位置和常规、设置选项，单击【确定】按钮，如图 5-67 所示。

3 双击【项目】面板中的空白区域，在弹出的【导入】对话框中选择需要导入的素材文件，单击【打开】按钮，如图 5-68 所示。

4 创建开头字幕素材。在【项目】面板中单击【新建项】按钮，在展开的菜单中选择【字幕】选项，如图 5-69 所示。

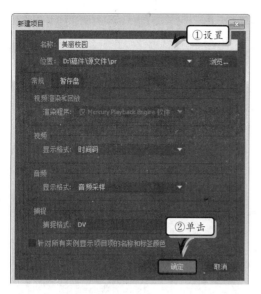

图 5-67 设置选项

图 5-68 导入素材

图 5-69 创建字幕素材

5 然后,在弹出的【新建字幕】对话框中设置

相应选项,单击【确定】按钮,如图 5-70
所示。

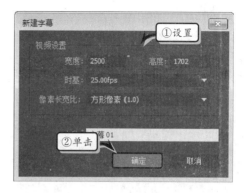

图 5-70 设置选项

6 在【字幕】面板中,使用默认工具单击窗口
中心位置,输入字幕文本并调整字体的大
小,如图 5-71 所示。

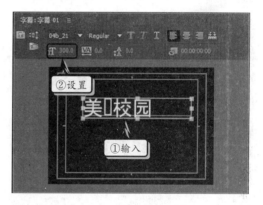

图 5-71 输入字幕文本

7 在【字幕属性】面板中,将【字体系列】选
项设置为"华文行楷",将【宽高比】设置
为 95.8%,如图 5-72 所示。

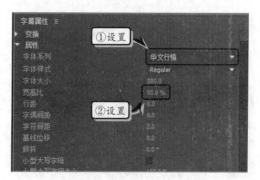

图 5-72 设置字体系列

8　启用【填充】复选框，将【填充类型】设置为"四色渐变"，并设置渐变颜色，如图 5-73 所示。

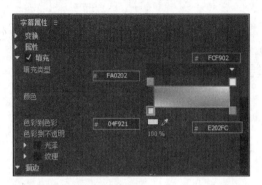

图 5-73　设置文本

9　制作闪电效果。将"字幕 01"和所有的图片素材添加到【时间轴】面板中，如图 5-74 所示。

图 5-74　添加素材

10　选择"字幕 01"素材，在【效果】面板中展开【视频效果】下的【生成】效果组，双击"闪电"效果，将该效果添加到所选素材中，如图 5-75 所示。

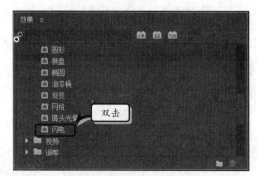

图 5-75　添加视频效果

11　然后，在【效果控件】面板中，设置该效果的各项参数即可，如图 5-76 所示。

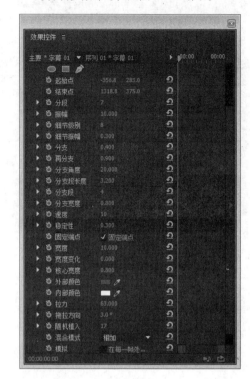

图 5-76　设置参数

12　添加图片转场效果。在【效果】面板中，展开【视频过渡】下的【滑动】效果组，将"带状滑动"效果拖动到【时间轴】面板中图片 1 和图片 2 之间，如图 5-77 所示。

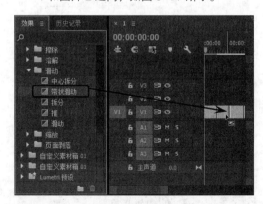

图 5-77　添加视频效果

13　选择图片 1 和 2 之间的过渡效果，在【效果控件】面板中设置【持续时间】和【对齐】选项，如图 5-78 所示。

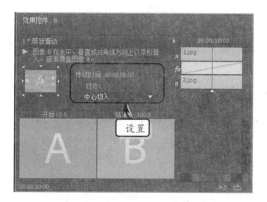

图 5-78　设置选项

14　使用同样方法，分别为其他图片添加"圆划
像"、"立方体旋转"、"时钟式擦除"、"中心
拆分"、"交叉缩放"、"页面剥落"和"翻转"
过渡效果，如图 5-79 所示。

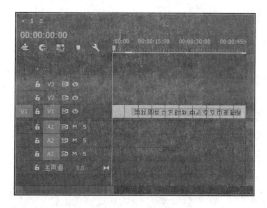

图 5-79　添加过渡效果

15　制作音乐素材。选择【项目】面板中的音乐
素材，将其添加到【时间轴】面板中的 A1
轨道中，如图 5-80 所示。

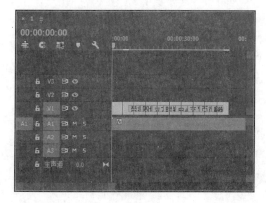

图 5-80　添加音乐素材

16　将"当前时间指示器"调整至视频末尾处，
使用【工具】面板中的【剃刀工具】单击音
乐素材，分割素材，如图 5-81 所示。

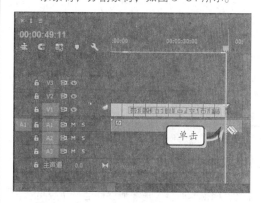

图 5-81　分割音乐素材

17　删除右侧音乐素材片段，选择左侧音乐素材
片段。在【效果】面板中，将【音频过渡】
下【交叉淡化】效果组中的【恒定功率】效
果添加到音频素材末尾处，如图 5-82 所示。

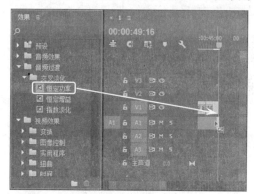

图 5-82　添加音频过渡效果

18　选择【恒定功率】效果，在【效果控件】面
板中设置效果的持续时间，如图 5-83 所示。

图 5-83　设置音频效果

5.6　思考与练习

一、填空题

1．_____是指在前一个素材逐渐消失的过程中，后一个素材逐渐出现。

2．一般情况下镜头的过渡包括硬切和_____两种方式。

3．只需将视频过渡拖曳至时间轴上的_____，即可完成添加视频过渡的操作。

4．当用户在 2 个素材中添加过渡效果后，在【时间轴】面板中选择所添加的过渡效果。在_____面板中，将会显示该视频过渡的各项参数，

5．在【时间轴】面板内选择视频过渡后，直接按_____键即可将其清除。

6．更改视频过渡默认参数的操作是在【_____】面板中进行。

二、选择题

1．在下列选项中，无法完成清除视频过渡操作的是_____。

    A．选择视频过渡后，按 Delete 键进行清除

    B．在时间轴上右击视频过渡后，执行【清除】命令

    C．调整素材位置，使其间出现空隙后，视频过渡自然会被清除

    D．直接将视频过渡从时间轴上拖曳下来即可

2．在 3D 运动类视频过渡中，采用画面不断翻腾切换镜头的是_____？

    A．立方体旋转

    B．摆入与摆出

    C．翻转

    D．旋转与旋转离开

3．下列选项不属于擦除类视频过渡的是_____？

    A．双侧平推门

    B．带状擦除

    C．中心拆分

    D．油漆飞溅

4．滑动类视频过渡主要通过画面的_____变化实现镜头画面间的切换。

    A．平移

    B．立体

    C．色彩

    D．翻转

5．如果需要更为个性化的视频过渡效果，可启动_____复选框。

    A．边框宽度

    B．反向

    C．显示实际源

    D．边框颜色

6．_____过渡效果是最基础，也最简单的一种叠化过渡。

    A．交叉溶解

    B．叠加溶解

    C．胶片溶解

    D．非叠加溶解

三、问答题

1．过渡在影片剪辑中起到的作用是什么？

2．在 Premiere Pro 中，如何添加视频过渡？

3．如何设置视频过渡持续时间？

4．举例说明怎么改变过渡效果中的参数？

四、上机练习

1．设置划像效果

首先新建项目并将素材添加到【时间轴】轨道中。然后，将【划像】效果组中的"交叉划像"效果添加到第 1 和第 2 个素材之间。最后，将【划像】效果组中的"菱形划像"效果添加到第 2 和第 3 个素材之间，如图 5-84 所示。

2．设置油漆飞溅效果

首先新建项目并将素材添加到【时间轴】轨道中。然后，将【擦除】效果组中的"油漆飞溅"效果添加到第 1 和第 2 个素材之间。最后，在【效果控件】面板中设置【持续时间】和【对齐】选项，如图 5-85 所示。

图 5-84 "划像过渡"效果

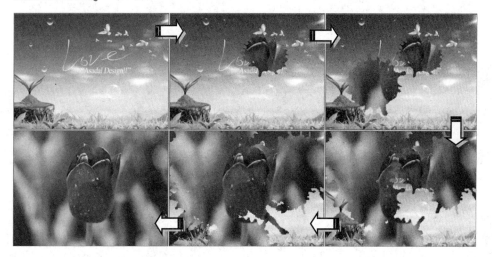

图 5-85 "油漆飞溅"过渡效果

第6章

创建动画

　　运动是视频的主要特征，它不仅可以增加视频的趣味性，而且还可以提升所有表现形式的影响力。Premiere 为用户提供了强大的动画支持，包括移动、缩放、不透明度、变换等各种运动效果。这些动画支持主要是通过帧动画来实现的，用户还需要通过添加关键帧来形成独特的动画效果。本章详细介绍添加关键帧、设置关键帧参数，以及添加运动效果等基础知识和操作方法，为用户创作绚丽和独特的动画视频奠定基础。

　　本章学习目的：

➢ 添加关键帧；

➢ 编辑关键帧；

➢ 设置动画效果；

➢ 预设画面效果；

➢ 预设入画/出画效果。

6.1　设置关键帧

　　帧是影片中的最小单位，而 Premiere 中的视频动画效果则是通过建立关键帧实现的。关键帧主要用于制作具有运动和属性变化的动画效果，既具有独立性又具有相互作用性。

　　Premiere 拥有强大的动画生成功能，用户只需进行少量设置，即可使静态的素材画面产生运动效果，以及为视频画面添加更为精彩的视觉内容。

● 6.1.1　添加关键帧

　　Premiere 中的关键帧可以帮助用户控制视频或者音频效果内的参数变化，并将效果的渐变过程附加在过渡帧中，从而形成个性化的节目内容。在 Premiere 中，为素材添加关键帧可以通过【时间轴】或【效果控件】面板等方式实现。

1. 使用【时间轴】面板

通过【时间轴】面板，不仅可以针对应用于素材的任意视频效果属性进行添加或删除关键帧的操作，而且还可控制关键帧在【时间轴】面板中的可见性。

首先，在【时间轴】面板中选择需要添加关键帧的素材。然后，将"当前时间指示器"移动到要添加关键帧的位置，单击【添加-移除关键帧】按钮即可，如图6-1所示。

图 6-1 使用【时间轴】面板添加关键帧

提 示

在【时间轴】面板上添加关键帧后，保持当前时间指示器的位置不变，再次单击【添加-移除关键帧】按钮，即可将该位置上的关键帧删除。

2. 使用【效果控件】面板

在【效果控件】面板中，不仅可以添加或删除关键帧，还可以通过对关键帧各项参数的设置，实现素材的运动效果。

首先，在【时间轴】面板中选择需要添加关键帧的素材。此时，在【效果控件】面板中将显示该素材具有的视频效果，如图6-2所示。

在该面板中，只需单击属性左侧的【切换动画】按钮，即可在当前位置上创建一个关键帧。例如，单击【缩放】属性左侧的【切换动画】按钮，即可在"当前时间指示器"位置处创建第一个关键帧，如图6-3所示。

图 6-2 视频效果显示

图 6-3 使用【效果控件】面板添加关键帧

通常情况下，动画效果需要由多个关键帧组成。在该面板中，将"当前时间指示器"移动到合适位置，单击该属性下的【添加-移除关键帧】按钮，即可在该位置处创建第二个关键帧，如图6-4所示。

创建关键帧之后，用户还需要通过设置属性参数显示动画效果。在此，将【缩放】属性中的第一个关键帧的参数设置为100，将第二个关键帧的属性参数设置为200。以此类推，用户可以设置多个关键帧，如图6-5所示。

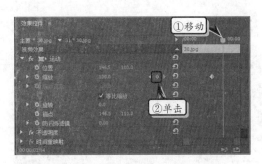

图 6-4 创建第二个关键帧　　　　图 6-5 设置属性参数

6.1.2 编辑关键帧

创建关键帧之后，为了保证动画效果的流畅性、平滑性和特效性，还需要对关键帧进行一系列的编辑操作。

1. 选择关键帧

编辑素材关键帧时，需要先选择关键帧，然后才能进行操作。用户除了可以使用鼠标单击的方法选择所需关键帧之外，还可以使用面板中的功能按钮选择关键帧。

无论是在【时间轴】面板中还是在【效果控件】面板中，当某段素材上含有多个关键帧时，可以通过单击【转到上一关键帧】按钮和【转到下一关键帧】按钮，在各关键帧之间进行选择，如图 6-6 所示。

2. 移动关键帧

当用户需要将关键帧移动到其他位置，只需在【效果控件】面板中选择要移动的关键帧，单击并拖动鼠标至合适的位置即可，如图 6-7 所示。

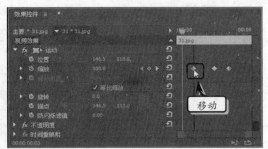

图 6-6 选择关键帧　　　　图 6-7 移动关键帧

3. 复制和粘贴关键帧

在设置影片动画特效的过程中，如果某一素材上的关键帧具有相同的参数，则可以利用关键帧的复制和粘贴功能提高操作效率。

首先，在【效果控件】面板中，右击需要复制的关键帧，执行【复制】命令。然后，将"当前时间指示器"移动到合适位置，右击轨道区域，执行【粘贴】命令，即可在当前位置创建一个与之前对象完全相同的关键帧，如图 6-8 所示。

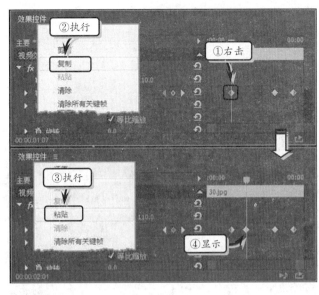

图 6-8 复制关键帧

提 示

右击关键帧执行【清除】命令，即可清除该关键帧。另外，右击轨道，执行【清除所有关键帧】命令，即可清除轨道内的所有关键帧。

6.2 设置动画效果

Premiere 是基于关键帧的概念对目标的运动、缩放、旋转以及特效等属性进行动画设置的。用户可以在【效果控件】面板中，通过设置各属性参数快速创建各种不同运动效果。

6.2.1 设置运动效果

运动效果是通过设置【运动】属性组中的【位置】属性，实现素材在不同轨迹中移动的一种动画效果。

首先，在【效果控件】面板中，将"当前时间指示器"移动到合适位置，单击【位置】属性左侧的【切换动画】按钮，创建第一个关键帧。同时，将"当前时间指示器"移至新位置中，如图 6-9 所示。

然后，在节目监视器面板中，双击素材画面即可选择屏幕最顶

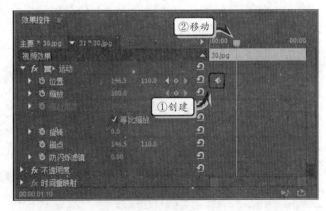

图 6-9 创建【位置】关键帧

层的视频素材。此时，所选素材上将会出现一个中心控制点，而素材周围也会出现 8 个控制柄，如图 6-10 所示。

在节目监视器面板中，拖动所选素材，即可调整该素材在屏幕画面中的位置。而此时，系统则会自动在【效果控件】面板中显示移动素材时所自动创建的关键帧。

由于事先创建了【位置】关键帧，因此用户在移动素材时，将会在屏幕中出现一条标识素材运动轨迹的直线路径，如图 6-11 所示。

图 6-10 选择视频素材 　　　　　图 6-11 调整素材位置

提　示

在节目监视器面板中，利用素材四周的控制柄可以调整素材图像在屏幕画面中的尺寸。

创建移动轨迹之后，用户可拖动路径端点附近的锚点，将素材画面的运动轨迹更改为曲线状态，以满足素材不同方向和弧度的运动方式，如图 6-12 所示。

6.2.2　设置缩放效果

缩放运动效果是通过调整素材在不同关键帧中素材的大小实现的。在【时间轴】面板中选择相应的素材，并在【效果空间】面板中，将"当前时间指示器"移至合适位置，单击【缩放】属性左侧的【切换动画】按钮，创建缩放关键帧，如图 6-13 所示。

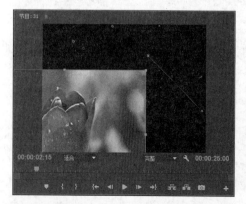

图 6-12 更改素材运动轨迹 　　　　图 6-13 创建【缩放】关键帧

然后，将"当前时间指示器"移至新位置处，调整【缩放】属性参数值，即可创建第二个关键帧，完成缩放动画的第二个设置工作，如图 6-14 所示。

以此类推，直至完成所有缩放动画的设置工作。单击节目监视器面板中的【播放-停止切换】按钮 ▶️ ，观看动画设置效果，如图 6-15 所示。

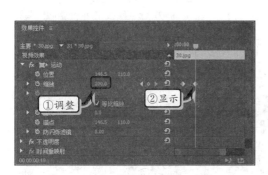

图 6-14 调整【缩放】属性参数值　　图 6-15 动画设置效果

6.2.3 设置旋转效果

旋转运动效果是指素材图像围绕指定轴线进行转动，并最终使其固定至某一状态的运动效果。在 Premiere 中，用户可通过调整素材旋转角度的方法来制作旋转效果。

首先，在【时间轴】面板中选择相应的素材，并在【效果控件】面板中，将"当前时间指示器"移至合适位置，单击【旋转】属性左侧的【切换动画】按钮，创建旋转关键帧，开启该属性的动画选项，如图 6-16 所示。

然后，将"当前时间指示器"移至新位置处，调整【旋转】属性参数值，即可创建第二个关键帧，完成旋转动画的第二个设置工作。以此类推，直至完成所有缩放动画的设置工作，如图 6-17 所示。

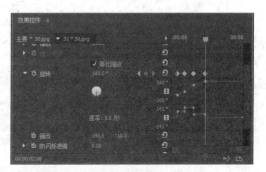

图 6-16 创建【旋转】关键帧　　图 6-17 设置【旋转】关键帧

最后，单击节目监视器面板中的【播放-停止切换】按钮 ▶️ ，观看动画设置效果，如图 6-18 所示。

6.2.4　设置不透明度效果

制作影片时，降低素材的不透明度可以使素材画面呈现半透明效果，有利于各素材之间的混合处理。

在【时间轴】面板中选择相应的素材，在【效果控件】面板内展开【不透明度】折叠按钮，单击【不透明度】属性左侧的【切换动画】按钮，即可创建第一个关键帧，如图 6-19 所示。

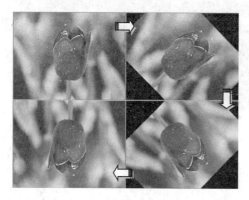

图 6-18　动画设置效果　　　　　　　　图 6-19　创建【不透明度】关键帧

然后，将"当前时间指示器"移至新位置处，调整【不透明度】属性参数值，即可创建第二个关键帧，完成旋转动画的第二个设置工作。以此类推，直至完成所有缩放动画的设置工作，如图 6-20 所示。

最后，单击节目监视器面板中的【播放-停止切换】按钮 ▶ ，观看动画设置效果，如图 6-21 所示。

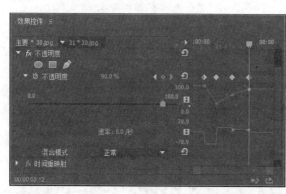

图 6-20　设置【不透明度】关键帧　　　　图 6-21　动画设置效果

6.3　预设动画效果

Premiere 为用户提供了一系列的预设动画效果，既解决了丰富视频内容的问题，又解决了设置动画属性参数的难题。用户只需在【效果】面板中，展开【预设】效果组，将相应效果应用到素材中，便能基本解决视频画面中所要求的各种效果。

6.3.1 预设画面效果

在【预设】动画效果组中，有一些效果是专门用来修饰视频画面效果的，例如，【斜角边】与【卷积内核】效果。添加这些效果组中的预设效果，能够直接得到想要的效果。

1. 斜边角

"斜边角"效果可以实现画面厚、薄 2 种斜边角效果。在【预设】效果组中，将【斜边角】组中的【厚斜边角】效果或【薄斜边角】效果添加到【时间轴】面板中的素材上即可。

厚、薄 2 个斜边角效果是同一个效果的不同参数所得到的效果，当用户现将一个效果应用到素材之上，而将另外一个效果叠加到该素材中时，便会出现复合斜边角效果，如图 6-22 所示。

> **提 示**
>
> 用户为素材添加斜边角效果之后，也可在【效果控件】面板中的【斜边角】属性组中，通过设置各项属性更改斜边角效果。

2. 卷积内核

"卷积内核"效果是通过改变画面内各个像素的亮度值来实现某些特殊效果，包括卷积内核查找边缘、卷积内核模糊、卷积内核浮雕、卷积内核锐化等 10 种效果。

在【预设】效果组中，将【卷积内核】组中的相应效果添加到【时间轴】面板中的素材上即可，如图 6-23 所示。

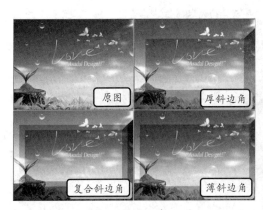

图 6-22 "斜边角"效果

图 6-23 "卷积内核"效果

6.3.2 预设入画/出画效果

入画/出画效果是专门用来设置素材在播放的开始或结束时的画面效果，包括扭曲、模糊、过度曝光、模糊、画中画等类型。

1. 扭曲

"扭曲"效果组能够为画面添加扭曲效果,而该效果组中包括【扭曲入点】与【扭曲出点】2 个效果。这 2 个效果相同,只是播放时间不同,一个是在素材播放开始时显示,一个是在素材播放结束时显示。用户也可以将 2 个效果同时添加到同一个素材中,形成开始和结束的共同扭曲效果,如图 6-24 所示。

2. 过度曝光

"过度曝光"效果组是改变画面色调显示曝光效果,包括【过度曝光入点】与【过度曝光出点】2 个效果。虽然同样是曝光过渡效果,但是入画与出画曝光效果除了在播放时间方面不一样,其效果也完全相反,如图 6-25 所示。

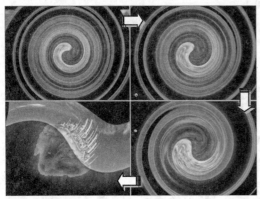

图 6-24 "扭曲"效果

图 6-25 "过度曝光"效果

3. 模糊

"模糊"效果组中同样包括【快速模糊入点】和【快速模糊出点】2 个效果,并且其效果表现过程也完全相反。用户只需将【快速模糊入点】或者【快速模糊出点】效果添加至素材上即可,如图 6-26 所示。

4. 马赛克

"马赛克"效果组中也包括【马赛克入点】与【马赛克出点】2 个效果,其 2 个效果也是同一个效果中的两个相反的动画效果。当用

图 6-26 "模糊"效果

户为素材添加这 2 个效果时,它们会被分别设置在播放的前一秒或者后一秒中,如图 6-27 所示。

5. 画中画

当两个或两个以上的素材出现在同一时间段时,要想同时查看效果,必须将位于上

方的素材画面缩小。而"画中画"效果组中提供了一种用于显示缩放尺寸为 25% 的画中画；并且以该比例的画面为基准，设置了 25% 的画面的各种运动动画。

新版的 Premiere 为用户提供了 25%LL、25%LR、25%UL、25%UR 和 25% 运动 5 种类型，并且每种类型中又分别被划分为不同运动效果。例如，25%LL 类型中提供了画中画 25%LL、画中画 25%LL 从完全按比例缩小、画中画 25%LL 按比例放大至完全、画中画 25%LL 旋转入点、画中画 25%LL 旋转出点、画中画 25%LL 缩放入点、画中画 25%LL 缩放出点 7 种效果，如图 6-28 所示。

图 6-27 "马赛克"效果

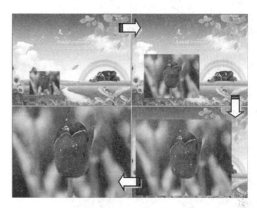

图 6-28 "画中画"效果

6.4 课堂练习：倡导体育运动宣传片

Premiere 主要用来处理影视后期中的视频和声音，其动画制作功能并不像 After Effects CC 那样丰富。但是，运用 Premiere 中的关键帧功能，一样可以将静止图片制作成独特的动画效果。在本练习中，将通过运用关键帧、视频效果和特效等功能，制作一个有关倡导体育运动的宣传片，如图 6-29 所示。

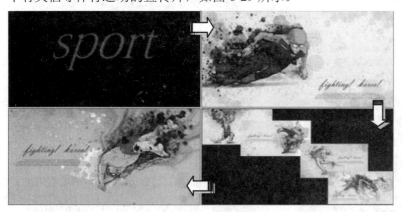

图 6-29 最终效果图

操作步骤

1 新建项目。启动 Premiere，在弹出的【欢迎 | 界面】对话框中，选择【新建项目】选项，

如图 6-30 所示。

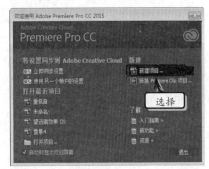

图 6-30 新建项目

2 在弹出的【新建项目】对话框中设置相应选项，单击【确定】按钮，如图 6-31 所示。

图 6-31 设置选项

3 执行【文件】|【新建】|【序列】命令，在【新建序列】对话框中激活【设置】选项卡，设置序列选项，单击【确定】按钮，如图 6-32 所示。

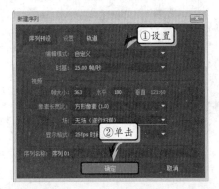

图 6-32 设置序列选项

4 导入素材。双击【项目】面板空白区域，在弹出的【导入】对话框中，选择素材文件夹，单击【导入文件夹】按钮，如图 6-33 所示。

图 6-33 导入素材文件夹

5 创建字幕素材。在【项目】面板中，单击【新建项】按钮，在展开的列表中选择【字幕】选项，如图 6-34 所示。

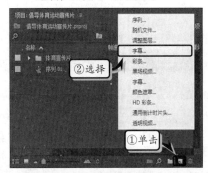

图 6-34 创建字幕素材

6 然后，在弹出的【新建字幕】对话框中设置字幕选项，单击【确定】按钮，如图 6-35 所示。

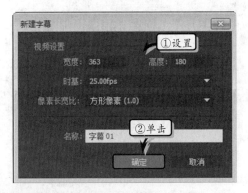

图 6-35 设置字幕选项

7 在【字幕】面板中，单击中心区域输入字幕文本，并设置字体系列、大小和倾斜度，如图 6-36 所示。

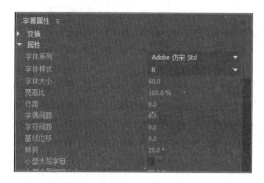

图 6-36 设置字体属性

8 然后，在【字幕属性】面板中单击【填充】复选框，设置文本的字体颜色，如图 6-37 所示。

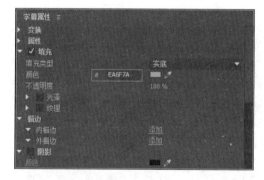

图 6-37 设置字体颜色

9 设置开始字幕。将"字幕 01"素材添加到【时间轴】面板中的 V1 轨道中，并将"当前时间指示器"调整至视频开始处，如图 6-38 所示。

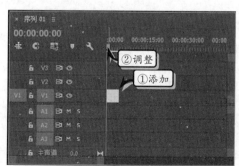

图 6-38 添加字幕素材

10 在【效果控件】面板中，单击【不透明度】选项左侧的【切换动画】按钮，并将其参数设置为 0，如图 6-39 所示。

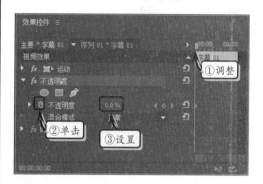

图 6-39 设置参数

11 然后，将"当前时间指示器"调整为 00:00:04:15，将【不透明度】选项参数设置为 100，如图 6-40 所示。

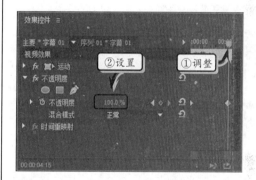

图 6-40 设置参数

12 选择字幕素材，在【效果】面板中展开【视频效果】下的【扭曲】效果组，双击"球面化"效果，将其添加到所选素材中，如图 6-41 所示。

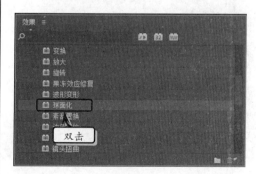

图 6-41 添加视频效果

13 然后，在【效果控件】面板中，根据字幕文本的具体位置，设置【半径】选项，如图6-42所示。

图6-42 设置选项参数

14 添加素材。将【项目】面板中素材箱中的素材根据设计顺序添加到 V1~V5 轨道中，并调整素材的持续播放时间，如图6-43所示。

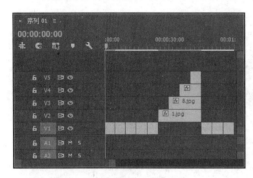

图6-43 添加素材

15 设置动画效果。选择 V2 轨道中的 1.jpg 图片素材，并将"当前时间指示器"调整为00:00:25:00，如图6-44所示。

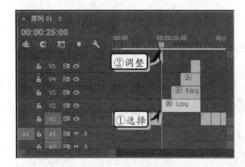

图6-44 调整当前指示器时间

16 在【效果控件】面板中设置【位置】和【缩

放】选项参数，单击【缩放】选项左侧的【切换动画】按钮，如图6-45所示。

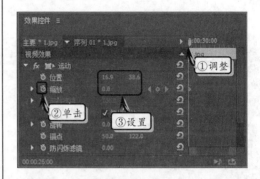

图6-45 设置选项参数

17 将"当前时间指示器"调整为 00:00:30:00，将【缩放】选项的参数值设置为 30，如图6-46所示。用同样的方法，设置 8.jpg、6.jpg、7.jpg 图片素材的【位置】和【缩放】选项参数。

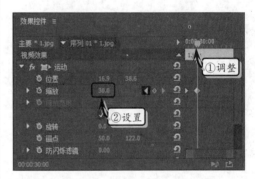

图6-46 设置动画效果

18 添加过渡效果。在【效果】面板中，展开【视频过渡】下的【溶解】选项组，将"渐隐为黑色"效果拖动到 V1 轨道中第 1 个和第 2个图片中间，如图6-47所示。

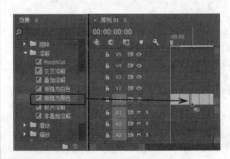

图6-47 添加过渡效果

19 使用同样的方法，分别在其他图片之间添加 "渐隐为黑色"过渡效果，如图 6-48 所示。

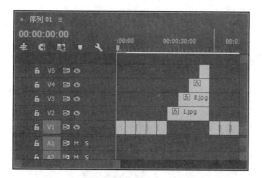

20 制作结束字幕。在【项目】面板中，单击【新建项】按钮，在展开的菜单中选择【字幕】选项，如图 6-49 所示。

21 然后，在弹出的【新建字幕】对话框中，设置相应选项，单击【确定】按钮，如图 6-50 所示。

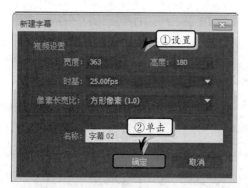

22 在【字幕】面板中，使用默认工具单击窗口

中心位置，输入字幕文本并调整字体的大小，如图 6-51 所示。

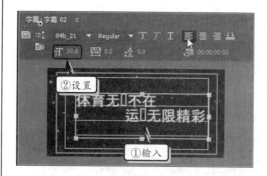

23 在【字幕属性】面板中，将【字体系列】选项设置为"华文行楷"，将【行距】设置为 5，将【倾斜度】设置为 20，如图 6-52 所示。

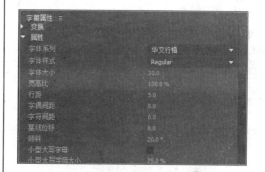

24 启用【填充】复选框，将【填充类型】设置为"实底"，并设置颜色为 EA6F7A，如图 6-53 所示。

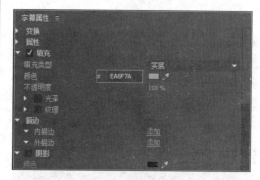

25 将"字幕 02"素材添加到轨道 V1 中，选中

该素材。然后，在【效果】面板中，展开【视频效果】下的【过渡】效果组，双击"线性擦除"效果，如图6-54所示。

图 6-54 设置视频效果

26 将"当前时间指示器"调整为00:01:02:10，在【效果控件】面板中，单击【过渡完成】选项左侧的【切换动画】按钮，并设置【过渡完成】选项参数，如图6-55所示。

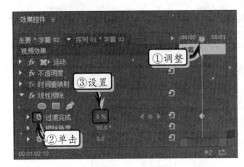

图 6-55 设置选项参数

27 将"当前时间指示器"调整为00:01:04:00，设置【过渡完成】选项的参数值，如图6-56所示。

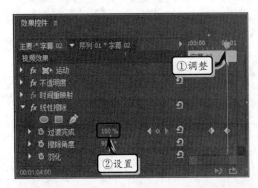

图 6-56 设置选项参数

28 设置音乐素材。添加音乐素材，将"当前时间指示器"调整至视频的末尾处，使用【工具】面板中的【剃刀工具】单击音频素材，分隔并删除右侧的音乐片段，如图6-57所示。

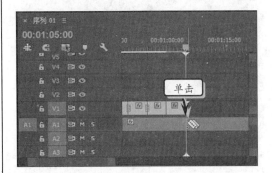

图 6-57 删除素材

29 在【效果】面板中展开【音频过渡】下的【交叉淡化】效果组，将"恒定功率"效果添加到音频素材中，如图6-58所示。

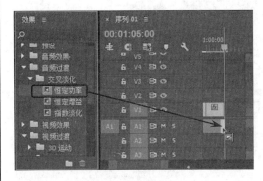

图 6-58 添加音频过渡

30 然后，在【效果控件】面板中，将【持续时间】选项设置为00:00:04:00，如图6-59所示。

图 6-59 设置持续时间

6.5 课堂练习：制作水中倒影

本例制作汽车在水中的倒影。通过学习添加【波形弯曲】视频特效，使水的素材呈现波动的效果，再降低其透明度，使水波更加逼真。再为汽车素材添加【垂直翻转】特效，并添加相同的弯曲特效，调整素材的位置，制作出汽车在水中的倒影效果，如图6-60所示。

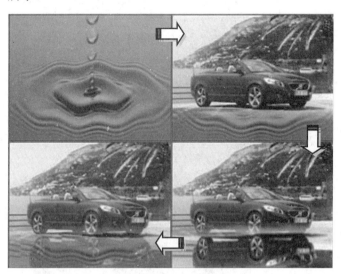

图 6-60 最终效果图

操作步骤

1 创建项目。启动 Premiere，在弹出的【欢迎界面】对话框中选择【新建项目】选项，如图6-61所示。

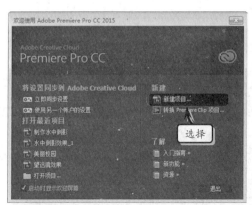

图 6-61 新建项目

2 在弹出的【新建项目】对话框中设置新项目名称、位置和常规等选项，单击【确定】按

钮，如图6-62所示。

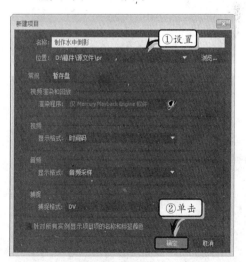

①设置

②单击

图 6-62 设置选项

3 新建序列。执行【文件】|【新建】|【序列】命令，在弹出的【新建序列】对话框中选择

预设模式，单击【确定】按钮，如图 6-63
所示。

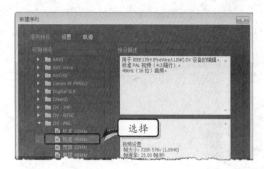

图 6-63 新建序列

4 双击【项目】面板空白区域，在弹出的【导入】对话框中，选择素材图片，单击【打开】按钮，如图 6-64 所示。

图 6-64 设置【透明度】参数

5 制作水波纹。将【项目】面板中的"水"素材添加到【时间轴】面板中。选中"水"素材，在【效果控件】面板中将【不透明度】选项参数设置为 80%，如图 6-65 所示。

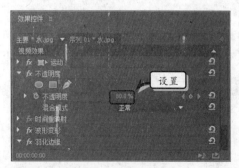

图 6-65 设置【透明度】参数

6 在【效果】面板中展开【视频效果】下的【扭曲】效果组，双击"波形变形"效果，将其添加到"水"素材中，如图 6-66 所示。

图 6-66 添加【波形变形】效果

7 在【效果控件】面板中，将【波形变形】效果中的【波形宽度】选项参数设置为 100，如图 6-67 所示。

图 6-67 设置选项参数

8 在【效果】面板中展开【视频效果】下的【变换】效果组，双击"羽化边缘"效果，将其添加到"水"素材中，如图 6-68 所示。

图 6-68 添加视频效果

9 然后，在【效果控件】面板中，将【数量】

设置为4，如图6-69所示。

图 6-69 设置选项参数

10 修饰汽车素材。将【项目】面板中的"汽车"素材添加到【时间轴】面板中的 V2 轨道中，并在【效果控件】面板中设置其【位置】和【缩放】选项，如图 6-70 所示。

图 6-70 设置选项

11 选中"汽车"素材，为该素材添加"羽化边缘"效果，并在【效果控件】面板中将【数量】选项设置为 100，如图 6-71 所示。

图 6-71 设置选项

12 制作汽车倒影效果。将"汽车"素材添加到【时间轴】面板中的 V3 轨道中，并在【效果

控件】面板中设置【位置】和【缩放】选项，如图 6-72 所示。

图 6-72 设置选项

13 在【效果】面板中，将【变换】效果组中的"垂直翻转"效果添加到该素材中，翻转图像，如图 6-73 所示。

图 6-73 添加效果

14 然后，将【变换】效果组中的"羽化边缘"效果添加到该素材中，并在【效果控件】面板中将【数量】选项设置为 100，如图 6-74 所示。

图 6-74 添加效果

15 同时，将【扭曲】效果组中的"波形变形"

效果添加到该素材中，并在【效果控件】面板中将【波形宽度】设置为 100，如图 6-75 所示。

图 6-75 添加效果

16 最后，在【效果控件】面板中，将【不透明度】选项设置为 40%，突显水纹形状，如图 6-76 所示。

图 6-76 设置选项

6.6 思考与练习

一、填空题

1. 在 Premiere 中，为素材添加关键帧可以通过【时间轴】或_____面板等方式实现。

2. 在【效果控件】面板中，可通过按 Ctrl 或_____键的同时单击多个关键帧的方法，同时选择多个关键帧。

3. 在【节目】监视器面板中，利用素材四周的_____可以调整素材图像在屏幕画面中的尺寸。

4._____是通过设置【运动】属性组中的【位置】属性，实现素材在不同轨迹中移动的一种动画效果。

5._____效果是通过改变画面内各个像素的亮度值实现某些特殊效果。

6._____效果是专门用来设置素材在播放的开始或结束时的画面效果，包括扭曲、模糊、过度曝光、模糊、画中画等类型。

二、选择题

1. Premiere 中的视频动画效果是通过建立_____实现的。

    A. 关键帧

    B. 运动

    C. 缩放

    D. 动画

2. 在 Premiere 中，用户可以通过_____面板中，通过设置各属性参数，快速创建各种不同运动效果。

    A.【项目】

    B.【时间轴】

    C.【节目】

    D.【效果控件】

3. 制作影片时，_____素材的不透明度可以使素材画面呈现半透明效果，有利于各素材之间的混合处理。

    A. 降低

    B. 升高

    C. 提升

    D. 以上均不是

4."扭曲"效果组能够为画面添加扭曲效果，而该效果组中包括_____个效果。

    A. 5

    B. 4

    C. 2

    D. 以上均不是

5. 在_____动画效果组中，有一些效果是专门用来修饰视频画面效果的，例如【斜角边】与【卷积内核】效果。

A. 【运动】

B. 【预设】

C. 【缩放】

D. 【旋转】

6. 新版的 Premiere 为用户提供了 25%LL、25%LR、25%UL、25%UR 和_____5 种类型。

A. 25%RR

B. 25%UU

C. 25%运动

D. 运动

三、问答题

1. 简述如何为素材添加关键帧？

2. 如何设置运动效果？

3. 预设入画/出画效果有哪些？

四、上机练习

1. 设置模糊效果

将素材添加到轨道中，在【效果】面板中展开【预设】下的【模糊】效果组，将"快速模糊出点"和"快速模糊入点"效果添加到该素材中，如图 6-77 所示。

2. 制作画中画效果

首先将表示背景的素材添加到 V1 轨道中，然后将需要作为画中画的素材放在 V2 轨道中。然后，再次将作为画中画的素材放在 V2 轨道中，并调整 V1 轨道中素材的持续播放时间。

然后，为 V2 轨道中的第 1 个素材添加【画中画】下【25%LR】效果组中的"画中画 25%LR 从完全按比例缩小"效果。最后，为 V2 轨道中的第 2 个素材添加【画中画】下【25%运动】效果组中的"画中画 25%LR 至 LL"效果，如图 6-78 所示。

图 6-77 "模糊"效果

图 6-78 "画中画"效果

第7章

设置视频效果

在编辑所拍摄的视频时，除了通过为视频添加过渡效果来突出画面的变现力之外，还可以通过为视频添加各种特效的方法来增加视频画面的生动性，以及弥补拍摄过程中所造成的画面缺陷等问题。Premiere 为用户提供了多种类型的视频特效，根据需求的不同，用户可针对不同问题应用不同的视频特效。本章将详细介绍各种视频效果的应用方法和技巧，从而可以协助用户熟练完成对指定画面进行修饰、变换等操作，以达到突出影片主题及增强视觉效果的目的。

本章学习目的：

- ➢ 添加视频效果；
- ➢ 编辑视频效果；
- ➢ 调整图层；
- ➢ 变形视频效果；
- ➢ 画面质量视频效果；
- ➢ 光照视频效果。

7.1 应用视频效果

使用 Premiere 不仅可以通过单个视频效果来丰富影片的画面效果，而且还可以为任意轨道中的视频素材添加多个视频效果，也可以通过编辑视频效果来达到增强画面视频特效的目的。

7.1.1 添加视频效果

Premiere 为用户提供了 100 多种视频效果，所有效果按照类别被放置在【效果】面板中的【视频效果】下的 16 个效果组中，以方便用户对其进行查找和应用，如图 7-1 所示。

相对于过渡效果来讲，视频效果既可以通过【时间轴】面板来添加，又可以通过【效果控件】面板来添加。

1. 使用【时间轴】面板添加

使用【时间轴】面板添加视频效果时，用户只需将【视频效果】效果组中相应的效果，直接拖曳到【时间轴】面板中的素材上即可，如图 7-2 所示。

图 7-1　视频效果　　　　　图 7-2　使用【时间轴】面板添加效果

2. 使用【效果控件】面板添加

使用【效果控件】面板为素材添加视频效果，是最为直观的一种添加方式。因为即使用户为同一段素材添加了多种视频效果，也可在【效果控件】面板内一目了然地查看这些视频效果。

首先，用户需要在【时间轴】面板中选择所需添加效果的素材；然后，将【效果】面板中所要添加的视频效果，直接拖至【效果控件】面板中即可，如图 7-3 所示。

如用户需要为同一个视频添加多个视频效果，只需依次将要添加的视频效果拖动到【效果控件】面板中即可。

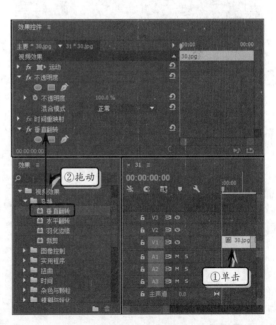

提　示

在【效果控件】面板中，用户可以通过拖动各个视频效果来实现调整其排列顺序的目的。

图 7-3　【效果控件】面板中的视频效果

7.1.2　编辑视频效果

为视频添加效果之后，还可以通过复制效果、删除效果、对其属性参数进行设置等一系列的编辑操作，来修改与完善视频效果。从而使效果的表现效果更为突出，为用户打造精彩影片提供了更为广阔的创作空间。

1.复制视频效果

当多个影片剪辑使用相同的视频效果时，复制、粘贴视频效果可以减少操作步骤，加快影片编辑的速度。

首先，选择源视频效果所在影片剪辑，并在【效果控件】面板内右击视频效果，执行【复制】命令；然后，选择新的素材，右击【效果控件】面板空白区域，执行【粘贴】命令即可，如图 7-4 所示。

2.删除视频效果

不再需要影片剪辑应用视频效果时，可在【效果控件】面板中右击视频效果，执行【清除】命令，即可删除该视频效果，如图 7-5 所示。

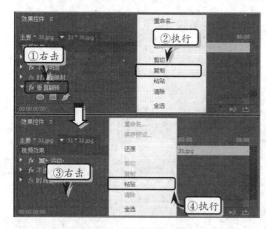

图 7-4　复制/粘贴视频效果　　　　　**图 7-5**　清除视频效果

技　巧

在【效果控件】面板中选择视频效果后，按 Delete 键或者 Backspace 键也可将其删除。

3.设置效果参数

为视频添加效果之后，在【效果控件】面板中单击视频效果前的"三角"按钮，即可显示该效果所具有的全部参数，如图 7-6 所示。

注　意

Premiere 中的视频效果根据效果的不同，其属性参数及设置方法也会有所差别。

若要调整某个属性参数的数值，只需单击参数后的数值，并在使其进入编辑状态后，输入具体数值即可，如图 7-7 所示。

图 7-6 查看效果参数

图 7-7 修改参数值

提 示

将鼠标置于属性参数值的位置上后，当光标变成形状时，拖动鼠标也可修改参数值。

除此之外，对于部分参数，还可以展开参数的详细设置面板，通过拖动其中的指针或者滑块来更改属性的参数值，如图 7-8 所示。

4．隐藏视频效果

在【效果控件】面板中单击视频效果前的【切换效果开关】按钮后，还可在影片剪辑中隐藏该视频效果的效果，如图 7-9 所示。

图 7-8 利用滑块调整参数

图 7-9 隐藏视频效果

提 示

再次单击【切换效果开关】按钮后，即可重新显示影片剪辑在应用视频效果后的效果。

7.1.3 调整图层

当多个影片剪辑使用相同的视频效果时，除了使用复制与粘贴外，还可以调整图层。在调整图层中添加视频效果后，其效果即可显示在该调整图层下方的所有视频片段中，而该调整图层随时能够删除、显示与隐藏，而不破坏视频文件。

1. 创建调整图层

在【项目】面板中，单击底部的【新建项】按钮，在展开的子菜单中选择【调整图层】选项，如图 7-10 所示。

然后，在弹出的【调整图层】对话框中设置调整图层的视频【宽度】、【高度】、【时基】与【像素长宽比】选项，单击【确定】按钮，即可在【项目】面板中创建"调整图层"项目，如图 7-11 所示。

图 7-10 创建调整图层   图 7-11 【调整图层】对话框

提 示

在【调整图层】对话框中，还可以使用默认的参数值。这是因为该对话框中的选项参数，是根据所在序列的【序列预设】中的选项设置的。

---

2. 添加视频效果

当为【时间轴】面板添加素材后，将新创建的调整图层插入素材片段上方，使其播放长度与素材相等，如图 7-12 所示。

这时选中【时间轴】面板中的调整图层，按照视频效果的添加方法为调整图层添加视频效果，即可发现该调整图层下方的所有素材均显示被添加的视频效果，如图 7-13 所示。

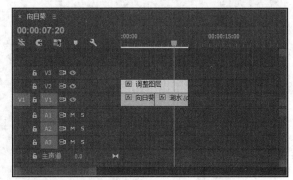

图 7-12 插入调整图层

调整图层中的视频效果的应用与编辑方法,与视频片段中的视频效果相同。当调整图层中添加了多个视频效果后,可通过单击调整图层所在轨道中的【切换轨道输出】图标,来隐藏调整图层,其视频效果暂时不显示在下方的素材中,如图 7-14 所示。

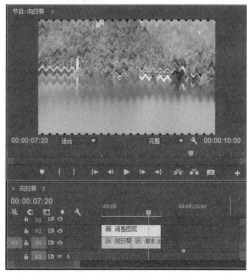

图 7-13 添加波形变形视频效果   图 7-14 隐藏调整图层中的视频效果

要想彻底删除调整图层中的视频效果,可以直接将【时间轴】面板中的调整图层删除。只要选中调整图层,按 Delete 键即可。而【项目】面板中的调整图层,还是保留原有的属性。

7.2 变形视频效果

变形视频效果主要用来校正或扭曲视频画面,当用户不小心拍摄出倾斜画面的视频时,则需要使用"变换"类效果来校正画面;除此之外,用户还可以使用"扭曲"类效果对视频画面进行变形,从而丰富视频画面效果。

7.2.1 变换

"变换"类视频效果可以使视频素材的形状产生二维或三维变化,它包括"垂直翻转"、水平翻转、"羽化边缘"和"裁剪"4 种效果。

1. 垂直翻转与水平翻转

"垂直翻转"视频效果的作用是让素材画面呈现一种倒置的效果,由于该效果没有属性参数,因此用户只需将该效果添加到相应素材上即可,如图 7-15 所示。

"水平翻转"视频效果的作用则是让素材画面呈现一种水平倒置的效果,由于该效果没有属性参数,因此用户只需将该效果添加到相应素材上即可,如图 7-16 所示。

图 7-15 "垂直翻转"视频效果

图 7-16 "水平翻转"视频效果

2. 羽化边缘

"羽化边缘"视频效果可以在屏幕画面四周形成一圈经过羽化处理后的黑边。当用户将该效果应用到素材中后，在【效果控件】面板中将显示【数量】属性参数，该参数值越大表示经过羽化处理的黑边越明显，其参考值介于 0~100 之间，如图 7-17 所示。

3. 裁剪

"裁剪"视频效果的作用是对影片剪辑的画面进行切割处理，当用户将该效果应用到素材中后，在【效果控件】面板中将显示各属性参数，如图 7-18 所示。

图 7-17 "羽化边缘"视频效果

图 7-18 "裁剪"视频效果各属性参数

其中，【左侧】、【顶部】、【右侧】和【底部】这 4 个选项分别用于控制屏幕画面在左、上、右、下这 4 个方向上的切割比例；【缩放】选项则用于控制是否将切割后的画面填充至整个屏幕；【羽化边缘】用于设置屏幕画面四周经羽化处理后的黑边宽度，其值介于 –30 000~30 000 之间，如图 7-19 所示。

7.2.2 扭曲

"扭曲"类视频效果可以使素材

图 7-19 "裁剪"视频效果

画面产生多种不同的变形效果，包括位移、变换、放大、旋转等 12 种不同的变形样式。

1. 位移

当素材画面的尺寸大于屏幕尺寸时，使用"位移"视频效果可以产生虚影效果，如图 7-20 所示。

为素材应用【位移】视频效果后，默认情况下的【与原始图像混合】选项取值为 0，此时的影片剪辑画面不会发生任何变化。在【效果控件】面板中调整【与原始图像混合】选项后，虚影效果便会逐渐显现出来，且参数值越大，虚影效果越明显，如图 7-21 所示。此外，用户还可通过更改【将中心移位至】选项参数值的方式来调整虚影图像的位置。

图 7-20 "位移"视频效果

图 7-21 调整位移视频效果的参数值

2. 变换

"变换"视频效果能够为用户提供一种类似于照相机拍照时的效果，通过在【效果控件】面板中调整【锚点】、【缩放高度】、【缩放宽度】等选项，可对"拍照"时的屏幕画面摆放位置、照相机位置和拍摄参数等多项内容进行设置，如图 7-22 所示。

图 7-22 "变换"视频效果

3. 放大

"放大"视频效果可以放大显示素材画面中的指定位置，从而模拟人们使用放大镜观察物体的效果，如图 7-23 所示。

　　将"放大"效果应用到素材中后，在【效果控件】面板中设置【形状】、【大小】、【放大率】等各属性参数即可。

　　图 7-23 "放大"视频效果

　　在"放大"视频效果属性中，Premiere 为用户提供了【混合模式】选项，该选项包含了 18 种变形效果与原图像之间的混合方式，如图 7-24 所示。

4．旋转

　　"旋转"视频效果可以使素材画面中的部分区域围绕指定点来旋转图像画面。

　　添加该效果之后，在【效果控件】面板中将会显示该效果的各属性选项。其中，【角度】属性决定了图像的旋转扭曲程度，参数值越大扭曲效果越明显；【旋转扭曲半径】属性决定着圆像的扭曲范围，而【旋转扭曲中心】属性则控制着扭曲范围的中心点，如图 7-25 所示。

图 7-24 不同混合模式的放大效果

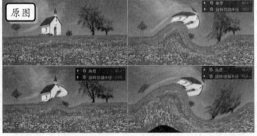

图 7-25 "旋转"视频效果

5．波形变形

　　"波形变形"视频效果的作用是根据用户给出的参数在一定范围内制作弯曲的波浪效果，如图 7-26 所示。

　　添加该效果之后，在【效果控件】面板中将会显示该效果的各属性选项，包括波形类型、波形高度、波形宽度、方向、波形速度等属性选项。

图 7-26 "波形变形"视频效果

6. 球面化

"球面化"视频效果可以使素材画面以球化状态进行显示，如图7-27所示。

将该视频效果添加到素材中后，在【效果控件】面板中将会显示该效果的各属性选项。其中，【半径】属性选项用于调整"球体"的尺寸大小，直接影响球面效果对屏幕画面的作用范围；而【球面中心】属性选项则决定了"球体"在画面中的位置。

图 7-27 "球面化"视频效果

7. 紊乱置换

"紊乱置换"视频效果可以在素材画面内产生随机的画面扭曲效果，如图7-28所示。

将该视频效果添加到素材中后，在【效果控件】面板中将会显示该效果的各属性选项。其中，【置换】属性选项用于控制扭曲方式，【消除锯齿最佳品质】属性选项则用于决定扭曲后的画面品质外，而其他所有属性选项都用于控制画面扭曲效果。

图 7-28 "紊乱置换"视频效果

8. 边角定位

"边角定位"视频效果可以改变素材画面 4 个边角的位置，从而可以使画面产生透视和弯曲效果，如图 7-29 所示。

将该视频效果添加到素材中后，在【效果控件】面板中会显示该效果的各属性选项。其【左上】、【右上】、【左下】、【右下】属性选项的参数值用于指定屏幕画面位置的坐标值，用户只需调整这些参数便可控制屏幕画面产生各种倾斜或透视效果。

9. 镜像

"镜像"视频效果可以使素材画面沿分割线进行任意角度的反射操作，如图 7-30 所示。

将该视频效果添加到素材中后，在【效果控件】面板中将会显示该效果的各属性选项。其中，【反射中心】属性选项用于设置镜像反射的中心位置（分割线位置），而【反射角度】属性选项则用于设置镜像反射的应用效果。

图 7-29 "边角定位"视频效果

图 7-30 "镜像"效果

10. 镜头扭曲

在视频拍摄过程中，可能会出现某些焦距、光圈大小和对焦距离等不同类型的缺陷。这时可以通过"镜头扭曲"视频效果进行校正，或者直接使用该效果为正常的视频画面加入扭曲效果，如图 7-31 所示。

将该视频效果添加到素材中后，在【效果控件】面板中会显示该效果的各属性选项，包括【曲率】、【垂直偏移】、【水平偏移】、【垂直棱镜效果】、【水平棱镜效果】和【填充颜色】属性选项。

图 7-31 "镜头扭曲"视频效果

11. 变形稳定器

"变形稳定器"视频效果可以消除因摄像机移动造成的抖动情况，从而可以将具有抖动情况的素材变为稳定、流畅的拍摄内容，如图 7-32 所示。

将该视频效果添加到素材中后，首次运用该效果系统将自动分析素材，并在【节目】监视器面板中显示分析过程。

图 7-32 "变形稳定器"视频效果

同时，在【效果控件】面板中会显示该效果的各属性选项，如图 7-33 所示。

图 7-33 中各属性选项的具体含义如下所述。

- ❑ 【结果】 用于控制素材的预期效果，其中"平滑运动"选项表示保持相机的平滑移动，而"不运动"选项表示消除拍摄过程中的所有摄像机运动效果。

- ❑ 【平滑度】 用于设置摄像机原运动的程度，其值越高表示运动越平滑。

- ❑ 【方法】 用于指定变形稳定器为稳定素材而对其执行的操作方法，包括"位置"、"透视"、"子空间变形"和"位置,缩放,旋转"4 种方法。

- ❑ 【保持缩放】 启用该复选框，将保持原素材的缩放效果。

- ❑ 【帧】 用于控制边缘在稳定结果中的显示方式，包括"仅稳定"、"稳定,裁切"、"稳定,裁切,自动缩放"、和"稳定,合成边缘"4 种方式。

图 7-33 变形稳定器属性选项

- ❑ 【自动缩放】 用于显示当前的自动缩放量，其"最大缩放"选项用于限制为实现稳定而按比例增加剪辑的最大量，而"活动安全边距"选项则用于指定边界。

- ❑ 【附加缩放】 该选项在避免对图形进行额外重新取样的前提下，使用与"运动"下"缩放"属性相同的结果放大剪辑。

- ❑ 【详细分析】 启用该复选框，可以让下一个分析阶段执行额外的工作来查找所要跟踪的元素。

- 【果冻效应波纹】 稳定器会自动消除与被稳定的果冻效应素材相关的波纹。
- 【更少裁剪<->更多平滑】 用于控制裁切矩形在被稳定的图像上方移动时的平滑度与缩放之间的折中。
- 【合成输入范围（秒）】 用于控制合成进程在时间上向后或向前走多远来填充任何缺少的像素。
- 【合成边缘羽化】 可为合成的片段选择羽化量。仅在使用"稳定、人工合成边缘"取景时，才会启用该选项。
- 【合成边缘裁切】 用于剪掉在模拟视频捕获或低质量光学镜头中常见的多余边缘。默认情况下，所有边缘均设为零像素。
- 【隐藏警告栏】 启用该复选框，可隐藏分析过程中的警告横幅。

12．果冻效应修复

在视频的扫描线之间通常有一个延迟时间。由于扫描之间的时间延迟，无法准确地同时记录图像的所有部分，从而导致果冻效应扭曲。如果在拍摄过程中，摄像机或拍摄对象发送移动，则会产生果冻效应扭曲现象。此时，可以使用 Premiere 中的果冻效应修复效果来去除这些扭曲伪像。

将该视频效果添加到素材中后，在【效果控件】面板中将会显示该效果的各属性选项，如图 7-34 所示。

图 7-33 中各属性选项的具体含义如下所述。

图 7-34 果冻效应修复属性选项

- 【果冻效应比率】 该选项用于指定帧速率（扫描时间）的百分比。
- 【扫描方向】 用于指定发生果冻效应扫描的方向。大多数摄像机从顶部到底部扫描传感器。对于智能手机，可颠倒或旋转式操作摄像机，这样可能需要不同的扫描方向。
- 【方法】 用于指定扫描方法，包括"变形"和"像素运动"两种方法。
- 【详细分析】 启用该复选框，表示将在变形中执行更为详细的点分析。
- 【像素运动细节】 用于指定光流矢量场计算的详细程度。该选项在使用"像素移动"方法时可用。

7.3 画面质量视频效果

使用 DV 拍摄的视频，其画面效果并不是非常理想的，视频画面中的模糊、清晰与是否出现杂点等质量问题，可以通过"杂色与颗粒"及"模糊与锐化"等效果组中的效果进行设置。

7.3.1 杂色与颗粒

"杂色与颗粒"类视频效果的作用是在影片素材画面内添加细小的杂点，根据视频效果原理的不同，又可分为"中间值"、"杂色"等 6 种不同的效果。

1．中间值

"中间值"视频效果能够将素材画面内每个像素的颜色值替换为该像素周围像素材的 RGB 平均值，因此能够实现消除噪声或产生水彩画的效果，如图 7-35 所示。

将该视频效果添加到素材中后，在【效果控件】面板中将会显示该效果的各属性选项。其中，【半径】属性选项的参数值越大，Premiere 在计算颜色值时的参考像素范围越大，视频效果的应用效果越明显。

图 7-35 "中间值"视频效果

2．杂色

"杂色"视频效果能够在素材画面上增加随机的像素杂点，其效果类似于采用较高 ISO 参数拍摄出的数码照片，如图 7-36 所示。

图 7-36 "杂色"视频效果

将该视频效果添加到素材中后，在【效果控件】面板中将会显示该效果的各属性选项，如图 7-37 所示。

图 7-37 中各属性的具体含义如下所述。

❑ **【杂色数量】** 用于控制画面内的噪点数量，该选项所取的参数值越大，噪点的数量越多。

❑ **【杂色类型】** 用于设置产生噪点的算法类型，启用或禁用该选项右侧的【使用颜色杂色】复选框，会影响素材画面内的噪点分布情况。

图 7-37 "杂色"属性选项

❑ **【剪切】** 用于决定是否将原始的素材画面与产生噪点后的画面叠放在一起，禁用【剪切结果值】复选框后将仅显示产生噪点后的画面。但在该画面中，所有影像都会变得一片模糊。

3. 杂色 Alpha

"杂色 Alpha"视频效果可以在视频素材的 Alpha 通道内生成噪波，从而利用 Alpha 通道内的噪波来影响画面效果，如图 7-38 所示。

将该视频效果添加到素材中后，在【效果控件】面板中可对"杂色 Alpha"视频效果的类型、数量、溢出方式，以及噪波动画控制方式等多项参数进行调整。

图 7-38 "杂色 Alpha"视频效果

4. 杂色 HLS 和杂色 HLS 自动

"杂色 HLS"视频效果能够通过调整画面色调、亮度和饱和度的方式来控制噪波效果，如图 7-39 所示。

将该视频效果添加到素材中后，在【效果控件】面板中调整相应的属性选项即可。

"杂色 HLS 自动"视频效果类似于"杂色 HLS"视频效果，其【效果控件】面板中的属性选项也大体相同。唯一不同的是"杂色 HLS 自动"视频效果不允许用户调整噪波颗粒的大小，但用户却能通过【杂色动画速度】选项来控制杂波动态效果的变化速度，如图 7-40 所示。

図 7-39 "杂色 HLS"视频效果

图 7-40 "杂色 HLS 自动"视频效果

5. 蒙尘与划痕

"蒙尘与划痕"视频效果用于产生一种附有灰尘的、模糊的噪波效果，如图 7-41 所示。

在【效果控件】面板中，参数【半径】用于设置噪波效果影响的半径范围，其值越大，噪波范围的影响越大；参数【阈值】用于设置噪波的开始位置，其值越小，噪波影响越大，图像越模糊。

图 7-41 "蒙尘与划痕"视频效果

7.3.2 模糊与锐化

"模糊与锐化"类视频效果的作用与其名称完全相同，这些视频效果有些能够使素材画面变得更加朦胧，有些则能够让画面变得更为清晰。

1. 方向模糊

"方向模糊"视频效果能够使素材画面向指定方向进行模糊处理，从而使画面产生动态效果，如图 7-42 所示。

打开【效果控件】面板，可通过调整【方向】和【模糊长度】选项来控制定向模糊的效果。

图 7-42 "方向模糊"视频效果

> **提 示**
>
> 在调整【方向模糊】视频效果的参数时，【模糊长度】选项的参数值越大，图像的模糊效果将会越明显。

2. 快速模糊

"快速模糊"视频效果能够对画面中的每个像素进行相同的模糊操作，因此其模糊效果较为"均匀"，如图 7-43 所示。

在【效果控件】面板中，【模糊度】属性选项用于控制画面模糊程度；【模糊维度】属性选项决定了画面模糊的方式；而【重复边缘像素】属性选项则用于调整模糊画面的细节部分。

图 7-43 "快速模糊"视频效果

3. 锐化

"锐化"视频效果的作用是增加相邻像素的对比度,从而达到提高画面清晰度的目的,如图 7-44 所示。

在【效果控件】面板中,只有【锐化数量】这一个属性选项,其参数取值越大,对画面的锐化效果越明显。

图 7-44 "锐化"视频效果

4. 高斯模糊

"高斯模糊"视频效果能够利用高斯运算方法生成模糊效果,从而使画面中部分区域的画面表现效果更为细腻,如图 7-45 所示。

在【效果控件】面板中,可通过【模糊度】和【模糊尺寸】这 2 个选项来设置效果的方向和模糊程度。

图 7-45 "高斯模糊"视频效果

5. 相机模糊

"相机模糊"视频效果可以模拟摄像机镜头变焦所产生的模糊效果,如图 7-46 所示。

在【效果控件】面板中只包含了【百分比模糊】一种属性选项,主要用于设置模糊数值,取值范围在 0~100%之间,其参数越大模糊程度越大;参数越小,模糊程度越小,画面就越接近原始图像画面。

图 7-46 "相机模糊"视频效果

6. 通道模糊

"通道模糊"视频效果是通过改变图像中颜色通道的模糊程度来实现画面的模糊效果的，如图 7-47 所示。

图 7-47 "通道模糊"视频效果

在【效果控件】面板中，主要包含下列一些属性选项。
- ❑ **红色模糊度**　该选项用于设置红色通道的模糊程度。
- ❑ **绿色模糊度**　该选项用于设置绿色通道的模糊程度。
- ❑ **蓝色模糊度**　该选项用于设置蓝色通道的模糊程度。
- ❑ **Alpha 模糊度**　该选项用于设置 Alpha 通道的模糊程度。
- ❑ **边缘特性**　该选项用于设置空白区域的填充方式。如果启用【重复边缘像素】复选框，则可以使用图像边缘的像素颜色填充。
- ❑ **模糊维度**　该选项用于设置通道模糊的水平和垂直、水平、垂直 3 个方向。

7. 复合模糊

"复合模糊"视频效果可根据控制剪辑（也称为模糊图层或模糊图）的明亮度值使像素变模糊，如图 7-48 所示。

默认情况下，模糊图层中的亮值对应于效果剪辑的较多模糊，而暗值对应于较少模糊。该效果不仅可用于模拟涂抹和指纹，而且还可以模拟由烟或热所引起的可见性变化。

图 7-48 "复合模糊"视频效果

8. 钝化蒙版

"钝化蒙版"视频效果增加定义边缘的颜色之间的对比度,如图 7-49 所示。

【效果控件】面板中的【半径】选项主要用于调整像素对比度边缘之间的距离,当该值比较低时,则仅调整边缘附件的像素。而【阈值】选择则用于调整对比度的相邻像素的最大差异。

图 7-49 "钝化蒙版"视频效果

7.4 光照视频效果

在"视频效果"效果组中,除了"颜色校正"等效果组能够改变视频画面色彩效果外,还可以通过光照类效果改变画面色彩效果,并且还可以通过某些效果得到日光的效果。光照类视频效果主要包括"生成"和"风格化"两大类。

7.4.1 生成

"生成"类视频效果的作用是在素材画面中形成炫目的光效或者图案,包括书写、棋盘、渐变和油漆桶等 12 种视频效果。

1. 四色渐变效果

"四色渐变"效果可产生四色渐变,用户可通过四个效果点、位置和颜色来定义渐变。

而且，渐变包括混合在一起的四个纯色环，每个环都有一个效果点作为其中心，如图 7-50 所示。

图 7-50 "四色渐变" 视频效果

- ❑ 【混合】 用于设置颜色的过渡效果，其较高的值可形成颜色之间更平缓的过渡。
- ❑ 【抖动】 用于设置渐变中的抖动（杂色）量。抖动可减少色带，仅影响可能出现色带的区域。
- ❑ 【不透明度】 用于设置渐变的不透明度，可作为剪辑"不透明度"值的一部分。
- ❑ 【混合模式】 用于设置渐变与剪辑相结合时使用的混合模式。

2．棋盘

"棋盘"视频效果的作用是在屏幕画面上形成棋盘网络状的图案，如图 7-51 所示。

在【效果控件】面板中，可以对【棋盘】视频效果所生成棋盘图案的起始位置、棋盘格大小、颜色、图案透明度和混合模式等多项属性进行设置，从而创造出个性化的画面效果。

图 7-51 "棋盘" 视频效果

3．渐变

"渐变"视频效果的功能是在素材画面上创建彩色渐变，并使其与原始素材融合在一起，如图 7-52 所示。

在【效果控件】面板中，用户可对渐变的起始、结束位置，以及起始、结束色彩和渐变方式等多项内容进行调整。

■ 图 7-52 "渐变"视频效果

提　示

参数【与原始图像混合】的值越大，与原始素材画面的融合将会越紧密，若其值为 0%，则仅显示渐变颜色而不显示原始素材画面。

4．镜头光晕

"镜头光晕"视频效果可以在素材画面上模拟出摄像机镜头上的光环效果，如图 7-53 所示。

在【效果控件】面板中，用户可对光晕效果的起始位置、光晕强度和镜头类型等参数进行调整。

■ 图 7-53 "镜头光晕"视频效果

5．油漆桶

"油漆桶"效果是使用纯色来填充区域的非破坏性油漆效果。其原理非常类似于 Adobe Photoshop 中的"油漆桶"工具，主要用于给漫画类型轮廓图着色，或用于替换图像中的颜色区域，如图 7-54 所示。

7.4.2　风格化

"风格化"类型的视频效果共提供了 13 种不同样式的视频效果，其共同点都是通过移动和置换图像像素，以及提高图像对比度的方式来产生各种各样的特殊效果。

图 7-54 "油漆桶"视频效果

1．曝光过度

"曝光过度"视频效果能够使素材画面的正片效果和负片效果混合在一起，从而产生一种特殊的曝光效果，如图 7-55 所示。

在【效果控件】面板中，可通过调整【阈值】属性选项来更改视频效果的最终效果。

图 7-55 "曝光过度"视频效果

2．彩色浮雕与浮雕

"彩色浮雕"视频效果可以锐化图像中物体边缘，并改变图像的原始颜色；而"浮雕"视频效果则用于产生单色浮雕。"彩色浮雕"视频效果与"浮雕"视频效果类似，所不同的是"彩色浮雕"效果包含颜色，如图 7-56 所示。

图 7-56 "浮雕"视频效果

"彩色浮雕"视频效果与"浮雕"视频效果在【效果控件】面板中具有相同的属性选项，如图7-57所示。

图7-56中每种属性选项的具体含义如下所述。

- 【方向】设置浮雕效果的光源方向。
- 【起伏】设置浮雕凸起高度，取值范围为1~10。
- 【对比度】设置图像边界的对比度，值越大，对比度越大。
- 【与原始图像混合】设置和原图像的混合程度。在

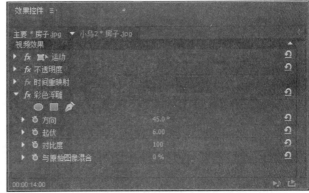

图7-57 "彩色浮雕"与"浮雕"属性选项

"彩色浮雕"效果中值越大，和原图像效果越相似；而在"浮雕"效果中则无明显变化。

3. 纹理化

"纹理化"视频效果可以将指定轨道内的纹理映射至当前轨道的素材图像上，从而产生一种类似于浮雕贴图的效果，如图7-58所示。

图7-58 "纹理化"视频效果

> **注 意**
>
> 如果纹理轨道位于目标轨道的上方，则在【效果控件】面板内将【纹理图层】设置为相应轨道后，还应当隐藏该轨道，使其处于不可见状态。

4. 查找边缘

"查找边缘"视频效果能够通过强化过渡像素来形成彩色线条，从而产生铅笔勾画的特殊画面效果，其边缘可以显示为白色背景上的黑线和黑色背景上的彩色线，一般可用于素描，如图7-59所示。

在【效果控件】面板中，其【反相】属性选项用于翻转图像效果，而【与原始图像混合】属性选项是用于指定效果和原始图的混合程度。

5. 复制

"复制"视频效果可以将原始画面复制多个画面，且在每个画面中都显示整个图像，如图 7-60 所示。

在【效果控件】面板中，只有一项参数【计算】属性选项，用于控制复制的副本数量。

图 7-59 "查找边缘"视频效果　　　图 7-60 "复制"视频效果

6. 阈值

"阈值"视频效果可以将灰度或彩色图像转换为高对比度的黑白图像，如图 7-61 所示。

当指定某个色阶作为阈值，所有比阈值亮的像素转换为白色，而所有比阈值暗的像素转换为黑色。

图 7-61 "阈值"视频效果

7. 马赛克

"马赛克"视频效果可以将一个单元内所有的像素统一为一种颜色，然后使用该颜色块来填充整个层，如图 7-62 所示。

在【效果控件】面板中，【水平块】和【垂直块】属性选项用于控制水平方向和垂直方向上的马赛克数量；而【锐化颜色】复选框则用于控制方格之间不进行混色，可以创建一种比较僵硬的马赛克效果。

图 7-62 "马赛克"视频效果

8. 粗糙边缘

"粗糙边缘"视频效果能够让影片剪辑的画面边缘呈现出一种粗糙化形式,其效果类似于腐蚀而成的纹理或溶解效果,如图 7-63 所示。

在【效果控件】面板中,还可通过各个属性选项,来调整视频效果的影响范围、边缘粗糙情况及复杂程度等内容。

图 7-63 "粗糙边缘"视频效果

7.5 其他视频效果

在【视频效果】效果组中,还包括其他一些效果组,比如视频过渡效果、时间效果、视频效果等。而这些效果以及前面介绍过的视频效果,既可以在整个视频中显示,也可以在视频的某个时间段显示。

7.5.1 过渡

"过渡"类视频效果主要用于两个影片剪辑之间的切换,共包括块溶解、线性擦除等 5 种过渡效果。

1. 块溶解

"块溶解"视频效果能够在屏幕画面内随机产生块状区域,从而在不同视频轨道中的视频素材重叠部分间实现画面切换,如图7-64所示。

在【效果控件】面板中,【过渡完成】属性选项用于设置不同素材画面的切换状态,取值为100%时将会完全显示底层轨道中的画面,而【块宽度】和【块高度】属性选项,则用于控制块形状的尺寸大小。

图7-64 使用"块溶解"视频效果实现画面切换

提 示

在【效果控件】面板中,启用【柔化边缘(最佳品质)】复选框后,能够使块形状的边缘更加柔和。

另外,当在两个素材的重叠显示时间段创建【过渡完成】属性选项的关键帧,并且设置该参数由0%至100%,那么就会得到视频过渡动画。

2. 径向擦除

"径向擦除"视频效果能够通过一个指定的中心点,从而以旋转划出的方式切换出第二段素材的画面,如图7-65所示。

在【效果控件】面板中,【过渡完成】属性选项用于设置素材画面切换的具体程度,【起始角度】属性选项用于控制径向擦除的起点,而【擦除中心】和【擦除】属性选项,则分别用于控制"径向擦除"中心点的位置和擦除方式。

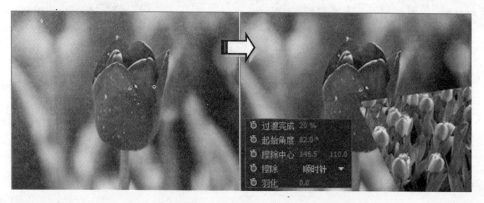

图7-65 "径向擦除"视频效果

3．渐变擦除

"渐变擦除"视频效果能够根据两个素材的颜色和亮度建立一个新的渐变层，从而在第一个素材逐渐消失的同时逐渐显示第二个素材，如图 7-66 所示。

在【效果控件】面板中，还可以对渐变的柔和度以及渐变图层的位置与效果进行调整。

图 7-66 "渐变擦除"视频效果

4．百叶窗

"百叶窗"视频效果能够模拟百叶窗张开或闭合时的效果，从而通过分割素材画面的方式，实现切换素材画面的目的，如图 7-67 所示。

在【效果控件】面板中，通过更改【过渡完成】、【方向】和【宽度】等选项的参数值，可对"百叶窗"的打开程度、角度和大小等内容进行调整。

图 7-67 "百叶窗"视频效果

7.5.2 时间与视频

在【视频效果】效果组中，不仅设置视频画面的重影效果，以及视频播放的快慢效果；并且还可以通过效果为视频画面添加时间码效果，从而在视频播放过程中查看播放时间。

1. 残影

"残影"视频效果同样是【时间】效果组中的一个效果，该效果的添加能够为视频画面添加重影效果，如图7-68所示。

用户可以在【效果控件】面板中，设置该效果的各项属性选项。

图7-68 "残影"效果

2. 时间码

"时间码"效果是【视频】效果组中的效果，当为视频添加该效果后，即可在画面的正下方显示时间码，如图7-69所示。可以在【效果控件】面板中，设置该效果的位置、大小、不透明度、格式等属性选项。

图7-69 "时间码"效果

应用该效果之后，单击【节目】面板中的【播放-停止切换】按钮，即可在视频播放的同时，查看时间码记录播放时间的动画。

7.6 课堂练习：制作电影预告片

电影预告片，是将电影的精彩部分组合在一起，以吸引观众的眼球。在本练习中，将通过"彩色浮雕"效果，来呈现画面的刻板效果。除此之外，还将通过"查找边缘"

和"边角固定"视频效果，以多种处理画面的方式来调整影片素材，以期可以制作出更加精美的电影预告片，如图 7-70 所示。

图 7-70 最终效果图

操作步骤

1 创建项目。启动 Premiere，在弹出的【欢迎界面】对话框中选择【新建项目】选项，如图 7-71 所示。

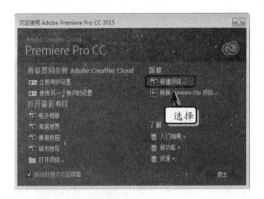

图 7-71 打开素材图片

2 然后，在弹出的【新建项目】对话框中设置新项目名称、位置和常规、设置选项，单击【确定】按钮，如图 7-72 所示。

3 导入素材。双击【项目】面板空白区域，在弹出的【导入】对话框中，选择导入素材，单击【打开】按钮，如图 7-73 所示。

4 制作彩色浮雕效果。将"1.mpg"素材添加到【时间轴】面板中并选中该素材，如图 7-74 所示。

图 7-72 设置选项

图 7-73 打开素材

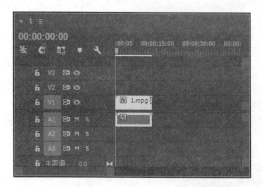

图 7-74 添加素材

5 在【效果】面板中，展开【视频效果】下的【风格化】效果组，双击"彩色浮雕"效果，将该效果添加到素材中，如图 7-75 所示。

图 7-75 添加视频效果

6 在【效果控件】面板中设置效果的各项参数，如图 7-76 所示。

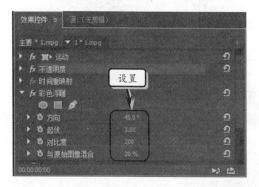

图 7-76 设置效果参数

7 制作边缘效果。将"2.mpg"素材添加到"1.mpg"素材后面，在【效果】面板中双击【风格化】效果组中的"查找边缘"效果，为其添加效果，如图 7-77 所示。

图 7-77 添加效果

8 在【效果控件】面板中设置效果的各项参数，如图 7-78 所示。

图 7-78 设置参数

9 在【效果】面板中，展开【视频效果】下的【风格化】效果组，双击"粗糙边缘"效果，将该效果添加到素材中，如图 7-79 所示。

图 7-79 添加效果

10 然后，在【效果控件】面板中设置效果的各项参数，如图 7-80 所示。

11 在【效果】面板中展开【视频效果】下的【颜色校正】效果组，双击"RGB 曲线"效果，将该效果添加到素材中，如图 7-81 所示。

图 7-80 添加渐变

图 7-81 添加效果

12 然后，在【效果控件】面板中，适当调整【主通道】的曲线，增加画面的对比度，如图 7-82 所示。

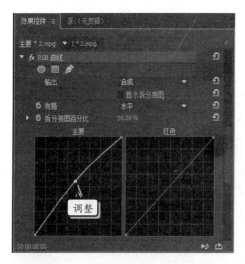

图 7-82 调整【主通道】曲线

13 制作连续画面效果。将"3.mpg"素材添加到 V1 轨道中，在【效果】面板中双击【扭曲】效果组中的"边角定位"效果，为其添

加效果，如图 7-83 所示。

图 7-83 添加效果

14 在【效果控件】面板中设置边角定位的各方向参数，如图 7-84 所示。

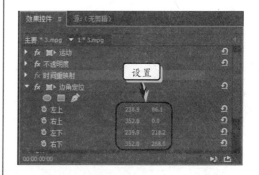

图 7-84 设置参数

15 将"3.mpg"素材添加到 V2 轨道中，在【效果】面板中双击【扭曲】效果组中的"边角定位"效果，为其添加效果，如图 7-85 所示。

图 7-85 添加素材及效果

16 在【效果控件】面板中设置边角定位的各方向参数，如图 7-86 所示。

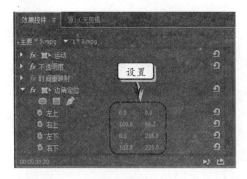

图 7-86 设置参数

17 将 "3.mpg" 素材添加到 V3 轨道中，在【效果】面板中双击【扭曲】效果组中的 "边角定位" 效果，为其添加效果，如图 7-87 所示。

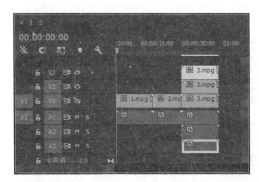

图 7-87 添加素材及效果

18 然后，在【效果控件】面板中设置边角定位的各方向参数，如图 7-88 所示。

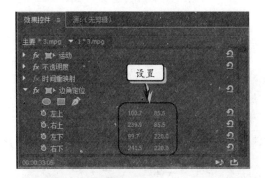

图 7-88 设置参数

19 制作字幕。在【项目】面板中单击【新建项】按钮，在弹出的级联菜单中选择【字幕】选项，如图 7-89 所示。

20 在弹出的【新建字幕】对话框中单击【确定】

按钮，如图 7-90 所示。

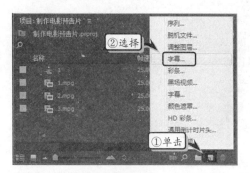

图 7-89 制作字幕

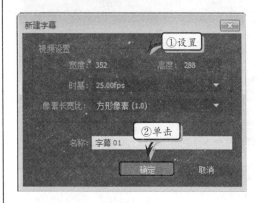

图 7-90 新建字幕

21 在【字幕】面板中输入字幕文本，设置字体大小和字体样式，同时，在【字幕样式】面板中选择【Lithos Gold Strokes 52】样式，如图 7-91 所示。

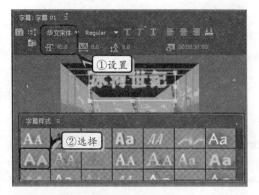

图 7-91 设置字体样式和格式

22 再次创建一个 "字幕 02" 素材，在【字幕】面板中，输入字幕文本，设置字体大小和字体样式。同时，在【字幕样式】面板中选择

Caslon Red 84 样式，如图 7-92 所示。

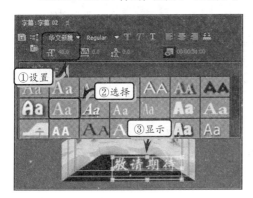

◯ 图 7-92 创建字幕

23 执行【字幕】|【滚动/游动选项】命令，在弹出的【滚动/游动选项】对话框中设置字幕游动选项，单击【确定】按钮，如图 7-93 所示。

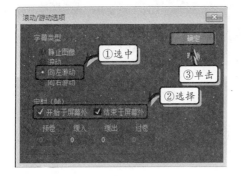

◯ 图 7-93 设置游动选项

24 将"字幕 01"和"字幕 02"素材分别添加到 V4 和 V5 轨道中，并将其添加到【时间轴】面板中的 V5 轨道中，如图 7-94 所示。

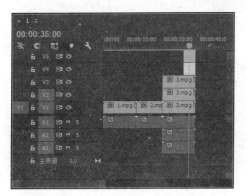

◯ 图 7-94 添加字幕素材

25 选择 V4 轨道中的素材，在【效果】面板中展开【视频效果】下的【过渡】效果组，双击"块溶解"效果，将其添加到该素材中，如图 7-95 所示。

◯ 图 7-95 添加视频效果

26 将"当前时间指示器"调整为 00:00:33:00，单击【效果控件】面板中的【过渡完成】左侧的【动画切换】按钮，并将参数值设置为 100%，如图 7-96 所示。

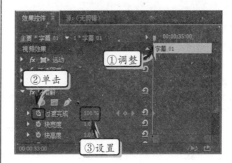

◯ 图 7-96 设置参数

27 然后，将"当前时间指示器"调整为 00:00:36:00，将【过渡完成】参数值设置为 0%，添加第 2 个关键帧，如图 7-97 所示。

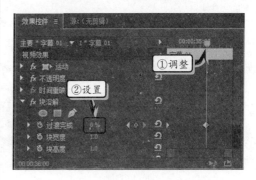

◯ 图 7-97 添加第 2 关缺帧

28 添加视频过渡效果。在【效果】面板中展开【视频过渡】下的【滑动】效果组，将"带状滑动"效果添加到 V1 轨道中前 2 个素材之间，如图 7-98 所示。

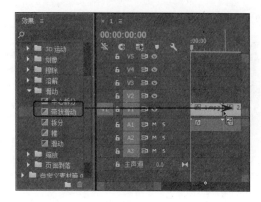

图 7-98 添加过渡效果

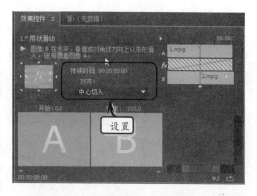

图 7-99 设置选项

29 然后，在【效果控件】面板中设置【持续时间】和【对齐】选项，如图 7-99 所示。

30 使用同样的方法，为第 2 和第 3 段素材添加视频过渡效果。最后，单击【节目监视器】面板中的【播放-停止切换】按钮，预览视频效果，如图 7-100 所示。

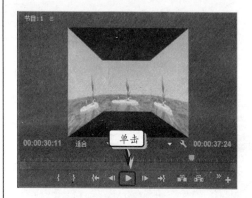

图 7-100 预览影片

7.7 课堂练习：制作画面重复视频

Premiere 为用户内置了多种视频效果，通过这些视频效果不仅可以提高视频之间的衔接流畅性和多彩性，而且还可以通过一些特殊的视频效果制作具有重复画面的视频。本练习将运用"风格化"和"扭曲"视频效果，来制作一个具有多个画面重复的音乐展示视频，如图 7-101 所示。

图 7-101 最终效果图

操作步骤

1. 新建项目。启动 Premiere，在弹出的欢迎界面对话框中选择【新建项目】选项，如图 7-102 所示。

图 7-102　新建项目

2. 在弹出的【新建项目】对话框中设置相应选项，单击【确定】按钮，如图 7-103 所示。

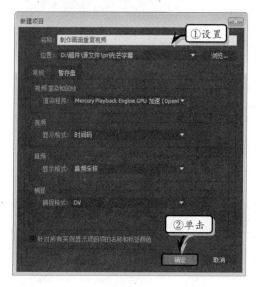

图 7-103　设置选项

3. 导入素材。双击【项目】面板中的空白区域，在弹出的【导入】对话框中，选择导入素材，单击【打开】按钮，如图 7-104 所示。

4. 制作闪光灯效果。将视频素材添加到 V1 轨道中，将"当前时间指示器"调整为 00:00:10:23，使用【剃刀工具】分割视频，如图 7-105 所示。

图 7-104　导入素材

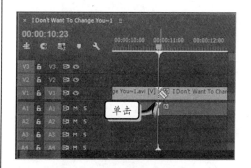

图 7-105　分割视频一

5. 同时，将"当前时间指示器"调整为 00:00:11:02，使用【剃刀工具】分割视频，如图 7-106 所示。

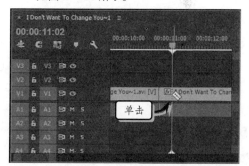

图 7-106　分割视频二

6. 选择中间视频片段，在【效果控件】面板中设置其【缩放】和【旋转】选项，如图 7-107 所示。

7. 将"当前时间指示器"调整为 00:00:10:20，将"1374.wav"素材添加到 A2 轨道中的当前位置处，如图 7-108 所示。

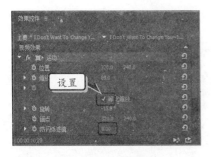

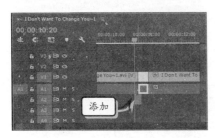

图 7-108　添加素材

8 在【效果】面板中展开【视频过渡】下的【溶解】效果组，将"渐隐为白色"效果添加到第 1 个第 2 个视频之间，如图 7-109 所示。

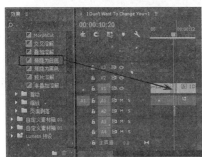

图 7-109　添加过渡效果

9 然后，在【效果控件】面板中设置【持续时间】和【对齐】选项，如图 7-110 所示。

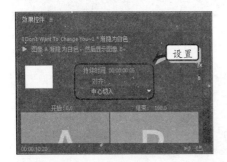

图 7-110　设置选项

10 制作重复四格画面。将"当前时间指示器"调整为 00:00:17:06，使用【剃刀工具】分割视频素材，如图 7-111 所示。

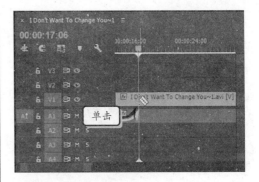

图 7-111　分割视频三

11 同时，将"当前时间指示器"调整为 00:00:22:13，使用【剃刀工具】分割视频素材，如图 7-112 所示。

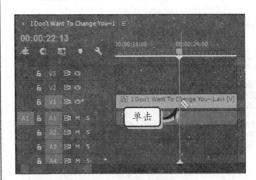

图 7-112　分割视频四

12 选择分割后的左侧素材，在【效果】面板中展开【视频效果】下的【风格化】效果组，双击"复制"效果，将其添加到该素材中，如图 7-113 所示。

图 7-113　添加效果

13 然后，在【效果控件】面板中，将【计数】选项设置为 2，如图 7-114 所示。

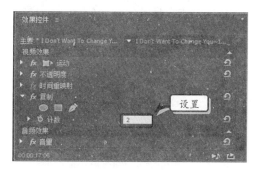

设置参数

14 制作重复 2 格画面。将"当前时间指示器"调整为 00:00:41:26，使用【剃刀工具】分割视频素材，如图 7-115 所示。

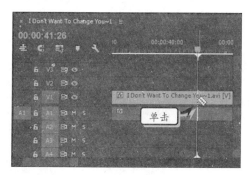

分割视频五

15 同时，将"当前时间指示器"调整为 00:00:48:13，使用【剃刀工具】分割视频素材，如图 7-116 所示。

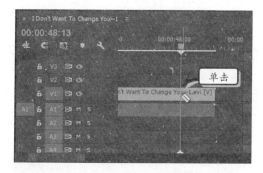

分割视频六

16 选择分割后左侧的素材，在【效果】面板中展开【视频效果】下的【扭曲】效果组，双

击"镜像"效果，将其添加到该素材中，如图 7-117 所示。

添加效果

17 然后，在【效果控件】面板中设置【反射中心】和【反射角度】选项即可，如图 7-118 所示。

设置选项参数

18 添加音频效果。在【效果】面板中展开【音频过渡】下的【交叉淡化】效果组，将"指数淡化"效果添加到音频素材的末尾处，如图 7-119 所示。

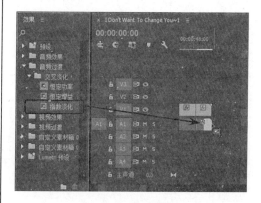

添加音频效果

7.8 思考与练习

一、填空题

1. Premiere 为用户提供了 100 多种视频效果，所有效果按照类别被放置在【效果】面板中的【_____】下的 16 个效果组中，以方便用户对其进行查找和应用。

2. 为素材添加视频效果的方法主要有两种：一种是利用【时间轴】面板添加，另一种则是利用【_____】面板添加。

3. 在【效果控件】面板内完成属性参数的设置之后，视频效果应用于影片剪辑后的效果将即时显示在【_____】面板中。

4. 为视频添加效果之后，还可以通过 _____、删除效果、对其属性参数进行设置等一系列的编辑操作，来修改与完善视频效果。

5. 调整图层中添加视频效果后，其效果即可显示在该调整图层下方的 _____中。

6.【_____】类视频效果能够使素材画面产生多种不同的变形效果。

二、选择题

1. 如果要打开【控制面板】，可以选择_____菜单的子菜单。

A. 文件

B. 编辑

C. 打开

D. 窗口

2. Premiere 中的视频效果被存放在下列哪个位置_____？

A.【效果】面板

B.【效果控件】面板

C.【时间轴】面板

D.【节目】面板

3. 在【扭曲】类视频效果中，能够使屏幕画面产生虚影的视频效果是_____？

A. 变换

B. 波形变形

C. 镜像

D. 位移

4. 在下列选项中，对【方向模糊】视频效果的作用描述正确的是_____？

A. 能够对画面中的每个像素进行相同的模糊操作

B. 对画面内容进行随机模糊处理

C. 能够使素材画面向指定方向进行模糊处理

D. 利用高斯运算方法生成模糊效果

5. 在【效果控件】面板中，无法通过调整【运动】选项组内的属性来完成下列哪种视频效果_____？

A. 运动效果

B. 缩放效果

C. 透明效果

D. 浮雕效果

6. 在【视频效果】效果组中，除了"颜色校正"等效果组能够改变视频画面色彩效果外，还可以通过改变_____效果。

A. 光照类效果

B. 风格化类视频效果

C. 画面色彩

D. 变形视频效果

三、问答题

1. 怎样为影片剪辑添加视频效果？

2. 简述复制视频效果的操作步骤是什么？

3. 如何制作画面局部放大效果？

4. 简述径向擦除和渐变擦除的区别。

四、上机练习

1. 设置变换效果

首先新建项目并将素材添加到【时间轴】轨

道中。然后，将【变换】效果组中的"羽化边缘"效果添加到该素材中。最后，在 00:00:00:07 位置处创建第 1 个关键帧，并将【数量】设置为 0。在 00:00:01:09 位置处将【数量】设置为 37，在 00:00:02:20 位置处将【数量】设置为 84，在 00:00:04:12 位置处将【数量】设置为 14，如图 7-120 所示。

图 7-120 设置变换效果

2. 设置镜头光晕效果

首先新建项目并将素材添加到【时间轴】轨道中。然后，将【生成化】效果组中的"镜头光晕"效果添加到该素材中。最后，在 00:00:01:00 位置处创建第 1 个关键帧，并将【光晕中心】设置为 84、53。在 00:00:03:17 位置处将【光晕中心】设置为 238、137，如图 7-121 所示。

图 7-121 设置镜头光晕效果

第8章

设置颜色效果

　　用户在使用拍摄素材时，会发现由于拍摄时无法控制视频拍摄地点的光照以及其他物体对光照的影响，从而会使拍摄的画面出现暗淡、明亮或阴影等问题，从而影响画面的整体效果。此时，用户可以使用 Premiere 内置的一系列专门用于调整图像亮度、对比度和颜色的特效滤镜，在原有影响基础上可以极大地校正由环境对画面所造成的影响。

　　本章将详细介绍 Premiere 在调整、校正和优化素材色彩方面的基础知识和使用技巧以及 Premiere 所支持的 RGB 颜色模型和各种视频增强选项。

本章学习目的：

　➢ 颜色模式概述；
　➢ 图像控制类视频效果；
　➢ 色彩校正类视频效果；
　➢ 调整类视频效果；
　➢ Lumetri 预设效果。

8.1　颜色模式概述

　　由于 Premiere 软件处理和调整图像的方式是采用计算机创建颜色的基本原理来进行处理的，因此在学习使用 Premiere 调整视频素材色彩之前，还需要先了解一些关于色彩及计算机颜色理论的重要概念。

8.1.1　色彩与视觉原理

　　色彩是由于光线刺激眼睛而产生的一种视觉效应。也就是说，人们对色彩的感觉离不开光，只有在含有光线的场景下才能够"看"到色彩。

1．光与色

从物理学的角度来看，可见光是电磁波的一部分，其波长大致为 400~700nm，因此该范围又被称为可视光线区域。人们在将自然光引入三棱镜后发现，光线被分离为红、橙、黄、绿、青、蓝、紫 7 种不同的色彩，因此得出自然光是由七种不同颜色光线组合而成的结论。这种现象，被称为光的分解，而上述 7 种不同颜色的光线排列则被称为光谱，其颜色分布方式是按照光的波长排列的，例如，由图 8-1 可以看出，红色的波长最长，而紫色的波长最短。

在自然界中，光以波动的形式进行直线传输，具有波长和振幅两个因素。以人们的视觉效果来说，不同的波长会产生颜色的差别，而不同的振幅强弱与大小则会在同一颜色内产生明暗差别。

2．物体色

自然界的物体五花八门、变化万千，它们本身虽然大都不会发光，但都具有选择性地吸收、反射、透射光线的特性。

物体对色光的吸收、反射或透射能力，会受到物体表面肌理状态的影响。因此，物体对光的吸收与反射能力虽是固定不变的，但物体的表面色却会随着光源色的不同而改变，有时甚至失去其原有的色相感觉。也就是说，所谓的物体"固有色"，实际上不过是常见光线下人们对此物体的习惯认识而已。例如在闪烁、强烈的各色霓虹灯光下，所有的建筑几乎都会失去原有本色，从而显得奇异莫测，如图 8-2 所示。

400nm　　　500nm　　　600nm　　　700nm

图 8-1　可见光的光谱

图 8-2　霓虹灯光中的大桥

8.1.2　色彩三要素

在日常生活中，人们在观察物体色彩的同时，也会注意到物体的形状、面积、材质、肌理以及该物体的功能及其所处的环境。通常这些因素也会影响人们对色彩的感觉。为了寻找规律性，人们对感性的色彩认知进行分析，并最终得出了色相、亮度和饱和度这 3 种构成色彩的基本要素。

1．色相

色相指色彩的相貌，是区别色彩种类的名称，根据不同光线的波长进行划分。也就是说，只要色彩的波长相同，其表现出的色相便相同。在之前我们所提到的七色光中，每种颜色都表示着一种具体的色相，而它们之间的差别便属于色相差别，如图8-3所示为十二色相环与二十四色相环示意图。

简单地说，当人们在生活中称呼某一颜色的名称时，脑海内所浮现出的色彩，便是色相的概念。也正是由于色彩具有这种具体的特征，人们才能够感受到一个五彩缤纷的世界。

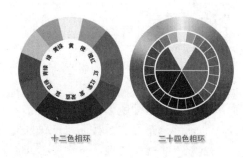

图 8-3 色相环

人们在长时间的色彩探索中发现，不同色彩会让人们产生相对的冷暖感觉，即色性。一般来说，色性的起因是基于人类长期生活中所产生的心理感受。例如，绿色能够给人清新、自然的感觉。如果是在雨后，则由于环境的衬托，上述感觉会更为突出和明显，如图8-4所示。

然而在日常生活中，人们所处的环境并不会只包含一种颜色，而是由各种各样的色彩所组成。因此，自然环境对人们心理的影响往往不是由一种色彩所决定，而是多种色彩相互影响后的结果。例如，单纯的红色会给人一种热情、充满活力的感觉，但却过于激烈；在将黄色与红色搭配后，却能够消除红色所带来的亢奋感，并带来活泼、愉悦的感觉，如图8-5所示。

图 8-4 清新、自然的绿色

图 8-5 红黄色搭配的效果

2. 饱和度

饱和度是指色彩的纯净程度，即纯度。在所有的可见光中，有波长较为单一的，也有波长较为混杂的，还有处在两者之间的。其中，黑、白、灰等无彩色的光线即为波长最为混杂的色彩，这是由于饱和度、色相感的逐渐消失而造成的。

从色彩纯度的方面来看，红、橙、黄、绿、青、蓝、紫这几种颜色是纯度最高的颜色，因此又被称为纯色。

从色彩的成分来看，饱和度取决于该色彩中的含色成分与消色成分（黑、白、灰）

之间的比例。简单地说，含色成分越多，饱和度越高；消色成分越多，饱和度越低。例如，当我们在绿色中混入白色时，虽然仍旧具有绿色相的特征，但其鲜艳程度会逐渐降低，成为淡绿色；当混入黑色时，则会逐渐成为暗绿色；当混入亮度相同的中性灰时，色彩会逐渐成为灰绿色，如图 8-6 所示。

3. 亮度

亮度是所有色彩都具有的属性，指色彩的明暗程度。在色彩搭配中，亮度关系是颜色搭配的基础。一般来说，通过不同亮度的对比，能够突出表现物体的立体感与空间感。

就色彩在不同亮度下所显现的效果来看，色彩的亮度越高，颜色就越淡，并最终表现为白色；与这相对应的是，色彩的亮度越低，颜色就越重，并最终表现为黑色，如图 8-7 所示。

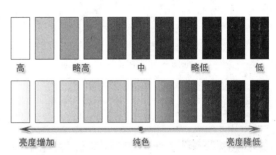

　图 8-6　不同的饱和度　　　　　　　图 8-7　不同亮度的色彩

8.1.3　RGB 颜色理论

RGB 色彩模式是工业界的一种颜色标准，其原理是通过对红（Red）、绿（Green）、蓝（Blue）这三种颜色通道的变化，以及它们相互之间的叠加来得到各式各样的颜色。RGB 标准几乎包括了人类视力所能感知的所有颜色，是目前运用最为广泛的颜色系统之一。

当用户需要编辑颜色时，Premiere 可以让用户从 256 个不同亮度的红色，以及相同数量及亮度的绿色和蓝色中进行选择。这样一来，3 种不同亮度的红色、绿色和蓝色在相互叠加后，便会产生超过1670 多万种（256×256×256）的颜色供用户选择。如图 8-8 所示为 Premiere 按照RGB颜色标准为用户所提供的颜色拾色器。

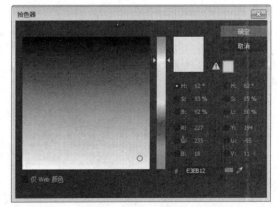

　图 8-8　Premiere 颜色拾色器

在 Premiere 颜色拾色器中，用户只需依次指定 R（红色）、G（绿色）和 B（蓝色）的亮度，即可得到一个由三者叠加后所产生的颜色。在选择颜色时，用户可根据需要按照表 8-1 所示混合公式进行选择。

表 8-1　两原色相同所产生的颜色

混 合 公 式	色　板
RGB 两原色等量混合公式： R（红）＋G（绿）生成 Y（黄）（R＝G） G（绿）＋B（蓝）生成 C（青）（G＝B） B（蓝）＋R（红）生成 M（洋红）（B＝R）	
RGB 两原色非等量混合公式：	
R（红）＋G（绿↓减弱）生成 Y→R（黄偏红） 红与绿合成黄色，当绿色减弱时黄偏红	
R（红↓减弱）＋G（绿）生成 Y→G（黄偏绿） 红与绿合成黄色，当红色减弱时黄偏绿	
G（绿）＋B（蓝↓减弱）生成 C→G（青偏绿） 绿与蓝合成青色，当蓝色减弱时青偏绿	
G（绿↓减弱）＋B（蓝）生成 CB（青偏蓝） 绿和蓝合成青色，当绿色减弱时青偏蓝	
B（蓝）＋R（红↓减弱）生成 MB（品红偏蓝） 蓝和红合成品红，当红色减弱时品红偏蓝	
B（蓝↓减弱）＋R（红）生成 MR（品红偏红） 蓝和红合成品红，当蓝色减弱时品红偏红	

8.2　图像控制类视频效果

图像控制类型视频效果的主要功能是更改或替换素材画面内的某些颜色，从而达到突出画面内容的目的，主要包括调节画面亮度、灰度画面效果、改变固定颜色及整体颜色等颜色调整效果。

8.2.1　灰度系数校正

"灰度系数校正"视频效果的作用是通过调整画面的灰度级别，从而达到改善图像显示效果，优化图像质量的目的。与其他视频效果相比，灰度系数校正的调整参数较少，调整方法也较为简单。降低【灰度系数（Gamma）】选项的取值时，将提高图像内灰度像素的亮度；提高【灰度系数（Gamma）】选项的取值时，将降低灰度像素的亮度。

在【效果空间】面板中，只有【灰度系数】属性选项，降低该参数值时，处理后的画面有种提高环境光源亮度的效果；而升高该参数值时，则有一种环境内的湿度加大，从而使得色彩更加鲜艳的效果，如图 8-9 所示。

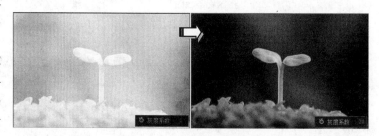

图 8-9 "灰度系数校正"使用前后效果对比

8.2.2 颜色过滤

在 Premiere 中，可以通过"颜色过滤"将视频画面逐渐转换为灰度，并且保留某种颜色。

"颜色过滤"视频效果的功能，是指定颜色及其相近色之外的彩色区域全部变为灰度图像。默认情况下在为素材应用色彩传递视频效果后，整个素材画面都会变为灰色，如图 8-10 所示。

在【效果控件】面板中，设置【相似性】属性参数值可以调整颜色过滤效果，其参数值越小灰度效果越明显，参数值越高越接近原素材颜色。

图 8-10　"颜色过滤"效果

除了设置【相似性】属性选项之后，用户还可以单击【颜色】方框或吸管按钮，在监视器面板内选择所要保留的颜色，即可去除其他部分的色彩信息；而启用【反转】复选框，可以反转当前的颜色过滤效果。

提　示

"黑白"视频效果的作用是将彩色画面转换为灰度效果。该效果没有任何的参数，只需将该效果添加至素材中即可。

8.2.3 颜色平衡

"颜色平衡"视频效果能够通过调整素材内的 R、G、B 颜色通道，来达到更改色相、调整画面色彩和校正颜色的目的。

应用该视频效果之后，在【效果控件】面板中将显示【红色】、【绿色】和【蓝色】属性选项，分别代表红色成分、绿色成分和蓝色成分在整个画面内的色彩比重与亮度。当 3 个属性选项的参数值相同时，表示红、绿、蓝 3 种成分色彩的比重无变化，其素材画面色调在应用效果前后无差别，但画面整体亮度却会随着数值的增大或减小而提高或降低，如图 8-11 所示。

而当画面内的某一色彩成分多于其他色彩成分时，画面的整体色调便会偏向于该色彩成分；当降低某一色彩成分时，画面的整体色调便会偏向于其他两种色彩成分的组合，如图 8-12 所示。

图 8-11 数值相同时调整画面亮度

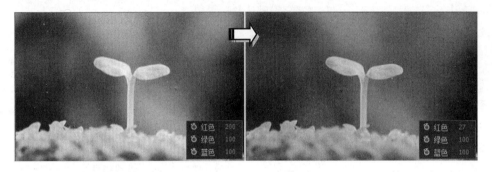

图 8-12 改变画面中的色彩成分

8.2.4　颜色替换

　　"颜色替换"视频效果可以将画面中的某个颜色替换为其他颜色，而画面中的其他颜色不发生变化。添加该视频效果后，在【效果控件】面板中分别设置【目标颜色】与【替换颜色】属性选项，即可改变画面中的某个颜色，如图 8-13 所示。

图 8-13 "颜色替换"视频效果

技　巧

设置【目标颜色】与【替换颜色】选项颜色，既可以通过单击色块来选择颜色，也可以使用【吸管工具】在节目监视器面板中单击来确定颜色。

　　由于【相似性】属性选项参数较低的缘故，单独设置【替换颜色】选项还无法满足过滤画面色彩的需求。此时，只需适当提高【相似性】属性选项的参数值，即可逐渐改变保留色彩区域的范围。而启用【纯色】复选框，则可以将要替换颜色的区域填充为纯色效果。

8.3 色彩校正类视频效果

色彩校正主要使用内置的色彩校正类视频效果，来校正素材本身亮度不够、低饱和度或偏色等问题。虽然其他类的视频效果也能够在一定程度上解决上述问题，但色彩校正类视频效果在色彩调整方面的控制选项更为详尽，因此对画面色彩的校正效果更为专业，其可控性也较强。

8.3.1 校正色彩类

Premiere 中的"颜色校正"类视频效果共包括粉色、均衡、亮度曲线等 18 个视频效果，其中，快速色彩校正校正器、亮度校正器、RGB 色彩校正器以及三向色彩校正器视频效果是专门针对校正画面偏色的效果。

1．快速颜色校正器

"快速颜色校正器"视频效果使用色相和饱和度控件来调整素材的颜色，以及使用色阶控件来调整素材阴影、中间调和高光的强度，如图 8-14 所示。

图 8-14 "快速颜色校正器"视频效果

将该视频效果应用到素材中后，可在【效果控件】面板中通过调整各属性选项来设置颜色的调整效果，如图 8-15 所示。

【效果控件】面板中各属性选项的具体含义如下所述。

❑ 【输出】 用于设置输出类型，包括"合成"和"亮度"两种类型。如果启用【显示拆分视图】复选框，则可以设置为分屏预览效果。

❑ 【布局】 用于设置分屏预览布局，包括"水平"和"垂直"两种预览模式。

❑ 【拆分视图百比分】用于设置分配比例。

❑ 【白平衡】 用于设置白色平衡、参数越大，画面中的白色就越多。

❑ 【色相平衡和角度】 用于调整色调平衡和角度，可以直接使用它来改变画面的色调。

- 【色相角度】 用于设置色相旋转的角度，默认值为 0，其负数表示向左旋转色轮，正数表示向右旋转色轮。
- 【平衡数量级】 用于控制由"平衡角度"确定的颜色平衡校正量。
- 【平衡增益】 可通过乘法调整亮度值，使较亮的像素受到的影响大于较暗的像素受到的影响。
- 【平衡角度】 用于控制色相值的选择范围。
- 【饱和度】 用于调整图像颜色的饱和度，默认值为 100，表示不影响颜色饱和度。
- 【自动黑色阶】 用于提升剪辑中的黑色阶，可使图像中的阴影变亮。
- 【自动对比度】 表示可同时应用自动黑色阶和自动白色阶，从而使高光变暗而阴影部分变亮。
- 【自动白色阶】 用于降低剪辑中的白色阶，可使图像中的高光变暗。
- 【黑/灰/白色阶】 用于设置阴影、中间调灰色和最亮高光的色阶，可通过吸管工具来采样图像中的目标颜色或监视器桌面上的任意颜色，也可通过单击【颜色】方框来自定义颜色。
- 【输入色阶】 用于设置输入色阶的黑色、白色和灰色映射，外侧 2 个输入滑块用于黑场和白场的映射，中间滑块用于调整灰度系数。

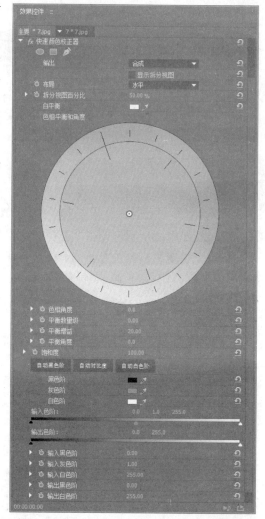

图 8-15 "快速颜色校正器"效果选项

- 【输出色阶】 用于将黑场和白场输入色阶滑块映射到指定值，可以降低图像的总体对比度。
- "输入黑/灰/白色阶" 用于调整高光、中间调或阴影的黑场、中间调或白场的输入色阶。
- "输出黑/白色阶" 用于调整输入黑色对应的映射输出色阶以及高光、中间调或阴影对应的输入白色阶。

2. 亮度校正器

"亮度校正器"视频效果可用于调整素材高光、中间调和阴影中的亮度和对比度，如图 8-16 所示。

图 8-16 "亮度校正器" 视频效果

将该视频效果应用到素材中后，用户可在【效果控件】面板中通过调整各属性选项来设置颜色的调整效果，如图 8-17 所示。

【效果控件】面板中各属性选项的具体含义如下所述。

图 8-17 亮度校正效果选项

- ❑ 【输出】用于设置调整结果的显示类型，包括 "符合"、"亮度" 和 "色调范围" 类型。

- ❑ 【显示拆分视图】 启用该复选框，可以将图像左侧或上边部分显示为校正视图，而将图像的右边或下边部分显示为未校正视图。

- ❑ 【布局】 用于设置分屏预览布局，包括 "水平" 和 "垂直" 两种方式。

- ❑ 【拆分视图百分比】 用于调整拆分视图的大小，其默认值为 50%。

- ❑ 【色调范围定义】 该选项可以使用阈值和带衰减（柔和度）阈值来定义阴影和高光的色调范围。

- ❑ 【色调范围】 用于指定应用明亮度调整类型，包括 "主"、"高光"、"中间调" 和 "阴影" 4 种类型。

- ❑ 【亮度】 用于调整图像中的黑色阶。

- ❑ 【对比度】 通过调整相对于原始对比度值的增益来影响图像的对比度。

- ❑ 【对比度级别】 设置原始对比度值。

- ❑ 【灰度系数】 该选项表示在不影响黑白色阶的情况下调整图像的中间调值。

- ❑ 【基值】 该选项通过将固定偏移添加到图像的像素值来调整图像。

- ❑ 【增益】 该选项通过乘法调整亮度值，从而影响图像的总体对比度，较亮的像素受到的影响大于较暗的像素受到的影响。

- ❑ 【辅助颜色校正】 用于指定由效果校正的颜色范围，可以通过色相、饱和度和明亮度定义颜色。

3. RGB 颜色校正器

"RGB 颜色校正器"视频效果将调整应用于高光、中间调和阴影定义的色调范围，从而调整素材中的颜色，如图 8-18 所示。

Premiere Pro CC 2015 中文版标准教程

图 8-18 "RGB 颜色校正器"视频效果

将该视频效果应用到素材中后，用户可在【效果控件】面板中，通过调整各属性选项来设置颜色的调整效果，如图 8-19 所示。

该【效果控件】面板中的参数大多都已介绍过，相对于其他效果来讲，"RGB 色彩校正器"效果多出一个【RGB】选项组，该选项组下各选项的具体含义如下所述。

❏ "红色/绿色/蓝色灰度系数" 表示在不影响黑白色阶的情况下调整红色、绿色或蓝色通道的中间调值。

❏ "红色/绿色/蓝色基值" 通过将固定的偏移添加到通道的像素值中来调整红色、绿色或蓝色通道的色调值，该类型的选项与"增益"选项结合使用可增加通道的总体亮度。

❏ "红色/绿色/蓝色增益" 通过乘法调整红色、绿色或蓝色通道的亮度值，使较亮的像素受到的影响大于较暗的像素受到的影响。

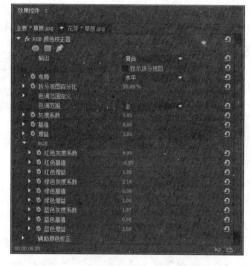

图 8-19 RGB 颜色校正效果选项

8.3.2 亮度调整类

"亮度调整"类视频效果是专门针对视频画面的明暗关系，它可以针对 256 个色阶对素材进行亮度或者对比度调整。

1. 亮度与对比度

"亮度与对比度"视频效果可以对图像的色调范围进行简单的调整。将该效果添加至素材时，在【效果控件】面板中，该效果只有【亮度】和【对比度】两个属性选项，分别进行左右滑块拖动，便可改变画面中的明暗关系，如图 8-20 所示。

图 8-20　"亮度与对比度"效果

2. 亮度曲线

"亮度曲线"视频效果虽然也是用来设置视频画面的明暗关系，但是该效果能够更加细致地进行调节，如图 8-21 所示。

图 8-21　"亮度曲线"效果

将该效果应用到素材中后，用户可在【亮度波形】方格中，向上单击并拖动曲线，可以提亮画面；向下单击并拖动曲线，可以降低画面亮度。如果同时调节，则可以加强画面对比度。

8.3.3　饱和度调整类

视频色彩校正效果组中，还包括一些控制画面色彩饱和度的效果，比如分色、染色以及色彩平衡（HLS）效果。在该类型的视频效果中，有些效果是专门控制色彩饱和度效果，而有些则在饱和度控制的基础上，改变画面色相。

1. 颜色平衡（HLS）

"颜色平衡（HLS）"视频效果不仅能够降低饱和度，还能够改变视频画面的色调与亮度。将该效果添加至素材后，在【效果控件】面板中直接调整【色相】、【亮度】和【饱和度】属性选项，即可调整画面的色调，如图 8-22 所示。

图 8-22 "颜色平衡（HLS）"效果

2. 分色

"分色"视频效果是专门用来控制视频画面的饱和度效果，其中还可以在保留某种色相的基础上降低饱和度，如图 8-23 所示。

图 8-23 "分色"效果

将该效果添加至素材时，在【效果控件】面板中显示该效果的各个选项，如图 8-24 所示。

在【效果控件】面板中，各属性选项的具体含义如下所述。

- 【脱色量】 表示需要移除的颜色量，当值为 100% 时可使不同于选定颜色的图像区域显示为灰度。

- 【要保留的颜色】 用来设置需要保留的颜色，可以使用吸管工具吸取屏幕中的颜色。

图 8-24 "分色"属性选项

- 【容差】 表示颜色匹配运算的灵活性，值为 0% 时表示除所保留的颜色之外的所有像素脱色，而值为 100% 时表示无颜色变化。

- 【边缘柔和度】 用于设置颜色边界的柔和度，值越高其颜色从彩色到灰色的过渡越平滑。

- 【匹配颜色】 用于确定所需比较颜色的 RGB 值或色相值。

3. 色彩

"色彩"视频效果同样能够将彩色视频画面转换为灰度效果，但是还能够将彩色视频画面转换为双色调效果。在默认情况下，将该效果添加至素材后，彩色画面直接转换为灰度图，如图8-25所示。

图 8-25 "色彩"效果

如果单击【将黑色映射到】与【将白色映射到】色块，选择黑白灰以外的颜色，那么就会得到双色调效果，如图8-26所示。

图 8-26 双色调效果

技 巧

当降低【着色量】属性选项值后，视频画面就会呈现低饱和度效果。

8.3.4 复杂颜色调整类

在视频色彩校正效果组中，不仅能够针对校正色调、亮度调整以及饱和度调整进行效果设置，还可以为视频画面进行更加综合的颜色调整设置。

1. RGB 曲线

"RGB 曲线"视频效果能够调整素材画面的明暗关系和色彩变化。并且能够平滑调整素材画面内的256级灰度，画面调整效果会更加细腻。将该效果添加至素材后，在【效果控件】面板中将显示该效果的属性选项，调整相应属性选项即可，如图8-27所示。

该效果与【亮度曲线】效果的调整方法相同,后者只能够针对明暗关系进行调整,前者则既能够调整明暗关系,还能够调整画面的色彩关系,如图8-28所示。

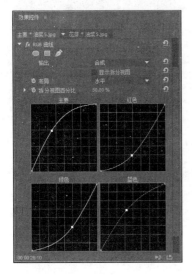

图 8-27 "RGB 曲线"效果   图 8-28 调整色彩

2. 颜色平衡

"颜色平衡"视频效果能够分别为画面中的高光、中间调以及暗部区域进行红、蓝、绿色调的调整。将该效果添加至素材后,在【效果控件】面板中拖动相应的滑块,或者直接输入数值,即可改变相应区域的色调效果,如图8-29所示。

图 8-29 "颜色平衡"效果

3. 通道混合器

"通道混合"视频效果是根据通道颜色进行调整视频画面效果的,在该效果中分别为红色、绿色、蓝色准备了该颜色到其他多种颜色的设置,从而实现了不同颜色的设置,如图8-30所示。

提 示

当用户启用【单色】复选框后,素材颜色将变成灰度效果。

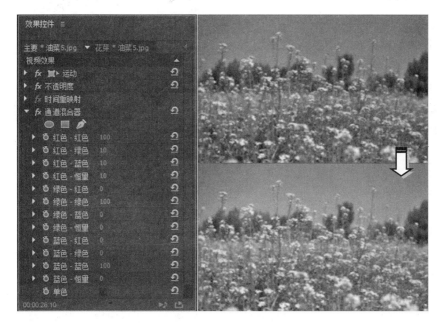

图 8-30 "通道混合"效果

4. 更改颜色

"更改颜色"视频效果用于调整颜色的色相、饱和度和亮度。将该视频效果应用到素材中后，用户可在【效果控件】面板中，通过调整各属性选项，来设置颜色的调整效果，如图 8-31 所示。

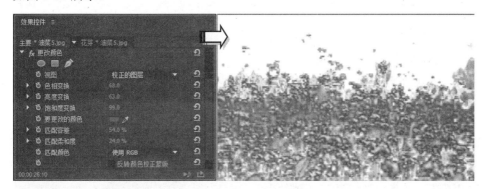

图 8-31 "更改颜色"效果

其中在【效果控件】面板中，各属性选项的具体含义如下所述。

❏ 【视图】 用于设置视图显示模式，其"校正的图层"模式将显示更改颜色效果的结构，而"颜色校正遮罩"模式将显示要更改的图层的区域。

❏ 【色相变换】 用于设置色相的调整数量。

❏ 【亮度变换】 正数使匹配的像素变亮，负数使匹配的像素变暗。

❏ 【饱和度变换】 正数增加匹配像素的饱和度（向纯色移动），负数降低匹配像素的饱和度（向灰色移动）。

❏ 【要更改的颜色】 用于设置范围中要更改的中间颜色。

❑ 【匹配容差】 用于设置颜色与"要匹配的颜色"的差异度。

❑ 【匹配柔和度】 用于设置不匹配像素受效果影响的程度。

❑ 【匹配颜色】 用于确定一个比较颜色以用来确定相似性的色彩空间。

❑ 【反转颜色校正蒙版】 反转受蒙版影响的颜色。

8.4 调整类视频效果

"调整类"视频效果主要通过调整图像的色阶、阴影或高光，以及亮度、对比度等方式，达到优化影像质量或实现某种特殊画面效果的目的。

8.4.1 阴影/高光

"阴影/高光"视频效果能够基于阴影或高光区域，使其局部相邻像素的亮度提高或降低，从而达到校正由强光而形成的剪影画面，如图 8-32 所示。

图 8-32 "阴影/高光"效果

将该视频效果应用到素材中后，用户可在【效果控件】面板中，通过调整各属性选项来设置颜色的调整效果，如图 8-33 所示。

在【效果控件】面板中，各属性选项的具体含义如下所述。

❑ 【自动数量】 启用该复选框，将忽略【阴影数量】和【高光数量】选项，并使用适合变亮和恢复阴影细节的自动确定的数量。同时，启用该选项可激活【瞬时平滑】选项。

❑ 【阴影数量】 控制画面暗部区域的亮度提高数量，取值越大，暗部区域变得越亮。

❑ 【高光数量】 控制画面亮部区域的亮度降高数量，取值越大，高光区域的亮度越低。

❑ 【瞬时平滑（秒）】 用于设置相邻帧相

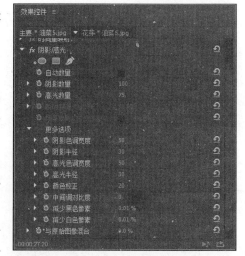

图 8-33 阴影/高光属性选项

对于其周围帧的范围（以秒为单位），以确定每个帧所需的校正量。该值为 0 时，将独立分析每个帧，而不考虑周围的帧。

- ❑ 【场景检测】 选择此选项，在分析周围帧的瞬时平滑时，超出场景变化的帧将被忽略。

- ❑ 【阴影/高光色调宽度】 用于设置阴影和高光中的可调色调的范围。较低的值将可调范围分别限制到最暗和最亮的区域，而较高的值则会扩展可调范围。

- ❑ 【阴影/高光半径】 用来设置阴影或高光像素的半径范围。

- ❑ 【颜色校正】 用于设置所调整的阴影和高光的颜色校正量。

- ❑ 【中间调对比度】 用于调整中间调的对比度的数量。较高的值可单独增加中间调中的对比度，而同时使阴影变暗、高光变亮；负值表示降低对比度。

- ❑ 【减少黑色/白色像素】用于设置阴影和高光被剪切到图像中新的极端阴影和高光颜色值。

- ❑ 【与原始图像混合】 该选项的作用类似于为处理后的画面设置不透明度，从而将其与原画面叠加后生成最终效果。

8.4.2 色阶

"色阶"视频效果是较为常用，且较为复杂的视频效果之一。"色阶"视频效果的原理是通过调整素材画面内的阴影、中间调和高光的强度级别，从而校正图像的色调范围和颜色平衡。

为素材添加色阶视频效果后，在【效果控件】面板内列出一系列该效果的选项，用来设置视频画面的明暗关系以及色彩转换，如图 8-34 所示。

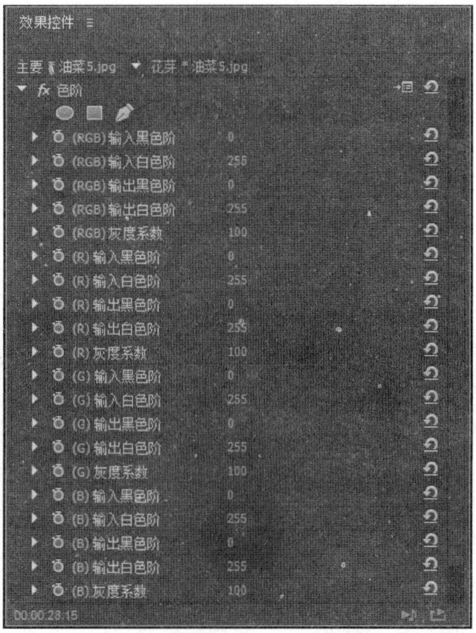

图 8-34 "色阶"效果选项

如果在设置参数时较为烦琐，还可以单击【色阶】选项中的【设置】按钮，即可弹出【色阶设置】对话框，如图 8-35 所示。

通过对话框中的直方图，可以分析当前图像颜色的色调分布，以便精确的调整画面颜色。其中，对话框中各选项的作用如下所述。

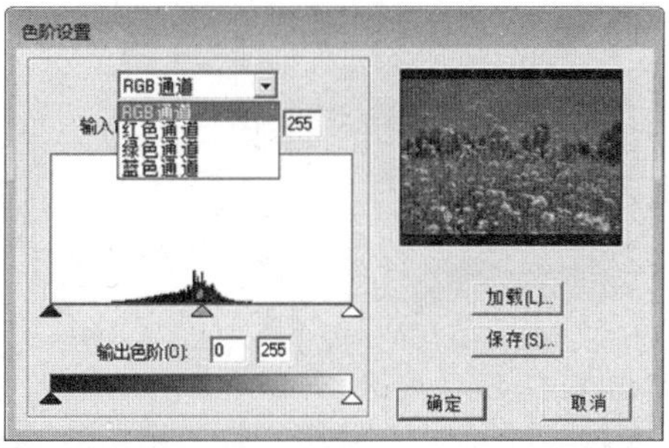

图 8-35 "色阶"设置对话框

1. 输入阴影

控制图像暗调部分，取值范围为 0~255。增大参数值后，画面会由阴影向高光逐渐变暗。在【色阶设置】对话框中【输入色阶】选项中的第 1 个方框内输入阴影值，单击【确定】按钮，如图 8-36 所示。

图 8-36 输入阴影设置效果

2. 输入中间调

控制中间调在黑白场之间的分布，数值小于 1.00 图像则变暗；大于 1.00 时图像变亮。在【色阶设置】对话框中【输入色阶】选项中的第 2 个方框内输入阴影值，单击【确定】按钮，如图 8-37 所示。

图 8-37 不同中间调设置效果

3. 输入高光

控制画面内的高光部分，数值范围为 2~255。减小取值时，图像由高光向阴影逐渐变亮。在【色阶设置】对话框中【输入色阶】选项中的第 3 个方框内输入阴影值，单击【确定】按钮，如图 8-38 所示。

图 8-38 输入高光设置效果

4．输出色阶

输出色阶类似于输入色阶，唯一不同的是输出色阶只包括阴影和高光 2 个可调参数，如图 8-39 所示。

图 8-39 输出色阶效果

其中，"输出阴影"可控制画面内最暗部分的效果，其取值越大，画面内最暗部分与纯黑色的差别也就越大。综合看来，增大【输出阴影】选项的取值。而"输出高光"则可以控制画面内最亮部分的效果，其默认值为 255。在降低该参数的取值后，画面内的高光效果将变的暗淡，且参数值越低，效果越明显。

8.4.3　光照效果

"光照效果"视频效果可通过控制光源数量、光源类型及颜色，达到为画面内的场景添加真实光照效果的目的。

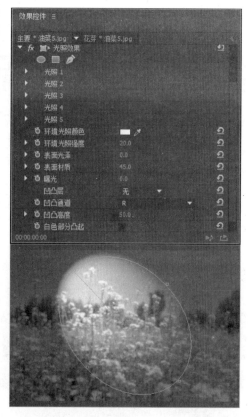

1．默认灯光设置

应用"光照效果"视频效果后，Premiere 共提供了 5 盏光源供用户使用。其默认情况下，Premiere 将只开启一盏灯光，在【效果控件】面板中单击【光照效果】效果名称后，即可在节目监视器面板内通过锚点调整该灯光的位置与照明范围，如图 8-40 所示。

在【效果控件】面板中，各属性选项的具体含义如下所述。

图 8-40 调整灯光位置与照明范围

- ❑ 【环境光照颜色】 用来设置光源色彩，在单击该选项右侧色块后，即可在弹出对话框中设置灯光颜色。或者，也可在单击色块右侧的【吸管】按钮后，从素材画面内选择灯光颜色。

- ❏ 【环境光照强度】 用于调整环境照明的亮度，其取值越小，光源强度越小；反之则越大。
- ❏ 【表面光泽】 调整物体高光部分的亮度与光泽度。
- ❏ 【表面材质】 通过调整光照范围内的中性色部分，从而达到控制光照效果细节表现力的目的。
- ❏ 【曝光】 控制画面的曝光强度。在灯光为白色的情况下，其作用类似于调整环境照明的强度，但【曝光度】选项对光照范围内的画面影响也较大。
- ❏ 【凹凸层】 可以使用其他素材中的纹理或图案产生特殊光照效果。
- ❏ 【凹凸通道】 用于设置凹凸层的通道类型。
- ❏ 【凹凸高度】 用于设置凹凸层的渗透程度。
- ❏ 【白色部分凸起】 启用该复选框，可以使白色部分凸起。

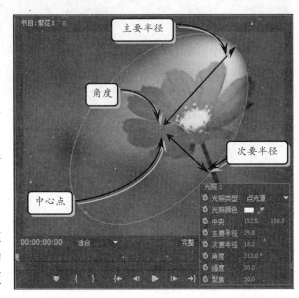

2. 精确调整灯光效果

若要更为精确地控制灯光，可在【光照效果】选项内单击相应灯光前的【展开】按钮，通过各个灯光控制选项进行调节，如图 8-41 所示。

图 8-41 光照控制选项

Premiere 为用户提供了全光源、点光源和平行光 3 种不同类型的光源。其中，点光源的特点是仅照射指定的范围，例如聚光灯效果；平行光的特点是以光源为中心，向周围均匀的散播光线，强度则随着距离的增加而不断衰减；至于全光源，特点是光源能够均匀的照射至素材画面的每个角落，如图 8-42 所示。

图 8-42 不同类型光源效果

除了可以通过【强度】属性选项来调整光源亮度外，还可利用【主要半径】属性选项，通过更改光源与素材平面之间的距离，达到控制照射强度的目的。

而【聚集】属性选项，则用于控制焦散范围的大小与焦点处的强度，取值越小，焦散范围越小，焦点亮度也越小；反之，焦散范围越大，焦点处的亮度也越高。

8.4.4 其他调整类效果

在调整类效果组中，除了上述颜色调
整效果外，还包括一些亮度调整、色彩调
整以及黑白效果调整的效果。

1. 卷积内核

"卷积内核"视频效果是 Premiere 内部
较为复杂的视频效果之一，其原理是通过
改变画面内各个像素的亮度值来实现某些
特殊效果，其参数面板如图 8-43 所示。

在【效果控件】面板中，M11~M33 这
9 项参数全部用于控制像素亮度，单独调整
这些选项只能实现调节画面亮度的效果。
然而，通过组合使用这些选项，则可以获
得重影、浮雕，甚至让略微模糊的图像变
得清晰起来，如图 8-44 所示。

图 8-43 卷积内核效果选项

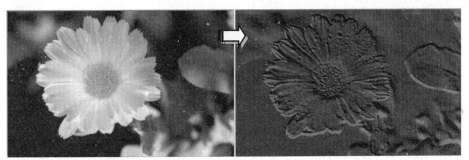

图 8-44 "卷积内核"效果

在 M11~M33 这 9 项参数中，每 3 项参数分为一组，如 M11~M13 为一组、M21~M23
为一组、M31~M33 为一组。调整时，通常情况下每组内的第 1 项参数与第 3 项参数应
包含一个正值和一个负值，且两数之和为 0，至于第 2 项参数则用于控制画面的整体亮
度。这样一来，便可在实现立体效果的同时保证画面亮度不会出现太大变化。

2. ProcAmp

ProcAmp 视频效果的作用是调整素材的亮度、对比度，以及色相、饱和度等基本的
影像属性，从而实现优化素材质量的目的。

为素材添加 ProcAmp 视频效果后，在【效果控件】面板内展开 ProcAmp 选项，其
各项参数如图 8-45 所示。

在【效果控件】面板中，各属性选项的具体含义如下所述。

❑ 亮度　用于调整素材画面的整体亮度，取值越小画面越暗，反之则越亮。在实现

应用中，该选项的取值范围通常在-20~20之间。

❑ **对比度** 用于调节画面亮部与暗部间的反差，取值越小反差越小，表现为色彩变得暗淡，且黑白色都开始发灰；取值越大则反差越大，表现为黑色更黑，而白色更白。

❑ **色相** 用于调整画面的整体色调。利用该选项，除了可以校正画面整体偏色外，还可创造一些诡异的画面效果。

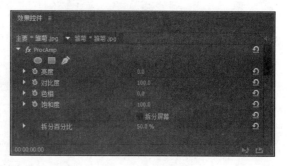

图 8-45 ProcAmp 效果参数项

❑ **饱和度** 用于调整画面色彩的鲜艳
程度，取值越大色彩越鲜艳，反之则越暗淡，当取值为 0 时画面便会成为灰度图像。

❑ **拆分屏幕** 启用该选项，可以将屏幕拆分为左右两部分，以方便对比前后设置效果。

❑ **拆分百分比** 用户设置拆分屏幕的对比范围。

3. 提取

"提取"视频效果的功能是去除素材画面内的彩色信息，从而将彩色的素材画面处理为灰度画面。

应用该效果之后，系统会使用默认提取参数来显示提取结果。除此之外，还可以通过调整【输入白色阶】、【输入黑色阶】和【柔和度】属性选项来重设提取效果，如图 8-46所示。

图 8-46 "提取"效果

其中，在【效果控件】面板中各属性选项的具体含义如下所述。

❑ **【输入黑色阶】** 用于控制画面内黑色像素的数量，取值越小，黑色像素越少。

❑ **【输入白色阶】** 用于控制画面内白色像素的数量，取值越小，白色像素越少。

❑ **【柔和度】** 控制画面内灰色像素的阶数与数量，取值越小，上述两项内容的数量也就越少，黑、白像素间的过渡就越为直接；反之，则灰色像素的阶数与数量越多，黑、白像素间的过渡就越为柔和、缓慢。

❑ 【反转】 当启用该复选框后，Premiere 便会置换图像内的黑白像素，即黑像素变为白像素、白像素变为黑像素。

8.5 Lumetri 预设效果

Lumetri 预设是 Premiere Pro CC 中新增的视频效果，它只能在 Premiere 中应用到序列中，而不能进行编辑。若想编辑某个效果，将 Lumetri 预设效果所在的序列导出，在 Adobe SpeedGrade 中进行编辑。

8.5.1 应用 Lumetri 预设

Premiere Pro CC 中的 Lumetri 预设效果是一组颜色分级效果，按照颜色、用途、色彩温度以及色彩风格等分为 Filmstocks、SpeedLooks、"单色" 和 "影片" 4 类效果。

1. Filmstocks

Filmstocks 效果选项组中分别提供了 5 种不同类型的颜色效果，用户只要选中【效果】面板【Lumetri 预设】选项组中的 Filmstocks 选项组，即可在右侧查看其中各种效果的效果示意图，如图 8-47 所示。

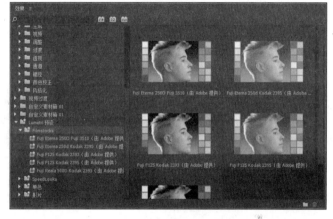

图 8-47 **Filmstocks** 不同类型颜色效果

针对不同的效果，用户只需将其应用到素材中，即可查看该效果应用到视频中的画面效果，如图 8-48 所示。

Fuji Etema 250D Fuji 3510　Fuji Etema 250d Kodak 2359　Fuji Reala 500D Kodak 2393

图 8-48 **Filmstocks** 不同画面效果

2. SpeedLooks

SpeedLooks 效果组下又分为 Universal 和摄像机 2 类，Universal 类中包含了 SL 淘金、SL 热金、SL 蓝月等 25 种效果。用户只需选中【Lumetri 预设】选项组中的 SpeedLooks 选项组下的 Universal 选项，即可在右侧查看其中各种效果的效果示意图，如图 8-49

所示。

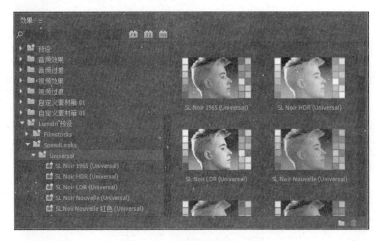

图 8-49 Universal 选项效果示意图

针对不同的效果，用户只需将其应用到素材中，即可查看该效果应用到视频中的画面效果，如图 8-50 所示。

图 8-50 Universal 不同画面效果

而【摄像机】效果组中，又分为 ARRI Alexa、Canon 1D、Canon 5D、Canon 7D 等 10 种类效果。每类效果所表现的颜色饱和度和类型也各不相同，如图 8-51 所示。

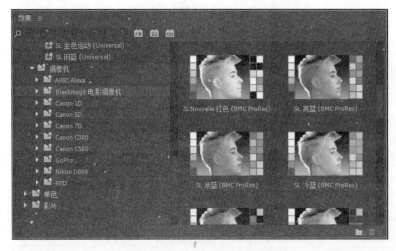

图 8-51 摄像机效果

针对不同的效果，用户只需将其应用到素材中，即可查看该效果应用到视频中的画面效果，如图 8-52 所示。

ARRI Alexa 中的 SL 亮蓝　　Canon 1D 中的 SL 亮蓝　　RED 中的 SL 亮蓝

图 8-52 摄像机效果

3. 单色

"单色"效果组中的效果主要以黑白色来加强素材的色彩分级，包含了黑白强淡化、黑白打孔、黑白淡化等 7 种效果，如图 8-53 所示。

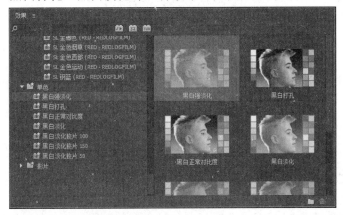

图 8-53 单色视频效果

针对不同的效果，用户只需将其应用到素材中，即可查看该效果应用到视频中的画面效果，如图 8-54 所示。

黑白打孔　　黑白淡化　　黑白淡化胶片 100

图 8-54 单色效果

4. 影片

"影片"效果组下又分为 2 Strip、Cinespace100、Cinespace100 淡化胶片、Cinespace25

等 7 种效果。用户只需选择【Lumetri 预览】下的【影片】效果组，即可显示全部效果，如图 8-55 所示。

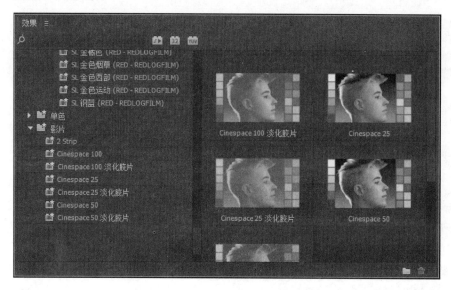

图 8-55 影片效果

针对不同的效果，用户只需将其应用到素材中，即可查看该效果应用到视频中的画面效果，如图 8-56 所示。

图 8-56 影片效果

8.5.2 导出 Lumetri 预设

Lumetr 预设效果中的每个效果，在 Premiere 中只能够应用而不能进行再设置。要想设置应用在视频片段中的 Lumetri 预设效果，首先要将视频所在的序列从 Premiere Pro 发送至 SpeedGrade 进行颜色分级，然后再导回 Premiere Pro 中。

在将视频所在的序列从 Premiere Pro 发送至 SpeedGrade 进行颜色分级之前，还需要将视频所在的序列进行导出。

首先，在 Premiere 中选中 Lumetri 预设效果所应用的序列。执行【文件】|【导出】|【EDL】命令，弹出【EDL 导出设置】对话框。在该对话框中可以导出 1 条视频轨道和最多 4 条音频声道，或导出 2 条立体声轨道，如图 8-57 所示。

指定 EDL 文件的位置和名称后，单击【确定】按钮，在弹出的【将序列另存为 EDL】

对话框中单击【保存】按钮，即可保存后缀名为.edl 的文件。这时将该文件导入 SpeedGrade
中即可进行编辑，如图 8-58 所示。

图 8-57 EDL 导出设置对话框

图 8-58 将序列另存为 EDL 对话框

> **提 示**
>
> Adobe SpeedGrade 是 Adobe 公司出品的专业的调色软件，是一款高性能数码电影调色和输出软件支
> 持立体声 3D，RAW 处理以及数码调光。实时支持最高 8...的电影级别分辨率。

8.6 课堂练习：黑白电影

　　Premiere 为用户提供了用于更改和替换素材画面内容颜色的图像调整特效，运用该
效果不仅可以调节画面亮度和灰度，而且还可以改变画面的整体颜色，以达到突出画面
内容的目的。本练习将运用通过制作黑白电影效果来详细介绍调整视频颜色的操作方法，
如图 8-59 所示。

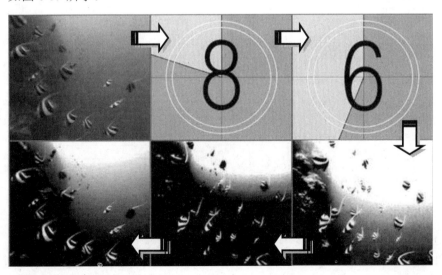

图 8-59 最终效果图

操作步骤

1 新建项目。启动 Premiere，在弹出的【欢迎界面】对话框中选择【新建项目】选项，如图 8-60 所示。

图 8-60 选择新建项目

2 在弹出的【新建项目】对话框中设置相应选项，单击【确定】按钮，如图 8-61 所示。

图 8-61 设置选项

3 新建序列。执行【文件】I【新建】I【序列】命令，打开 DV-PAL 文件夹，选择标准32kHz，单击【确定】按钮，如图 8-62 所示。

4 执行【文件】I【导入】命令，在弹出的【导入】对话框中，选择导入素材，单击【打开】按钮，如图 8-63 所示。

5 单击【项目】面板底部的【新建项】按钮，在其级联菜单中选择【通用倒计时片头】命

令，如图 8-64 所示。

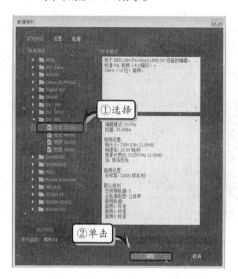

图 8-62 新建序列

图 8-63 打开素材

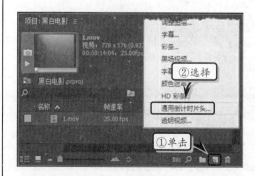

图 8-64 新建通用倒计时片头

6 在弹出的【新建通用倒计时片头】对话框中，设置相应选项，单击【确定】按钮，如图 8-65 所示。

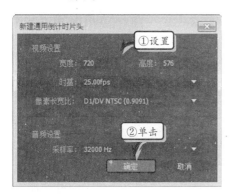

图 8-65 设置选项

7 在弹出的【新建通用倒计时片头】对话框中启用【音频】选项组中的【在每秒都响提示音】选项，单击【确定】按钮，如图 8-66 所示。

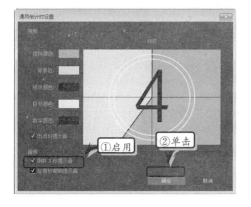

图 8-66 启用选项

8 然后，将"通用倒计时"素材添加到【时间轴】面板中的 V1 轨道中，如图 8-67 所示。

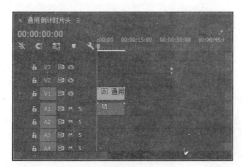

图 8-67 添加视频

9 制作黑白电影效果。将"1.mov"素材添加到【时间轴】面板中的 V1 轨道中，并选择该素材，如图 8-68 所示。

图 8-68 添加素材视频

10 在【效果】面板中，展开【视频效果】下的【调整】效果组，双击"提取"效果，将其添加到该素材中，如图 8-69 所示。

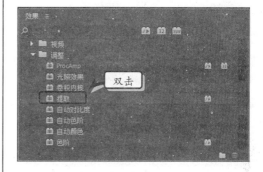

图 8-69 添加视频效果

11 在【效果控件】面板中将【输入黑色阶】设置为 90，将【输入白色阶】设置为 200，将【柔和度】设置为 80，如图 8-70 所示。

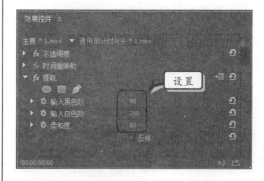

图 8-70 设置参数

[12] 最后，在节目监视器面板中，单击【播放-停止切换】按钮，预览影片效果，如图 8-71 所示。

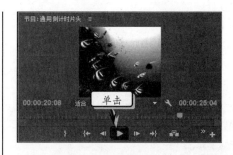

图 8-71 查看视频

8.7 课堂练习：油画欣赏

在 Premiere 中，不仅可以通过添加视频过渡效果让图片之间的衔接更加自然流畅，而且还可以通过为图片添加一些视频特效，使视频效果更好、更具有观赏性。除此之外，为了凸显视频的独特性和完整性，还需要使用创建素材功能为视频制作绚丽多彩的片头字幕。本练习将通过制作一段油画动态显示效果来详细介绍视频过渡、视频效果以及创建素材等功能的使用方法和操作技巧，如图 8-72 所示。

图 8-72 最终效果图

操作步骤

[1] 新建项目。启动 Premiere，在弹出的【欢迎界面】对话框中，选择【新建项目】选项，如图 8-73 所示。

[2] 在弹出的【新建项目】对话框中，设置相应选项，并单击【确定】按钮，如图 8-74 所示。

图 8-73 新建项目

图 8-74 设置选项

③ 导入素材。双击【项目】面板中的空白区域，在弹出的【导入】对话框中选择导入素材，单击【打开】按钮，如图 8-75 所示。

图 8-75 导入素材

④ 在【项目】面板中选择所有素材，拖动素材至【时间轴】面板中，添加素材并调整素材的持续播放时间，如图 8-76 所示。

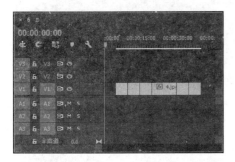

图 8-76 添加素材

⑤ 创建黑场视频素材。在【项目】面板中，单击【新建项】按钮，在展开的菜单中选择【黑场视频】选项，如图 8-77 所示。

图 8-77 创建黑场视频素材

⑥ 在弹出的【创建黑场视频】对话框中设置相应选项，单击【确定】按钮，如图 8-78 所示。

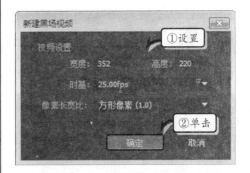

图 8-78 设置选项

⑦ 将创建的"黑场视频"素材添加到【时间轴】面板中的 V1 轨道中，并调整其余素材的播放位置，如图 8-79 所示。

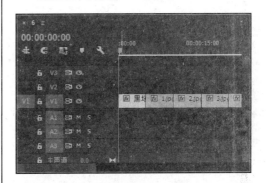

图 8-79 添加黑场视频素材

⑧ 选择"黑场视频"素材，在【效果】面板中，展开【视频效果】下的【生成】效果组，双击"镜头光晕"效果，将该效果添加到素材中，如图 8-80 所示。

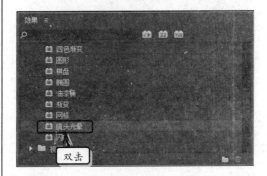

图 8-80 添加效果

9 将"当前时间指示器"调整至视频开始处，在【效果控件】面板中设置相应选项，单击【光晕中心】选项左侧的【切换动画】按钮，并设置其参数值，如图8-81所示。

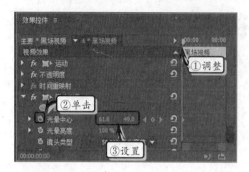

图8-81 设置选项参数

10 将"当前时间指示器"调整为00:00:01:09，在【效果控件】面板中设置【光晕中心】选项参数，如图8-82所示。

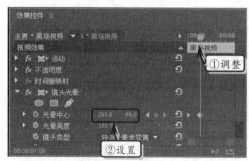

图8-82 设置选项参数

11 将"当前时间指示器"调整为00:00:02:09，在【效果控件】面板中设置【光晕中心】选项参数，如图8-83所示。

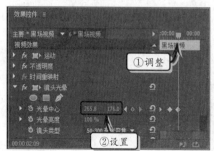

图8-83 设置选项参数

12 将"当前时间指示器"调整为00:00:03:20，在【效果控件】面板中设置【光晕中心】选项参数，如图8-84所示。

图8-84 设置选项参数

13 创建字幕素材。在【项目】面板中，单击【新建】按钮，在展开的菜单中选择【字幕】选项，如图8-85所示。

图8-85 新建字幕素材

14 在弹出的【新建字幕】对话框中设置相应选项，单击【确定】按钮，如图8-86所示。

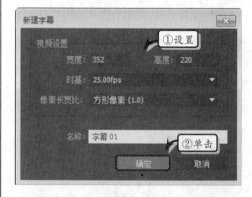

图8-86 设置选项

15 在【字幕】面板中输入字幕文本，并在【字幕属性】面板中的【属性】效果组中设置文本的字体效果，如图8-87所示。

图 8-87 设置字体效果

16 启用【填充】复选框，将【填充类型】设置
为"四色渐变"，如图 8-88 所示。

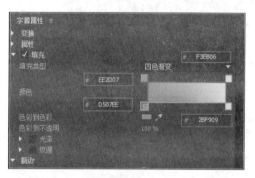

图 8-88 设置填充效果

17 将字幕素材添加到 V2 轨道中，为其添加【扭
曲】效果组中的"波形变形"效果，并在【效
果控件】面板中设置各效果选项，如图 8-89
所示。

图 8-89 设置选项参数

18 设置图片视频效果。选择第 1 张图片，在【效
果】面板中展开【视频效果】下的【图像控
制】效果组，双击【颜色平衡（RGB）】效
果，如图 8-90 所示。

图 8-90 设置视频效果

19 将"当前时间指示器"调整为 00:00:05:00，
在【效果控件】面板中，分别单击【红色】、
【绿色】和【蓝色】选项左侧的【切换动画】
按钮，设置其参数值，如图 8-91 所示。

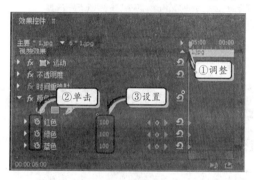

图 8-91 设置选项参数

20 将"当前时间指示器"调整为 00:00:09:00，
在【效果控件】面板中，分别设置【红色】、
【绿色】和【蓝色】选项参数值，如图 8-92
所示。

图 8-92 设置选项参数

21 选择第 2 张图片，在【效果】面板中展开【视
频效果】下的【扭曲】效果组，双击"球面
化"效果，如图 8-93 所示。

图 8-93 设置视频效果

22 将"当前时间指示器"调整为 00:00:10:05，在【效果控件】面板中分别单击【半径】和【球面中心】选项左侧的【切换动画】按钮，设置其选项参数，如图 8-94 所示。

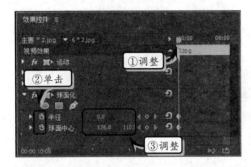

图 8-94 设置选项参数

23 将"当前时间指示器"调整为 00:00:13:10，设置【半径】和【球面中心】选项参数。使用同样的方法，为其他图片素材添加效果和动画帧，如图 8-95 所示。

24 设置视频过渡效果。在【效果】面板中展开【视频过渡】下的【溶解】效果组，将"叠加溶解"效果拖动到第 1 张和第 2 张图片中间，如图 8-96 所示。

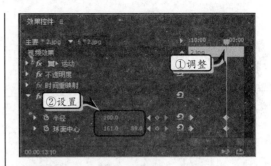

图 8-95 设置选项参数

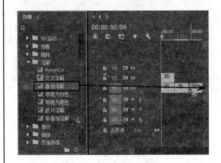

图 8-96 添加视频过渡

25 然后，在【效果控件】面板中设置【持续时间】和【对齐】选项，使用同样的方法，在其他图片链接处添加视频过渡效果，如图 8-97 所示。

图 8-97 设置选项

8.8 思考与练习

一、填空题

1. 光是电磁波的一部分，可见光的波长大致为 400~700_____，因此该范围又被称为可视光线区域。

2. _____指色彩的相貌，是区别色彩种类的名称，根据不同光线的波长进行划分。

3. _____视频效果能够通过调整素材内的 R、G、B 颜色通道，达到更改色相、调整画面色彩和校正颜色的目的。

4. 阴影/高光视频效果能够基于_____或高光区域，使其局部相邻像素的亮度提高或降

Premiere Pro CC 2015 中文版标准教程

低，从而达到校正由强逆光而形成的剪影画面。

5. _____视频效果的功能是将用户指定颜色及其相近色之外的彩色区域全部变为灰度图像。

6. Lumetri 预设是 Premiere Pro CC 中新增的视频效果，它只能在 Premiere 中应用到_____中，而不能进行编辑。

二、选择题

1. _____色彩模式是工业界的一种颜色标准，其原理是通过对红（Red）、绿（Green）、蓝（Blue）这 3 种颜色通道的变化，以及它们相互之间的叠加来得到各式各样的颜色。

    A．RGB

    B．CMYK

    C．HLS

    D．HSB

2. 在下列选项中，符合"其作用是通过调整画面的灰度级别，从而达到改善图像显示效果，优化图像质量的目的。"描述信息的是_____？

    A．色彩匹配

    B．灰度系数校正

    C．RGB 曲线

    D．脱色

3. Premiere 中的光照效果视频效果共为用户准备了 3 种灯光类型，不包括下列哪种类型的灯光_____？

    A．全光源

    B．点光源

    C．平行光

    D．天光

4. 在应用提取视频效果后，若要更改画面内的黑色像素数量，则应当更改下面的哪个选项_____？

    A．输入黑色阶

    B．输入白色阶

    C．柔和度

    D．反相

5.【亮度曲线】视频效果为用户提供的控制方式是_____。

    A．色阶调整图

    B．曲线调整图

    C．坐标调整图

    D．角度调整图

6. "卷积内核"视频效果的原理是通过改变画面内各个像素的亮度值来实现某些特殊效果，在其【效果控件】面板中，M11~M33 这____项参数全部用于控制像素亮度。

    A．23

    B．3

    C．9

    D．11

三、问答题

1. 简单介绍 Premiere 中的几种颜色模式。

2. 什么效果能够改变画面中的明暗关系？分别有哪些？

3. 颜色平衡与颜色平衡（HLS）效果有什么区别？

4. 提取视频效果与色调视频效果间的差别是什么？

四、上机练习

1．设置颜色过滤效果

首先新建项目并将素材添加到【时间轴】面板中。然后，将"颜色过滤"效果添加到素材中，在【效果控件】面板中启用【反转】复选框。最后，在 00:00:00:00 位置处，单击【相似性】选项【切换动画】按钮，并将其参数值设置为 0，在 00:00:04:05 位置处，将【相似性】参数设置为 100，如图 8-98 所示。

  图 8-98 颜色过滤效果

2．替换图片颜色

首先新建项目，将图片素材添加到【时间轴】

面板中，然后，在【效果】面板中，展开【视频效果】下的【图像控制】效果组，将"颜色替换"效果添加到素材中，并在【效果控件】面板中设置基础参数。最后，在 00:00:00:00 位置处，将【相似性】设置为 0，在 00:00:02:00 位置处，将【相似性】设置为 55，在 00:00:03:15 位置处，将【相似性】设置为 60，在 00:00:03:15 位置处，将【相似性】设置为 70，如图 8-99 所示。

图 8-99 颜色替换效果

第 9 章

创建字幕

字幕是影视作品中的重要组成部分，能够帮助观众更好地理解影片的含义。此外，在各式各样的广告中，精美的字幕不仅能够起到为影片增光添彩的作用，还能够快速地、直接地向观众传达信息。本章除了会对 Premiere 字幕创建工具进行讲解外，还将对 Premiere 文本字幕和图形对象的创建方法，以及字幕样式的使用方法和字幕效果的编辑与制作过程进行介绍，以帮助用户更好地理解字幕的强大功能。

本章学习要点：

➤ 概述
➤ 应用图形字幕对象
➤ 设置字幕基本属性
➤ 设置填充与描边效果
➤ 设置阴影与背景效果
➤ 设置字幕样式

9.1　创建字幕概述

字幕是指在视频素材和图片素材之外，由用户自行创建的可视化元素，例如文字、图形等。在 Premiere 中，用户不仅可以创建静态文本字幕，而且还可以创建滚动式的动态字幕。

9.1.1　字幕工作区

Premiere 为字幕准备了一个与音视频编辑区域完全隔离的字幕工作区，以便用户能够专注于字幕的创建工作。

执行【字幕】|【新建字幕】|【默认静态字幕】命令，在弹出的【新建字幕】对话框

中，设置字幕尺寸和名称，单击【确定】按钮，即可弹出字幕工作区，如图 9-1 所示。

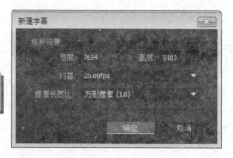

提 示

用户也可以执行【文件】|【新建】|【字幕】命令，打开【新建字幕】对话框。

然后，在打开的工作区中使用默认工具，在显示素材画面的区域内单击鼠标，即可输入文字内容，字幕工作区如图 9-2 所示。

图 9-1　新建字幕对话框

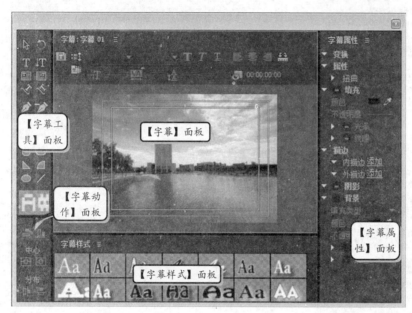

图 9-2　Premiere 字幕工作区

1.【字幕】面板

【字幕】面板是创建、编辑字幕的主要工作场所，不仅可在该面板内直观地了解字幕应用于影片后的效果，还可直接对其进行修改。

【字幕】面板可分为"属性栏"和"编辑窗口"两部分，其中"编辑窗口"是创建和编辑字幕的区域，而"属性栏"内则包含【字体】、【字体样式】等字幕对象的常见属性设置项，如图 9-3 所示。

2.【字幕工具】面板

图 9-3　【字幕】面板的组成

【字幕工具】面板内放置着制作和编辑字幕时所要用到的工具，包括选择工具、旋转工具、钢笔工具等 10 余种工具，每种工具的具体功能如表 9-1 所示。

表 9-1　字幕工具功能表

图标	名　称	功　能
	选择工具	用于选择文本对象
	旋转工具	用于对文本进行旋转操作
	文字工具	用于输入水平方向上的文字
	垂直文字工具	用于在垂直方向上输入文字
	区域文字工具	用于在水平方向上输入多行文字
	垂直区域文字工具	用于在垂直方向上输入多行文字
	路径文字工具	可沿弯曲的路径输入平行于路径的文本
	垂直路径文字工具	可沿弯曲的路径输入垂直于路径的文本
	钢笔工具	用于创建和调整路径
	删除锚点工具	用于减少路径上的节点
	添加锚点工具	用于添加路径上的结点
	转换锚点工具	通过调整节点上的控制柄，达到调整路径形状的作用
	矩形工具	用于绘制矩形图形，配合 Shift 键使用时可绘制正方形
	圆角矩形工具	用于绘制圆角矩形，配合 Shift 键使用后可绘制出长宽相同的圆角矩形
	切角矩形工具	用于绘制八边形，配合 Shift 键后可绘制出正八边形
	圆角矩形工具	用于绘制形状类似于胶囊的图形，所绘图形与圆角矩形图形的差别在于：圆角矩形图形具有 4 条直线边，而圆矩形图形只有 2 条直线边
	楔形工具	用于绘制不同样式的三角形
	弧形工具	用于绘制封闭的弧形对象
	椭圆工具	用于绘制椭圆形
	直线工具	用于绘制直线

3.【字幕动作】面板

【字幕动作】面板中的工具用于对齐或排列【字幕】面板中编辑窗口中的所选对象。其中，各工具的具体作用如表 9-2 所述。

表 9-2　对齐与分布工具按钮的作用

	名　称	作　用
对齐	水平靠左	所选对象以最左侧对象的左边线为基准进行对齐
	水平居中	所选对象以中间对象的水平中线为基准进行对齐
	水平靠右	所选对象以最右侧对象的右边线为基准进行对齐
	垂直靠上	所选对象以最上方对象的顶边线为基准进行对齐
	垂直居中	所选对象以中间对象的垂直中线为基准进行对齐
	垂直靠下	所选对象以最下方对象的底边线为基准进行对齐
中心	水平居中	在垂直方向上，与视频画面的水平中心保持一致
	垂直居中	在水平方向上，与视频画面的垂直中心保持一致
分布	水平靠左	以左右两侧对象的左边线为界，使相邻对象左边线的间距保持一致
	水平居中	以左右两侧对象的垂直中心线为界，使相邻对象中心线的间距保持一致
	水平靠右	以左右两侧对象的右边线为界，使相邻对象右边线的间距保持一致

名称		作用
分布	水平等距离间隔	以左右两侧对象为界，使相邻对象的垂直间距保持一致
	垂直靠上	以上下两侧对象的顶边线为界，使相邻对象顶边线的间距保持一致
	垂直居中	以上下两侧对象的水平中心线为界，使相邻对象中心线的间距保持一致
	垂直靠下	以上下两侧对象的底边线为界，使相邻对象底边线的间距保持一致
	垂直等距离间隔	以上下两侧对象为界，使相邻对象的水平间距保持一致

注 意

至少应选择2个对象后，【对齐】选项组内的工具才会被激活，而【分布】选项组内的工具则至少要在选择3个对象后才会被激活。

4.【字幕样式】面板

【字幕样式】该面板存放着Premiere 内的各种预置字幕样式，可应用于所有字幕对象，包括文本与图形。利用这些字幕样式，用户只需选择所创建的字幕文本，单击【字幕样式】面板中相应的样式，即可快速获得各种精美的字幕素材，如图9-4所示。

图 9-4 字幕样式面板

5.【字幕属性】面板

【字幕属性】面板中放置了与字幕内各对象相关的选项，不仅放置了对字幕的位置、大小、颜色等基本属性进行调整的基本属性，而且还放置了为其定制描边与阴影效果的高级属性，如图9-5所示。

9.1.2 创建各种类型字幕

文本字幕分为多种类型，除基本的水平字幕和垂直文本字幕外，Premiere 能够创建路径文本字幕，以及动态字幕。

1. 创建水平文本字幕

水平文本字幕是指沿水平方向进行分布的字幕类型。首先，在【字幕工具】面板中选择【文字工具】T。然后，在【字幕】面板中单击编辑窗口中的任意位置，直接输入字幕文字，即可创建水平文本字幕，如图9-6所示。

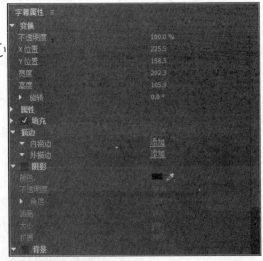

图 9-5 调整字幕属性

在输入文本内容的过程中，用户可通过按【回车】键的方法来实现换行操作，从而使接下来的内容另起一行。

此外，用户还可以选择【文本工具】面板中的【区域文字工具】，在编辑窗口内绘制文本框，输入文字内容后即可创建水平多行文本字幕，如图9-7所示。

在实际应用中，虽然使用【文本工具】时只需按下【回车】键即可获得多行文本效果，但仍旧与【区域文字工具】所创建的水平多行文本字幕有着本质的区别。例如，当使用【选择工具】拖动文本字幕的角点时，字幕文字将会随角

图 9-6　创建水平文本字幕

点位置的变化而变形；但在使用相同方法调整多行文本字幕时，只是文本框的形状发生变化，从而使文本的位置发生变化，但文字本身却不会有什么改变，如图9-8所示。

图 9-7　创建水平多行文本字幕

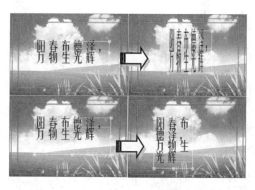

图 9-8　不同水平文本字幕间的差别

2. 创建垂直文本字幕

垂直类文本字幕的创建方法与水平类文本字幕的创建方法极为类似。用户可以使用【垂直文字工具】在编辑窗口内单击后，输入相应的文字内容即可；或者使用【垂直区域文字工具】在编辑窗口内绘制文本框后，输入相应文字即可，如图9-9所示。

提　示

无论是普通的垂直文本字幕，还是垂直多行文本字幕，其阅读顺序都是从上至下、从右至左。

图 9-9　创建垂直类文本字幕

3．创建路径文本字幕

路径文本字幕可以通过调整路径形状而改变文本字幕的整体形态。

首先，在【字幕工具】面板中，选择【路径文字工具】 。然后单击字幕编辑窗口内的任意位置，创建路径中的第一个节点。使用相同方法创建路径中的第二个节点，并通过调整节点上的控制柄来修改路径形状，如图9-10所示。

完成路径的绘制后，使用相同的工具在路径中单击，直接输入文本内容，即可完成路径文本的创建，如图9-11所示。

运用相同方法，使用【垂直路径文字工具】 ，则可创建出沿路径垂直方向的文本字幕，如图9-12所示。

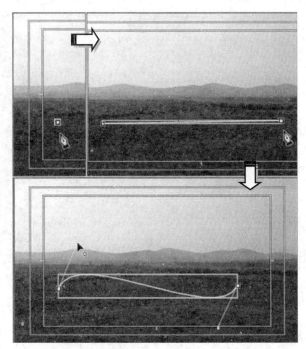

图 9-10　绘制路径

图 9-11　创建路径文本

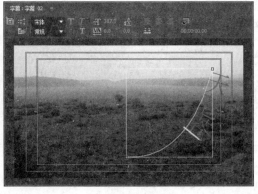

图 9-12　创建垂直路径文字

注　意

创建路径文本字幕时必须重新创建路径，而无法在现有路径的基础上添加文本。

4．创建动态字幕

在 Premiere 内，除了可以创建静态字幕之外，还可以创建本身即可运动的动态字幕，包括游动字幕和滚动字幕两种类型。

1）创建游动字幕

游动字幕是指在屏幕上进行水平运动的动态字幕，它可分为"从左至右游动"和"从右至左游动"两种方式。其中，在 Premiere 主界面中，执行【字幕】|【新建字幕】|【默

认游动字幕】命令，在弹出的【新建字幕】对话框中设置字幕素材的各项属性，单击【确定】按钮，如图 9-13 所示。

在打开的【字幕】面板中按照静态字幕的创建方法，创建静态字幕。然后，选择字幕文本，执行【字幕】|【滚动/游动选项】命令，在弹出的【滚动/滚动选项】对话框中启用【开始于屏幕外】和【结束于屏幕外】复选框，单击【确定】按钮，如图 9-14 所示。

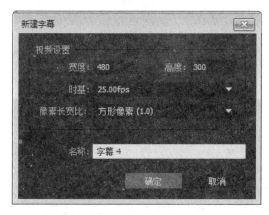

图 9-13　设置游动字幕属性　　　图 9-14　调整字幕游动设置

在【滚动/游动选项】对话框中，各选项的含义及其作用如表 9-3 所示。

表 9-3　【滚动/游动选项】对话框内各选项的作用

选 项 组	选 项 名 称	作　　用
字幕类型	静止图像	将字幕设置为静态字幕
	滚动	将字幕设置为滚动字幕
	向左游动	设置字幕从右向左运动
	向右游动	设置字幕从左向右运动
时间（帧）	开始于屏幕外	将字幕运动的起始位置设于屏幕外侧
	结束于屏幕外	将字幕运动的结束位置设于屏幕外侧
	预卷	字幕在运动之前保持静止的帧数
	缓入	字幕在到达正常播放速度之前，逐渐加速的帧数
	缓出	字幕在即将结束之时，逐渐减速的帧数
	过卷	字幕在运动之后保持静止的帧数

2）创建滚动字幕

滚动字幕的效果是从屏幕下方逐渐向上运动，在影视节目制作中多用于节目末尾演职员表的制作。

在 Premiere 中，执行【字幕】|【新建字幕】|【默认滚动字幕】命令，并在弹出的【新建字幕】对话框内设置字幕素材的属性，如图 9-15 所示。

然后，参照静态字幕的创建方法，在字幕工作区内创建滚动字幕。然后执行【字幕】|【滚动/游动选项】命令，设置其选项，如图 9-16 所示。

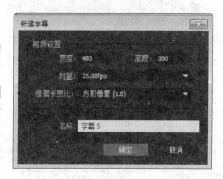

图 9-15　设置字幕滚动属性

单击对话框内的【确定】按钮后，即可完成游动字幕的创建工作。此时，便可将其添加至【时间轴】面板内，并预览其效果，如图 9-17 所示。

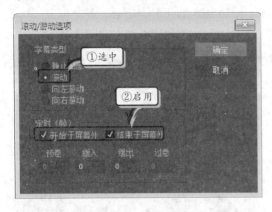

图 9-16 调整字幕滚动设置

图 9-17 滚动字幕效果

9.2 应用图形字幕对象

在 Premiere 中，图形字幕对象主要通过【矩形工具】▣、【圆角矩形工具】▣、【切角矩形工具】◙等绘图工具绘制而成。本节将详细创建图形对象，以及对图形对象进行变形和风格化处理时的操作方法。

9.2.1 绘制图形

任何使用 Premier 绘图工具可直接绘制出来的图形，都称为基本图形。而且，所有 Premiere 基本图形的创建方法都相同，只需选择某一绘制工具后，在字幕编辑窗口内单击并拖动鼠标，即可创建相应的图形字幕对象，如图 9-18 所示。

在选择绘制的图形字幕对象后，还可在【字幕属性】面板内的【属性】选项组中，通过选择【绘图类型】下拉列表内的选项，将一种基本图形转化为其他基本图形，如图 9-19 所示。

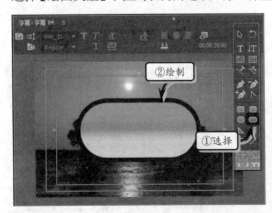

图 9-18 绘制基本图形

图 9-19 转换基本图形

9.2.2 贝塞尔曲线工具

在创建字幕的过程中，仅仅依靠 Premiere 所提供的绘图工具往往无法满足图形绘制的需求。此时，用户可通过变形图形对象，并配合使用【钢笔工具】、【转换锚点工具】等工具，实现创建复杂图形字幕对象的目的。

1. 新建遮罩素材

首先执行【文件】|【新建】|【颜色遮罩】命令，在弹出的【新建颜色遮罩】对话框中设置相应选项，单击【确定】按钮，如图 9-20 所示。

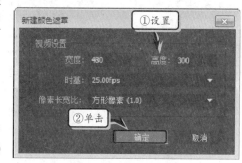

图 9-20　新建颜色遮罩对话框

此时，系统会自动弹出【拾色器】对话框。在该对话框中设置遮罩颜色，单击【确定】按钮，如图 9-21 所示。

然后，在弹出的【选择名称】对话框中设置遮罩名称，单击【确定】按钮，并将创建的颜色遮罩素材导入【时间轴】面板内的轨迹中，如图 9-22 所示。

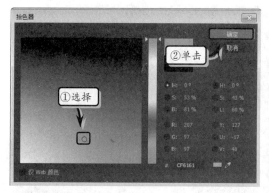

图 9-21　创建颜色遮罩

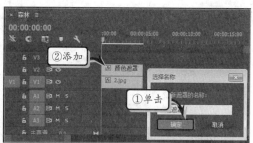

图 9-22　创建颜色遮罩

2. 绘制字幕

新建字幕，并在【字幕工具】面板中选择【钢笔工具】。然后，在【字幕】面板的绘制区内创建第一个路径节点，如图 9-23 所示。

在创建节点时，按下鼠标左键后拖动鼠标，可以调出该节点的两个节点控制柄，从而便于随后对路径的调整操作。

使用相同方法，连续创建多个带有节点控制柄的路径节点，并使其形成字幕图形的基本外轮廓，如图 9-24 所示。

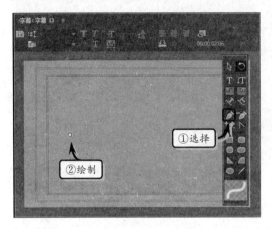

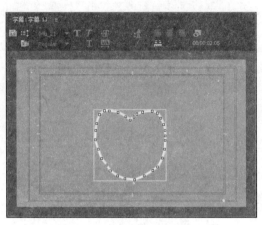

图 9-23　创建路径节点　　　　图 9-24　绘制路径

然后，在【字幕工具】面板内选择【转换定位点工具】后，调整各个路径节点的节点控制柄，从而改变字幕对象外轮廓的形状，如图 9-25 所示。

用户还可以使用【添加锚点工具】单击当前路径后，在当前路径上添加一个新的节点；或者使用【删除锚点工具】单击当前路径上的路径节点后，即可以删除这些节点。

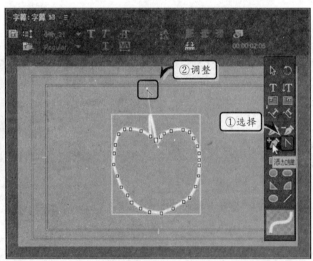

图 9-25　调整路径节点

3. 插入徽标

Premiere 为了弥补其绘图功能的不足，特内置了导入标记元素功能，以方便用户将图形或照片导入字幕工作区内，并将其作为字幕的创作元素进行使用，从而满足用于创建精美字幕的需求。

首先，执行【文件】|【新建】|【字幕】命令，新建一个字幕。然后，右击【字幕】面板内的字幕编辑窗口区域，执行【图形】|【插入图形】命令，如图 9-26 所示。

在弹出的【导入图形】对话框中，选择所要添加的照片或图形文件，单击【打开】按钮，即可将所选素材文件作为标记元素导入到字幕工作区内，如图 9-27 所示。

最后，添加字幕文本，并设置其属性即可。图形在作为标记导入 Premiere 后会遮盖其下方的内容，因此当需要导入非矩形形状的标记时，必须将图形文件内非标记部分设置为透明背景，以便正常显示这些区域下的视频画面。

图 9-26　插入图形

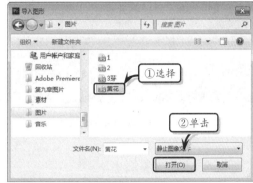

图 9-27　导入标记素材

9.3　编辑字幕属性

字幕的创建离不开字幕属性的设置，只有对【变换】、【填充】、【描边】等选项组内的各个参数进行精心调整后，才能够获得各种精美的字幕。

9.3.1　设置基本属性

基本属性包括"变换"和"属性"2 种属性选项组，主要用于设置字幕文本的宽度、高度、字体样式、字体样式等基础样式设置。

1.　设置变换属性

在【字幕属性】面板中的【变换】选项组中，用户可以对字幕在屏幕画面中的位置、尺寸大小与角度等属性进行调整，如图 9-28 所示。

图 9-28　设置文本变换属性

【变换】选项组中各参数选项的作用如下所述。

- ❏ 【不透明度】　决定字幕对象的透明程度，为 0 时完全透明，100%时不透明，如图 9-29 所示。
- ❏ "Y/X 位置"　【X 位置】选项用于控制对象中心距画面原点的水平距离，而【Y 位置】选项是用于控制对象中心距画面原点的垂直距离。
- ❏ "宽度/高度"　【宽度】选项用调整对象最左侧至最右侧的距离，而【高度】选项则用调整对象最顶部至最底部的距离。
- ❏ 【旋转】　控制对象的旋转对象，默认为 0°，即不旋转。输入数值，或者单击下方的角度圆盘，即可改变文本显示角度。

图 9-29 不同不透明度的效果

2. 设置文本属性

在【字幕属性】面板中的【属性】选项
组中，用户可以调整字幕文本的字体类型、
大小、颜色等基本属性。

其中，【字体】选项用于设置字体的类型，
即可直接在【字体】列表框内输入字体名称，
也可在单击该选项的下拉按钮后，在弹出的
【字体】下拉列表内选择合适的字体类型，如
图 9-30 所示。

根据字体类型的不同，某些字体拥有多
种不同的形态效果，而【字体样式】选项便
用于指定当前所要显示的字体形态。

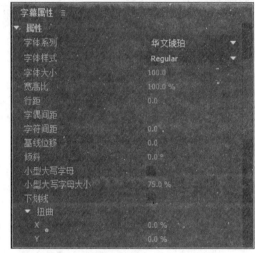

图 9-30 设置文本属性

提 示

其【字体样式】选项并不是一成不变的，它会根据【字体类型】选项的改变而改变，但大多数字体
仅拥有 Regular 样式。

【字体大小】选项用于控制文本的尺寸，其取值越大，则字体的尺寸越大；反之，则
越小。而【宽高比】选项则是通过改变字体宽度来改变字体的宽高比，其取值大于 100%
时，字体将变宽；当取值小于 100% 时，字体将变窄，如图 9-31 所示。

图 9-31 不同字体大小的效果

【字幕属性】选项组中其他选项的具体功能如下所述。

- 【行距】 用于设置文本行与文本行之间的距离。

- 【字偶间距】 用于调整字与字之间的距离。

- 【字符间距】 用于调整字与字之间位置的宽度。随着参数值的增大，字幕的右边界逐渐远离最右侧文字的右边界，而调整【字偶间距】选项不会出现上述情况。

- 【基线位移】 用于设置文字基线的位置，通常在配合【字体大小】选项后用于创建上标文字或下标文字。

- 【倾斜】 用于调整字体的倾斜程度，其取值越大，字体所倾斜的角度也就越大。

- 【小型大写字母】 启用该选项后，当前所选择的小写英文字母将被转化为大写英文字母。

- 【小型大写字母大小】 用于调整转化后大写英文字母的字体大小。

- 【下划线】 启用该复选框，可在当前字幕或当前所选字幕文本的下方添加一条直线。

- 【扭曲】 在该选项中，分别通过调整 X 和 Y 选项的参数值，便可起到让文字变形的效果。其中，当 X 项的取值小于 0 时，文字顶部宽度减小的程度会大于底部宽度减小的程度，此时文字会呈现出一种金字塔般的形状；当 X 项的取值大于 0 时，文字则会呈现出一种顶大底小的倒金字塔形状，如图 9-32 所示。

图 9-32 扭曲属性效果

9.3.2 设置填充属性

在【字幕属性】面板中启用【填充】复选框，并对该选项内的各项参数进行调整，即可对字幕的填充颜色进行控制。开启字幕的填充效果后，单击【填充类型】下拉按钮，可在其下拉列表中选择填充样式。

1. 渐变类填充

渐变类填充包括"线性渐变"、"径向渐变"和"四色渐变"3 种类型，不同类型的渐变效果拥有不同种类的渐变颜色，其主要功能是从一种颜色渐变到另外一种或两种以上的颜色。

1）线性渐变

【线性渐变】填充是从一种颜色逐渐过渡到另一种颜色的填充方式。用户可通过双击游标，在弹出的【拾色器】中设置不同渐变颜色，即可得到渐变效果。除此之外，还可以通过设置【角度】参数值，来调整渐变的方向，如图 9-33 所示。

【线性渐变】填充类型中的各属性选项的具体功能如下所述。

图 9-33　【线性渐变】效果

❑ 【颜色】 该选项通过一条含有两个游标的色度滑杆来进行调整，色度滑杆的颜色便是字幕填充色彩。在色度滑杆上，游标的作用是确定线性渐变色彩在字幕上的位置分布情况。

❑ 【色彩到色彩】 该选项的作用是调整线性渐变填充的颜色。在【色彩】色度滑杆上选择某一游标后，单击【色彩到色彩】色块，即可在弹出对话框内设置线性渐变中的一种填充色彩；选择另一游标后，使用相同方法，即可设置线性渐变中的另一种填充色彩。

❑ 【色彩到不透明】 用于设置当前游标所代表填充色彩的透明度，100%为完全不透明，0 为完全透明。

❑ 【角度】 用于设置线性渐变填充中的色彩渐变方向。

❑ 【重复】 用于控制线性渐变在字幕上的重复排列次数，其默认取值为 0，表示仅在字幕上进行 1 次线性色彩渐变；在将其取值调整为 1 后，Premiere 将会在字幕上填充 2 次线性色彩渐变；如果【重复】选项的取值为 2，则进行 3 次线性渐变填充，其他取值效果可依次类推。

2）径向渐变

【径向渐变】填充也是从一种颜色逐渐过渡至另一颜色的填充样式，但该填充效果会将某一点作为中心点后，然后向四周扩散到另一颜色，如图 9-34 所示。

【径向渐变】填充的选项及选项含义与"线性渐变"填充样式的选项完全相同，因此其设置方法在此不再进行详细介绍。但是，由于"径向渐变"是从中心向四周均匀过渡的渐变效果，因而在此处调整【角度】选项不会影响放射渐变的填充效果。

图 9-34　【径向渐变】效果

3）四色渐变

【四色渐变】填充类型具有 4 种渐变色彩，从而便于实现更为复杂的色彩渐变。【色彩】颜色条 4 角的色块分别用于控制填充目标对应位置处的颜色，整体填充效果则由这4 种颜色共同决定，如图 9-35 所示。

2. 其他渐变类型

在 Premiere 中的填充效果中，除了包含 3 种渐变填充类型之外，还包括【实底】、【斜面】、【消除】和【重影】4 种不同的填充样式。其中，不同的填充方式，所得到的显示效果也不尽相同。

1）实底

【实底】又称单色填充，即字体内仅填充有一种颜色。用户可通过单击【色彩】色块，在弹出对话框内选择字幕的填充色彩，如图 9-36 所示。

2）斜面

图 9-35　【四色渐变】效果

在【斜面】填充类型中，Premier 通过为字幕对象设置阴影色彩的方式，来模拟一种中间较高，边缘逐渐降低的三维浮雕效果，如图 9-37 所示。

图 9-36　【实底】填充类型效果　　　　图 9-37　【斜面】填充类型效果

其中，【斜面】填充类型中各属性选项的具体功能如下所述。

- 【高光颜色】　用于设置字幕文本的主体颜色，即字幕内"较高"部分的颜色。
- 【光不透明度】　用于调整字幕主体颜色的透明程度。
- 【阴影颜色】　用于设置字幕文本边缘处的颜色，即字幕内"较低"部分的颜色。
- 【阴影不透明度】　用于调整字幕边缘颜色的透明程度。
- 【平衡】　用于控制字幕内"较高"部分与"较低"部分间的落差，效果表现为高亮颜色与阴影颜色之间在过渡时的柔和程度，其取值范围为-100~100。在实际应用中，【平衡】选项的取值越大，高亮颜色与阴影颜色的过渡越柔和，反之则较锐利。
- 【大小】　用于控制高亮颜色与阴影颜色的过渡范围，其取值越大，过渡范围越大；取值越小，则过渡范围越小，其取值范围介于1~200之间。
- 【变亮】　当启用该复选框，可为当前字幕应用灯光效果，此时字幕文本的浮雕效果会更为明显。

- □ **【光照角度】** 用于调整灯光相对于字幕的照射角度。
- □ **【光照强度】** 用于控制灯光的光照强度。取值越小，光照强度越弱，阴影颜色在受光面和背光面的反差越小；反之，则光照强度越强，阴影颜色在受光面和背光面的反差也越大。
- □ **【管状】** 启用该复选框，字幕文本将呈现出一种由圆管环绕后的效果。

3）消除与重影

【消除】与【重影】2 种填充类型都能够实现隐藏字幕的效果。但，【消除】填充类型能够暂时性的"删除"字幕文本，包括其阴影效果；而"重影"填充类型则只能隐藏字幕本身，而不会影响其阴影效果，如图 9-38 所示。

图 9-38 【消除】与【重影】填充类型效果

> **提 示**
>
> 上图所展示的消除与残像填充效果对比图中，黑色轮廓线为描边效果，灰色部分为阴影效果。在消除模式的填充效果图中，灰色部分为黑色轮廓线的阴影，而字幕对象本身的阴影已被隐藏。

3. 纹理

"纹理"属性选项的作用是隐藏字幕本身的填充效果，而显示其他纹理贴图的内容。在启用【纹理化】复选框后，双击【纹理】选项右侧的图标，即可在弹出的【选择纹理图像】对话框中选择纹理图片，如图 9-39 所示。

在【纹理】属性选项组中，还包括【缩放】、【对齐】和【混合】选项组。

图 9-39 【纹理】填充效果

1）缩放

该选项组内的各个参数用于调整纹理图像的长宽比例与大小，如图 9-40 所示。

【纹理】选项组中各属性选项的具体功能如下所述。

- □ "**对象 X/Y**" 用于指定向对象应用纹理时沿 x 或 y 轴拉伸纹理的方式。其中，【纹理】选项不拉伸纹理，而是将纹理应用于对象表面（从左上角到右下角）；

【切面】选项拉伸纹理，以使其适合表面（不含内描边所涵盖的区域）；【面】选项拉伸纹理，以使其与面完全吻合；【扩展字符】选项会添加描边。

❏ "水平/垂直" 可将纹理拉伸到指定百分比。其单一值可能会产生不同的结果，取决于所选的其他缩放选项。范围是从 1%~500%，默认值为 100%。

❏ "平铺 X/Y" 用于控制纹理在水平方向和垂直方向上的填充方式。

2）对齐

该选项组内的各个参数用于调整纹理图像在字幕中的位置，如图 9-41 所示。

图 9-40 【缩放】填充效果　　　图 9-41 【对齐】填充效果

【对齐】选项组中各属性选项的具体功能如下所述。

❏ "对象 X/Y" 用于指定与纹理对齐的对象部分。其中，【滤色】选项可将纹理与标题（而不是对象）对齐，使您可以移动对象而不移动纹理；【切面】选项可将纹理与剪切的区域面（不含内描边的面）对齐；【面】选项可将纹理与常规面对齐，但计算范围时不考虑描边；【扩展字符】选项可将纹理与扩展面（不含外描边的面）对齐。

❏ "规则 X/Y" 可将纹理与【对象 X】和【对象 Y】所指定对象的左上、中心或右下位置对齐。

❏ "偏移 X/Y" 用于指定纹理与计算的应用程序点之间的水平和垂直偏移（以像素为单位）。应用程序点是基于"对象 X/Y"和"规则 X/Y"设置算出的，其范围是介于 -1000~1000 之间，默认值为 0。

3）混合

默认情况下，Premier 会在字幕开启纹理填充功能后，忽略字幕本身的填充效果。不过，【混合】选项组内的各个参数则能够在显示纹理效果的同时，使字幕显现出原本的填充效果，如图 9-42 所示。

图 9-42 【混合】填充效果

【混合】选项组中各属性选项的具体功能如下所述。

- □ 【混合】 用于指定渲染时纹理与常规填充的比率。其取值范围为-100~10 之间。当值为-100 时表示不使用纹理，而主要应用渐变；而当值为 100 时表示只使用纹理；值为 0 时表示均衡使用对象的这两个方面。
- □ 【填充键】 启用该复选框，表示将使用填充键选项设置。
- □ 【纹理键】 启用该复选框，表示将使用纹理键选项设置。
- □ 【Alpha 缩放】 用于重新调整纹理的整体 Alpha 值。通过此选项，可以轻松地将对象设为透明状态。如果 Alpha 通道的范围划分正确，则该选项的作用将类似于透明度滑块。
- □ 【合成规则】 用于指定用于确定透明度的进入纹理通道。大多数情况都是使用 Alpha 通道，如果使用黑红色纹理，则可能需要指定红色通道来在红色区域中施加透明度。
- □ 【反转合成】 用于反转进入 Alpha 值。

4. 光泽

"光泽"属性选项属于字幕填充效果内的通用选项，其功能是在字幕上叠加一层逐渐向两侧淡化的光泽颜色层，从而模拟物体表面的光泽感，如图 9-43 所示。

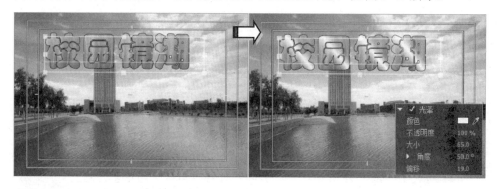

图 9-43 【光泽】填充效果

其中，【光泽】选项组内各个选项参数的作用，如表 9-4 所示。

表 9-2 【光泽】选项组各选项的作用

选 项	作 用
颜色	用于设置光泽颜色层的色彩，可实现模拟有色灯光照射字幕的效果
不透明度	用于设置光泽颜色层的透明程度，可起到控制光泽强弱的作用
大小	用于控制光泽颜色层的宽度，其取值越大，光泽颜色层所覆盖字幕的范围越大；反之，则越小
角度	用于控制光泽颜色层的旋转角度
偏移	用于调整光泽颜色层的基线位置，与【角度】选项配合使用后可使光泽效果出现在字幕上的任意位置

9.3.3 设置描边效果

在 Premiere 中，除了可以设置文本字幕的填充效果之外，还可以设置其描边效果，以增加字幕文本的凸显性。

1. 添加描边

Premiere 将描边分为【内描边】和【外描边】两种类型，【内描边】的效果是从字幕
边缘向内进行扩展，因此会覆盖字幕原有
的填充效果；而【外描边】的效果是从字
幕文本的边缘向外进行扩展，因此会增大
字幕所占据的屏幕范围。

1）添加单个描边

展开【描边】选项组，单击【内描边】
选项右侧的【添加】按钮，即可显示内描
边属性，同时为当前所选字幕对象添加默
认的黑色描边效果，如图 9-44 所示。

外描边的添加方法与内描边的添加方
法相同，用户只需单击【外描边】选项右
侧的【添加】按钮，即可显示外描边属性，同时为当前所选字幕对象添加默认的黑色描
边效果，如图 9-45 所示。

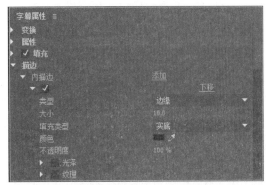

图 9-44 添加内描边

2）添加多重描边

Premiere 为用户提供了多重描边效果，当用户已添加内描边属性之后，再次单击【内
描边】选项右侧的【添加】按钮，即可添加第 2 个内描边属性，如图 9-46 所示。

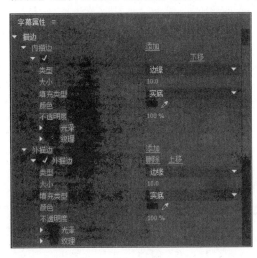

图 9-45 添加外描边

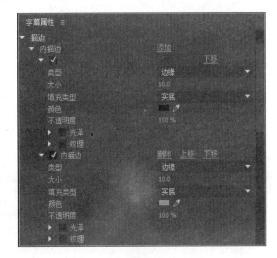

图 9-46 添加多重描边

添加多个描边属性之后，可通过单击每个属性顶部的【删除】按钮，来删除多余的
描边属性。同时，还可以通过单击【上移】或【下移】按钮，来调整不同描边属性的上
下顺序。

2. 设置描边属性

添加描边效果之后，用户还需要通过设置内、外描边属性，来增加字幕文本的凸显

性。描边中的属性选项除了固定的几项之外，其他的选项是跟随【类型】选项的改变而改变的。在【类型】下拉列表中，Premier 根据描边方式的不同提供了【深度】、【边缘】和【凹进】3 种不同选项。

其中，内描边和外描边的属性选项的设置方法和内容是完全相同的，下面以设置外描边为例，详细介绍描边效果的设置方法。

1）深度

在【类型】下拉列表中选择"深度"选项，此时，系统将自动显示有关"深度"类型描边的属性选项，如图 9-47 所示。

创建可以产生凸出效果的深度描边效果，如图 9-48 所示。

图 9-47　【深度】类型描边属性选项　　　　图 9-48　【深度】描边效果

【深度】描边类型下的各属性选项的具体功能如下所述。

❑ 【大小】 用于指定描边的大小。

❑ 【角度】 用于指定描边的偏移角度。

❑ 【填充类型】 用于指定描边的填充类型，包括【实底】、【线性渐变】、【径向渐变】等 7 种类型。

❑ 【颜色】 用于设置描边的填充颜色。

❑ 【不透明度】 用于设置描边的透明性。

提　示

描边属性选项中的【纹理】和【光泽】选项组中各选项的具体含义，请参考【填充】属性中的【纹理】和【光泽】属性选项含义。

2）边缘

在【类型】下拉列表中选择【边缘】选项，创建包含对象内边缘或外边缘的描边效果。此时，系统将自动显示有关【边缘】类型描边的属性选项。该类型的属性选项包含了所有类型下的基础属性选项，用户只需要设置【填充类型】、【颜色】和【大小】选项即可，如图 9-49 所示。

3）凹进

在【类型】下拉列表中选择"凹进"选项，创建具有投影效果的描边效果。此时，系统将自动显示有关"凹进"类型描边的属性选项，创建可以产生凹进效果的深度描边效果，如图 9-50 所示。

图 9-49 "边缘"描边效果　　　图 9-50 "凹进"描边效果

相对于"深度"描边类型来讲，"凹进"描边效果中的属性选项多出一项【强度】选项，而减少一项【大小】选项。【强度】选项，主要用于指定描边的高度，该参数值越大，其描边效果就越"远离"字幕文本，从而凸显描边中的投影效果。

9.3.4　设置阴影与背景效果

阴影和背景效果是一种可选效果，用户只需启用相应的复选框，即可为字幕文本添加该类型的效果。其中，阴影效果是通过为字幕文本添加投影的方式，来凸显字幕文本；而背景效果则是通过更改字幕文本的背景，来达到美化视频字幕的目的。

1. 设置阴影效果

在【字幕属性】面板中，启用【阴影】复选框，即可激活并应用该效果。此时，字幕文本中所显示的阴影效果是系统默认的设置，如图 9-51 所示。

用户可通过设置各属性选项的方法，来增加阴影的美观性，如图 9-52 所示。

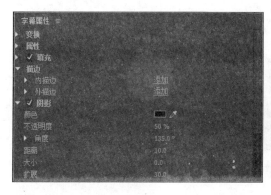

图 9-51 阴影属性选项　　　图 9-52 阴影效果

【阴影】选项组中的各选项的具体功能如下所述。

❑ 【颜色】 用于控制阴影的颜色，用户可根据字幕颜色、视频画面的颜色，以及整个影片的色彩基调等多方面进行考虑，从而最终决定字幕阴影的色彩。

❑ 【不透明度】 控制投影的透明程度。在实际应用中，应适当降低该选项的取值，使阴影呈适当的透明状态，从而获得接近于真实情形的阴影效果。

- ❑ 【角度】 用于控制字幕阴影的投射位置。
- ❑ 【距离】 用于确定阴影与主体间的距离，其取值越大，两者间的距离越远；反之，则越近。
- ❑ 【大小】 默认情况下，字幕阴影与字幕主体的大小相同，而该选项的作用便是在原有字幕阴影的基础上，增大阴影的大小。
- ❑ 【扩展】 用于控制阴影边缘的发散效果，其取值越小，阴影就越为锐利；取值越大，阴影就越为模糊。

2. 设置背景效果

在【字幕属性】面板中，启用【背景】复选框，即可激活并应用该效果。此时，字幕文本中的背景将显示为系统默认的颜色，可通过设置各属性选项的方法来设置字幕背景的显示效果，如图 9-53 所示。

图 9-53 背景属性选项

【背景】选项组中的各选项类似于【填充】效果中的各选项，其具体选项将根据【填充类型】选项的改变而改变。当用户将【填充类型】设置为【径向渐变】选项时，其各属性选项的具体情况如图 9-54 所示。

当用户将【填充类型】设置为【斜面】选项并设置各个选项参数后，其最终效果如图 9-55 所示。

图 9-54 【径向渐变】背景效果

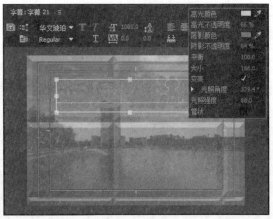

图 9-55 【斜面】填充类型背景效果

9.4 设置字幕样式

字幕样式是 Premiere 预置的字幕属性设置方案，以方便用户快速设置各种样式的字幕属性。在【字幕】面板中，不仅能够应用预设的样式效果，还可以自定义文字样式。

9.4.1 应用样式

在 Premiere 中，字幕样式的应用方法极其简单，只需在输入相应的字幕文本内容后，在【字幕样式】面板内单击某个字幕样式的图标，即可将其应用于当前字幕，如图 9-56 所示。

> **提 示**
>
> 为字幕添加字幕样式后，可在【字幕属性】面板内设置字幕文本的各项属性，从而在字幕样式的基础上获取新的字幕效果。

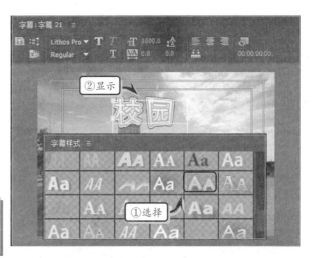

图 9-56　应用字幕样式

如果需要有选择的应用字幕样式所记录的字幕属性，则可在【字幕样式】面板内右击字幕样式预览图，执行【应用带字体大小的样式】或【仅应用样式颜色】命令，如图 9-57 所示。

图 9-57　有选择的应用字幕样式

9.4.2 创建字幕样式

为了进一步提高用户创建字幕时的工作效率，Premiere 还为用户提供了自定义字幕样式的功能，从而方便地将常用的字幕属性配置方案保存起来，易于随后设置相同属性或相近属性的设置。

首先，新建字幕，使用【文字工具】在字幕编辑窗口内输入字幕文本。然后在【字幕属性】面板内调整字幕的字体、字号、颜色，以及填充效果、描边效果和阴影，如图 9-58 所示。

完成后，在【字幕样式】面板内单击【面板菜单】按钮，选择【新建样式】选项。在弹出的【新建样式】对话框中输入字幕样式名称后，单击【确定】按钮，Premier 便会以该名称保存字幕样式，如图 9-59 所示。

图 9-58　输入并设置文字属性

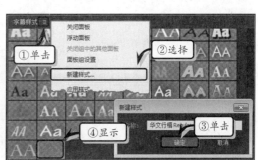

图 9-59　保存自定义字幕样式

9.5 课堂练习：制作动态字幕

字幕是影视节目的重要组成部分，而动态字幕效果是包含静态字幕和游动字幕类型的组合字幕，它们的组合不仅可以为影片增光添彩，而且还可以快速、直接地向观众传达信息。本练习将通过制作一个有关大学生活动掠影的宣传片来详细介绍制作动态字幕效果的操作方法和实用技巧，如图 9-60 所示。

◯ **图 9-60** 最终效果图

操作步骤

1️⃣ 新建项目。启动 Premiere，在弹出的【欢迎界面】对话框中选择【新建项目】选项，如图 9-61 所示。

◯ **图 9-61** 新建项目

2️⃣ 在弹出的【新建项目】对话框中设置相应选项，并单击【确定】按钮，如图 9-62 所示。

3️⃣ 新建序列。执行【文件】|【新建】|【序列】命令，保持默认设置，单击【确定】按钮，如图 9-63 所示。

4️⃣ 执行【文件】|【导入】命令，选择导入素材

并单击【打开】按钮，如图 9-64 所示。

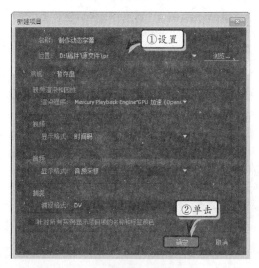

◯ **图 9-62** 设置选项

5️⃣ 添加素材。在【项目】面板中，拖动"背景.avi"至【时间轴】面板中的 V1 轨道中，松开鼠标即可将素材添加到【时间轴】面板中，如图 9-65 所示。

图 9-63 新建序列

图 9-64 导入素材

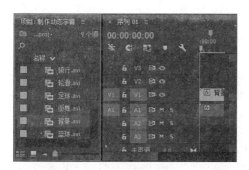

图 9-65 添加背景素材

6. 选择【时间轴】面板中的"背景.avi"素材，在【效果控件】面板中，将【缩放】设置为

120，调整素材的实际大小，如图 9-66 所示。

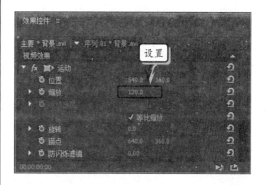

图 9-66 设置参数

7. 将【项目】面板中的各素材，按照设计顺序添加到 V1 轨道中，如图 9-67 所示。

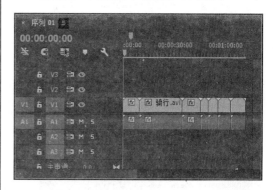

图 9-67 添加素材

8. 选择 V1 轨道中的"背景.avi"素材，右击素材执行【取消链接】命令，取消音视频之间的链接。用同样的方法，取消其他素材的音视频之间的链接，如图 9-68 所示。

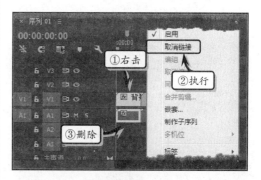

图 9-68 取消链接

9. 添加视频过渡效果。在【效果】面板中，展

开【视频过渡】下的【溶解】效果组,将【交叉溶解】效果拖到 V1 轨道中的 "背景.avi" 和 "骑行.avi" 之间。使用同样的方法,分别在其他视频之间添加视频过渡效果,如图 9-69 所示。

图 9-69　添加过渡效果

10 创建静态字幕。执行【字幕】|【新建字幕】|【默认静态字幕】命令,在弹出的【新建字幕】对话框中,设置字幕选项并单击【确定】按钮,如图 9-70 所示。

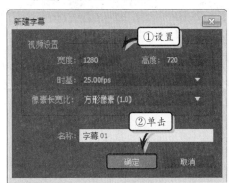

图 9-70　设置字幕选项

11 在【字幕】面板中输入字幕文本,并在【字幕属性】面板中的【属性】效果组中设置文本的基本属性,如图 9-71 所示。

图 9-71　设置文本属性

12 启用【填充】复选框,将【填充类型】设置为【实底】,将【颜色】设置为#DEFF02,如图 9-72 所示。

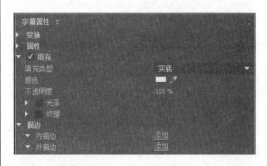

图 9-72　设置文本填充颜色

13 创建动态字幕。执行【字幕】|【新建字幕】|【默认游动字幕】命令,在弹出的【新建字幕】对话框中设置字幕选项并单击【确定】按钮,如图 9-73 所示。

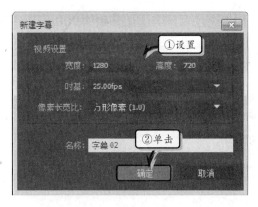

图 9-73　设置字幕选项

14 在【字幕】面板中输入字幕文本,并在【字幕属性】面板中的【属性】效果组中,设置文本的基本属性,如图 9-74 所示。

图 9-74　设置文本属性

15 启用【填充】复选框,设置填充选项并将【颜色】设置为#E8FD00,如图9-75所示。

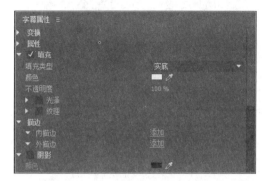

图 9-75 设置文本填充颜色

16 执行【字幕】|【滚动/游动选项】命令设置相应选项,单击【确定】按钮。使用同样的方法,制作其他动态字幕,如图 9-76所示。

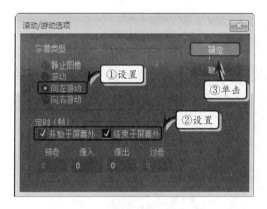

图 9-76 设置字幕选项

17 将"字幕1"素材添加到【时间轴】面板中的V2轨道中,如图9-77所示。

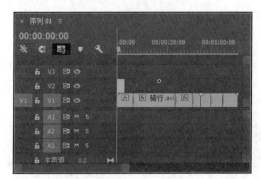

图 9-77 添加字幕

18 选择V2轨道中的"字幕1"素材,右击"字幕1"素材,执行【速度/持续时间】命令,在弹出的对话框中设置素材的持续时间,单击【确定】按钮。使用同样的方法,设置素材的持续时间,如图9-78所示。

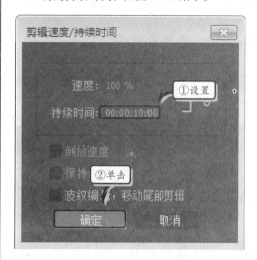

图 9-78 设置速度/持续时间

19 添加音频素材。将"1.mp3"素材添加到A1轨道中,将"当前时间指示器"调整至视频末尾处,使用【剃刀工具】单击音频素材,分割素材并删除右侧的音频素材,如图9-79所示。

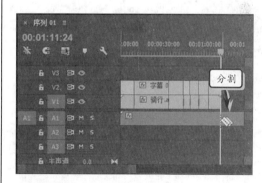

图 9-79 分割音频素材

20 在【效果】面板中,展开【音频过渡】下的【交叉淡化】效果组,将"指数淡化"效果拖到音频的末尾处,如图9-80所示。

21 然后,在【效果控件】面板中设置【持续时间】选项,如图9-81所示。

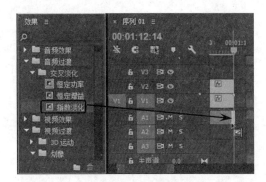

图 9-80　添加音频过渡

图 9-81　设置持续时间

9.6　课堂练习：制作特效字幕

在制作视频广告或影视节目片头时，动态的、光彩夺目的文字内容较普通文字更加能够吸引观众的注意力。为此，本练习将介绍运用 Premiere 内置滤镜制作光芒字幕及制作具有填充效果的光影字幕的操作方法，如图 9-82 所示。

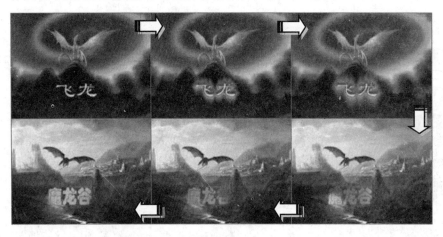

图 9-82　最终效果图

操作步骤

1　新建项目。启动 Premiere，在弹出的【欢迎界面】对话框中选择【新建项目】选项，如图 9-83 所示。

2　在弹出的【新建项目】对话框中，设置相应选项，单击【确定】按钮，如图 9-84 所示。

3　导入素材。执行【文件】|【导入】命令，在弹出的【导入】对话框中选择素材文件，单击【打开】按钮，如图 9-85 所示。

4　新建序列。执行【文件】|【新建】|【序列】命令，在弹出的【新建序列】对话框中，单击【确定】按钮即可，如图 9-86 所示。

图 9-83　新建项目

图 9-84 设置选项

图 9-85 导入素材

图 9-86 新建序列

5 创建静态字幕。执行【字幕】|【新建】|【默认静态字幕】命令,在弹出的【新建字幕】对话框中设置选项并单击【确定】按钮,如图 9-87 所示。

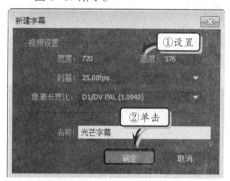

图 9-87 创建字幕

6 在【字幕】面板中输入字幕文本,并在【字幕属性】面板中的【属性】效果组中设置文本的基本属性,如图 9-88 所示。

图 9-88 设置文本属性

7 启用【填充】复选框,将【填充类型】设置为【斜面】,并分别设置各项效果选项,如图 9-89 所示。

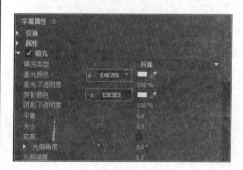

图 9-89 设置【填充】选项

8 启用【光泽】复选框，在展开的效果组中设置各属性选项，如图9-90所示。

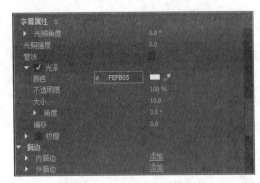

图9-90 设置选项

9 单击【外描边】选项右侧的【添加】按钮，添加外描边效果并设置各选项参数，如图9-91所示。

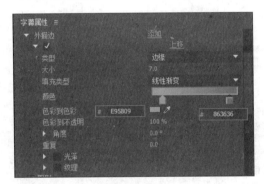

图9-91 添加效果

10 启用【阴影】复选框，并设置阴影效果下的各选项参数，如图9-92所示。

图9-92 设置选项参数

11 执行【字幕】|【新建字幕】|【默认静态字幕】命令，在弹出的【新建字幕】对话框中

设置选项并单击【确定】按钮，如图9-93所示。

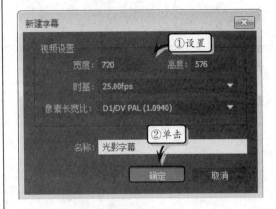

图9-93 新建字幕

12 在【字幕】面板中输入字幕文本，并在【字幕属性】面板中的【属性】效果组中，设置文本的基本属性，如图9-94所示。

图9-94 设置字幕属性

13 添加素材。将【项目】面板中的各素材，按照设计顺序分别添加到V1~V3轨道中，并设置第2段上下素材的持续播放时间，如图9-95所示。

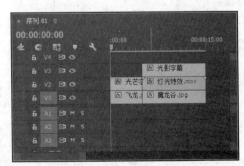

图9-95 添加素材

14 缩放素材。选择 V1 轨道中的第 1 个素材，在【效果控件】面板中设置素材的【缩放】效果选项，如图 9-96 所示。

图 9-96　缩放素材

15 选择 V1 轨道中的第 2 个素材，在【效果控件】面板中设置素材的【缩放】效果选项，如图 9-97 所示。

图 9-97　缩放素材

16 设置特效字幕。选择 V2 轨道中的第 1 个素材，在【效果】面板中双击【视频效果】下【风格化】效果组中的"Alpha 发光"效果，如图 9-98 所示。

图 9-98　添加视频效果

17 将"当前时间指示器"调整至视频开始处，在【效果控件】面板中单击【发光】和【起始颜色】选项左侧的【切换动画】按钮，分别设置其参数，如图 9-99 所示。

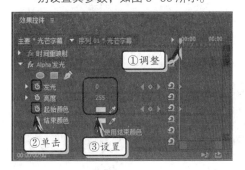

图 9-99　设置参数

18 将"当前时间指示器"调整为 00:00:02:12，设置【发光】选项参数，并单击【起始颜色】选项颜色块，将颜色设置为#AAAA27，如图 9-100 所示。

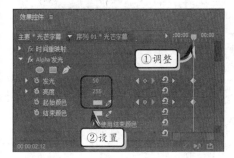

图 9-100　设置参数

19 将"当前时间指示器"调整为 00:00:05:00，设置【发光】选项参数，并单击【起始颜色】选项颜色块，将颜色设置为#C0C0C0，如图 9-101 所示。

图 9-101　设置参数

20 选择 V2 轨道中的第 2 个素材，在【效果控件】面板中调整素材的【位置】和【缩放】选项参数，如图 9-102 所示。

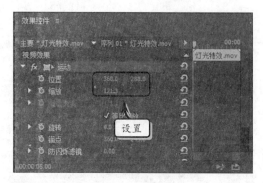

图 9-102 设置参数

21 在【效果】面板中双击【视频效果】下【键控】效果组中的"轨道遮罩"效果，如图 9-103 所示。

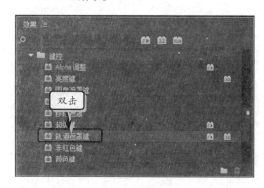

图 9-103 添加视频效果

22 在【效果控件】面板中设置【遮罩】和【合成方法】选项，如图 9-104 所示。

图 9-104 设置选项

23 选择 V3 轨道中的素材，在【效果控件】面板中设置文本的显示位置，如图 9-105 所示。

图 9-105 设置选项

9.7 思考与练习

一、填空题

1. _____面板是用户创建、编辑字幕的主要工作场所，用户不仅可在该面板内直观的了解字幕应用于影片后的效果，还可直接对其进行修改。

2. _____字幕的特点是能够通过调整路径形状而改变字幕的整体形态，但必须依附于路径才能够存在。

3. 根据素材类型的不同，Premiere 中的字幕素材分为静态字幕和动态字幕两大类型，其中动态字幕又分为_____字幕和滚动字幕。

4. _____字幕对象主要通过【矩形工具】、【圆角矩形工具】、【切角矩形工具】等绘图工具绘制而成。

5. 在 Premiere 中，描边分为_____描边和_____描边两种类型。

6. 在【字幕】面板中，不仅能够应用预设的样式效果，还可以_____文字样式。

二、选择题

1. 在 Premiere Pro 中，字幕工作区共由【字幕】面板、【字幕工具】面板、_____、【字幕样式】面板和【字幕属性】面板所组成。

A．【字幕对象】面板

B．【对齐】面板

C．【字幕动作】面板

D．【分布】面板

2．Premiere 字幕包含文本、图形和_____3 种内容元素，通过有机的组合这些元素，用户可以创建出各种各样精美的字幕素材。

A．图标

B．标记

C．表格

D．蒙版

3．在下列选项中，不属于 Premiere 文本字幕类型的是_____。

A．水平文本字幕

B．垂直文本字幕

C．路径文本字幕

D．矢量文本字幕

4．在下列选项中，不属于字幕填充类型的是_____。

A．实色填充

B．线性渐变填充

C．三维填充

D．重影填充

5．阴影效果是通过_____为字幕文本添加投影的方式，来凸显字幕文本。

A．阴影

B．背景

C．重影

D．属性

6．选择字幕对象后，只需在【_____】面板内单击某个字幕样式的图标，即可将该样式应用于当前所选字幕。

A．字幕

B．工具

C．样式

D．属性

三、问答题

1．使用 Premiere Pro 创建字幕的基本流程是什么？

2．字幕包括哪些类型？

3．简述标记字幕的制作方法。

4．如何创建字幕样式？

四、上机练习

1．制作片尾的演职人员字幕表

现如今，几乎所有影视节目在片尾播出演职人员表时，都采用了滚动字幕的播放方式。在 Premiere 内制作滚动字幕，可以方便地创建出演职人员字幕表，如图 9-106 所示。

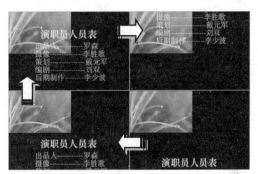

图 9-106　演职人员字幕

2．制作波动文字

首先制作四色渐变字幕，并将字幕素材和图片素材分别添加到 V2 和 V1 轨道中。然后，在【效果】面板中展开【视频效果】下的【过渡】效果组，将"块溶解"效果添加到字幕素材中。同时，在【效果控件】面板中创建【过渡完成】选项从 100~0 的动画关键帧。最后，在【效果】面板中展开【视频效果】下的【扭曲】效果组，将"波形变形"效果添加到字幕素材中，并在【效果控件】面板中设置其具体参数，如图 9-107 所示。

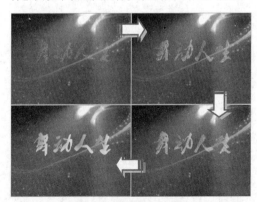

图 9-107　制作波动文字

第 10 章

设置遮罩与抠像

无论是调整色彩、视频剪辑、还是添加视频效果，均是在同一个视频中进行编辑，而视频切换效果也是两个视频之间的过渡。但是，对于令人炫目的视觉效果，特别是现实中无法实现的效果，则需要在后期制作过程中，通过视频遮罩效果技术来完成。而利用视频效果中的合成技术，可以使一个场景中的人物出现在另一场景内，从而得到那些无法通过拍摄来完成的视频画面。本章将详细介绍遮罩与抠像的基础知识和使用技巧，以协助用户创建出能够让人感到奇特、炫目和惊叹的画面效果。

本章学习要点：

➢ 合成概述；

➢ 添加遮罩；

➢ 跟踪遮罩；

➢ 差异类遮罩效果；

➢ 颜色类遮罩效果。

10.1 合成概述

合成视频是非线性视频编辑类视频效果中的重要功能之一，而所有合成效果都具有的共同点，便是能够让视频画面中的部分内容成为透明状态，从而显露出其下方的视频画面。

10.1.1 调节不透明度

在 Premiere 中，操作最为简单、使用最为方便的视频合成方式，便是通过降低顶层视频轨道中的素材透明度，从而显现出底层视频轨道上的素材内容。操作时，只需选择顶层视频轨道中的素材后，在【效果控件】面板中，直接降低【透明度】选项的参数值，所选视频素材的画面将会呈现一种半透明状态，从而隐约透出底层视频轨道中的内容，如图 10-1 所示。

图 10-1 通过降低素材透明度来"合成"视频

注 意

要想通过透明度来进行两个素材之间的合成，必须将这两个素材放置在同一时间段内。否则即使降低的【透明度】参数值，也无法查看下方的素材画面。

上述操作多应用于 2 段视频素材的重叠部分。也就是说，通过添加【不透明度】关键帧，影视编辑人员可以使用降低素材透明度的方式来实现过渡效果，如图 10-2 所示。

图 10-2 不透明度过渡动画

10.1.2 导入含 Alpha 通道的 PSD 图像

Alpha 通道是指图像额外的灰度图层，其功能用于定义图形或者字幕的透明区域。利用 Alpha 通道，可以将某一视频轨道中的图像素材、徽标或文字与另一视频轨道内的背景组合在一起。

首先在图像编辑程序中创建具有 Alpha 通道的素材。比如，在 Photoshop 内打开所要使用的图像素材。然后将图像主体抠取出来，并在【通道】面板内创建新通道后，使用白色填充主体区域，如图 10-3 所示。

图 10-3 为图像创建 Alpha 通道

接下来，将包含 Alpha 通道的图像素材添加至影视编辑项目内，并将其添加至 V2 视频轨道内。此时，可看出图像素材除主体外的其他内容都被隐藏了，而产生这一效果的原因便是之前我们在图像素材内创建了 Alpha 通道。

10.2 应用视频遮罩

新版的 Premiere 为用户提供了视频遮罩功能，几乎涵盖了所有的视频效果。运用遮罩功能，不仅可以将视频效果界定在画面中的特定区域内，而且还可以使用跟踪遮罩功能，跟踪画面中运动的点。

10.2.1 添加遮罩

当用户在【效果】面板中的【视频效果】效果组中使用相应效果时，会在【效果控件】面板中发现"创建椭圆形蒙版" 、"创建 4 点多变形蒙版" 和"自由绘制贝塞尔曲线" 3 个按钮，如图 10-4 所示。

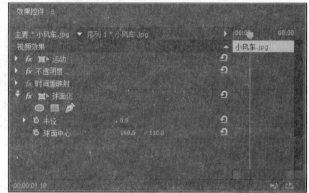

图 10-4 遮罩按钮

1. 创建蒙版

当用户将某个视频效果应用到素材中时，在【效果控件】面板中单击【创建椭圆形蒙版】按钮，即可在节目监视器面板中显示蒙版形状，如图 10-5 所示。

> **注 意**
>
> 部分视频效果在默认情况下不会改变画面效果，此时应用遮罩只会在【节目】监视器面板中显示一个蒙版形状。

此时，将鼠标移至蒙版形状中间，当鼠标变成 形状时，拖动鼠标即可移动蒙版的位置，如图 10-6 所示。

图 10-5 显示蒙版形状

图 10-6 调整蒙版形状的位置

然后，将鼠标移至蒙版形状上 4 个控制点上，当鼠标变成三角形状时，拖动鼠标即可更改蒙版形状的大小，如图 10-7 所示。

2. 设置蒙版属性

为素材添加遮罩效果后，在【效果控件】面板中将会显示相对应的属性选项，如图 10-8 所示。

图 10-7　更改蒙版形状大小　　　　　图 10-8　蒙版属性选项

其中，各蒙版属性选项的具体功能，如下所述。

- ❏ 【蒙版路径】　用于跟踪所选蒙版。
- ❏ 【蒙版羽化】　用于设置蒙版形状边界的羽化效果。
- ❏ 【蒙版扩展】　用于调整蒙版在既定范围内的大小。
- ❏ 【蒙版不透明度】　用于调整蒙版的透明性。
- ❏ 【已反转】　启用该复选框，可以反转蒙版效果和原画面，如图 10-9 所示。

图 10-9　蒙版反转效果

10.2.2　跟踪遮罩

跟踪遮罩功能是在运动素材中，通过为某点添加遮罩并实现跟踪的一种效果。在【效果控件】面板中，Premiere 为用户提供了"向前跟踪所选蒙版"、"向后跟踪所选蒙版"，以及"向前跟踪所选蒙版 1 个帧"和"向后跟踪所选蒙版 1 个帧"4 种跟踪方式。下面，通过为素材添加"马赛克"视频效果的方法，来介绍跟踪遮罩的操作方法。

1. 创建遮罩

首先，将视频素材添加到【时间轴】面板中，并将【风格化】中的【马赛克】视频效果应用到该素材中。然后，在【效果控件】面板中，将【水平块】和【垂直块】参数值分别设置为 100，如图 10-10 所示。

图 10-10　添加马赛克视频效果

在【效果控件】面板中，单击"创建椭圆形蒙版"按钮创建蒙版，并在【节目】监视器面板中调整蒙版的大小和位置，如图 10-11 所示。

2. 创建跟踪

创建蒙版之后，在【效果控件】面板中，单击【跟踪方法】按钮，在其列表中选择一种跟踪方法，在此选择"位置"选项，如图 10-12 所示。

然后，单击【向前跟踪所选蒙版】按钮，开始向前跟踪蒙版。此时，系统将弹出【正在跟踪】对话框，显示跟踪进度条，如图 10-13 所示。

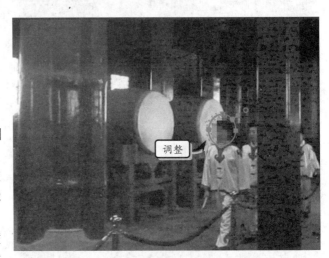

图 10-11　调整蒙版的大小和位置

图 10-12　设置跟踪方法

图 10-13　向前跟踪所选蒙版

当节目监视器面板中的蒙版形状跟不上播放进度时，也就是蒙版和所需要遮盖的区域产生差异时，需要在【正在跟踪】对话框中单击【停止】按钮，停止跟踪。然后，在节目监视器面板中手动调整蒙版位置，再次单击【向前跟踪所选蒙版】按钮，继续跟踪蒙版。

当用户完成向前跟踪蒙版之后，为了完善蒙版跟踪效果，还需要在【效果控件】面板中单击【向后跟踪所选蒙版】按钮，向后跟踪蒙版，如图10-14所示。

至此，完成了整个蒙版的跟踪操作。在节目监视器面板中，单击【播放-停止切换（Space）】按钮，观看最终效果，如图10-15所示。

图 10-14 　向后跟踪所选蒙版 　　　　　　　　图 10-15 　预览跟踪效果

提　示

创建蒙版跟踪效果之后，在【效果控件】面板中的【蒙版路径】属性选项右侧显示关键帧。

10.3　应用遮罩效果

在 Premiere Pro 中的【键控】效果组中包含了几乎所有的抠像效果，主要用于隐藏多个重叠素材中最顶层的素材中的部分内容，从而在相应位置处显现出底层素材的画面，实现拼合素材的目的。

10.3.1　差异类遮罩效果

"差异类"遮罩效果不仅能够通过遮罩点来进行局部遮罩，而且还可以通过矢量图形、明暗关系等因素，来设置遮罩效果，比如亮度键、轨道遮罩键、差异遮罩等效果。

1. Alpha 调整

"Alpha 调整"效果的功能是控制图像素材中的 Alpha 通道，通过影响 Alpha 通道实现调整影片效果的目的。将该效果添加到素材中后，在【效果控件】面板中将显示该效果各属性选项，如图10-16所示。

其中，【不透明度】属性选项主要用于控制 Alpha 通道的透明程度，因此在更改其参数值后会直接影响相应图像素材在屏幕画面上的表现效果，如图 10-17 所示。

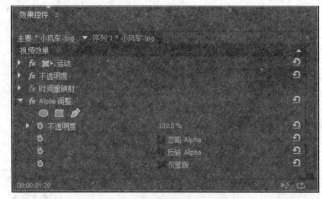

图 10-16 **Alpha** 调整效果选项

而启用【忽略 Alpha】复选框后，序列将会忽略图像素材 Alpha 通道所定义的透明区域，并使用黑色像素填充这些透明区域。

启用【反转 Alpha】复选框后，会反转 Alpha 通道所定义透明区域的范围。因此，图像素材内原本应当透明的区域会变得不再透明，而原本应当显示的部分则会变成透明的不可见状态，如图 10-18 所示。

图 10-17 【不透明度】属性选项表现效果

图 10-18 启用【反转 Alpha】属性选项表现效果

启用【仅蒙版】复选框后，图像素材在屏幕画面中的非透明区域将显示为通道画面（即黑、白、灰图像），如图 10-19 所示。

2. 亮度键

"亮度键"效果用于去除素材画面内较暗的部分，用户可通过调整【效果控件】面板中的【阈值】和【屏蔽度】属性选项，来调整显示效果，如图 10-20 所示。

图 10-19 启用【仅蒙版】属性选项表现效果

图 10-20 "亮度键"效果

3. 差值遮罩

"差值遮罩"效果的作用是对比两个相似的图像剪辑，并去除两个图像剪辑在屏幕画面上的相似部分，而只留下有差异的图像内容。因此，该效果在应用时对素材剪辑的内容要求较为严格。但在某些情况下，能够很轻易地将运动对象从静态背景中抠取出来，如图 10-21 所示。

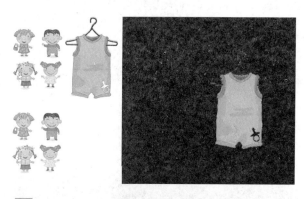

图 10-21 "差值遮罩"效果应用

当在不同的轨道中导入素材后，需要同时选中这两个素材，并将"差值遮罩"效果同时添加至两个素材中。然后在上方素材添加的效果中，设置【差值图层】为"视频 1"选项，即可显示差异的图像，如图 10-22 所示。

其中，在【差值遮罩】视频效果的选项组中，各个选项的作用如下。

❑ 【视图】 用于确定最终输出到【节目】监视器面板中的画面内容。其中，【最终输出】

图 10-22 设置"差值遮罩"效果

选项用于输出两个素材进行差异对匹配后的结果画面;【仅限源】选项用于输出应用该效果的素材画面;【仅限遮罩】选项则用于输出差异匹配后产生的遮罩画面。

- ❏ 【差值图层】 用于确定与源素材进行差异匹配操作的素材位置,即确定差异匹配素材所在的轨道。
- ❏ 【如果图层大小不同】 当源素材与差异匹配素材的尺寸不同时,可通过该选项来确定差异匹配操作将以何种方式展开。
- ❏ 【匹配容差】 该选项的取值越大,相类似的匹配也就越宽松;其取值越小,相类似的匹配也就越严格。
- ❏ 【匹配柔和度】 该选项会影响差异匹配结果的透明度,其取值越大,差异匹配结果的透明度也就越大;反之,则匹配结果的透明度也就越小。
- ❏ 【差值前模糊】 根据该选项取值的不同,Premiere 会在差异匹配操作前对匹配素材进行一定程度的模糊处理。因此,【差异前模糊】选项的取值将直接影响差异匹配的精确程度。

4. 轨道遮罩键

"轨道遮罩键"效果通过一个素材(叠加的剪辑)显示另一个素材(背景剪辑),此过程中使用第三个文件作为遮罩,在叠加的剪辑中创建透明区域。此效果需要两个素材和一个遮罩,每个素材位于自身的轨道上。遮罩中的白色区域在叠加的剪辑中是不透明的,防止底层剪辑显示出来;遮罩中的黑色区域是透明的,而灰色区域是部分透明的。

首先,分别将不同作用的素材添加到不同的 3 个轨道中。此时,由于视频轨道叠放顺序的原因,节目监视器面板中只显示最上层的素材画面,如图 10-23 所示。

然后,选择 3 个轨道中的中间轨道,即"视频 2"轨道。将"轨道遮罩键"效果添加到该轨道中的素材上。在【效果控件】面板中将显示属性选项。将【遮罩】设置为"视频 3",同时将【合成方式】设置为"亮度遮罩"。此时,在节目监视器面板中,将显示遮罩后的效果,如图 10-24 所示。

图 10-23　节目监视器面板最上层素材画面　　图 10-24　遮罩后效果

提 示

启用【轨道遮罩键】效果中的【反向】选项,即可在【节目】面板中显示与之相反的显示效果。

5. 图像遮罩键

"图像遮罩键"效果根据静止图像剪辑（充当遮罩）的明亮度值抠出剪辑图像的区域。透明区域显示下方轨道中的剪辑产生的图像。可以指定项目中要充当遮罩的任何静止图像剪辑；它不必位于序列中。

首先，分别在"视频1"和"视频2"中添加相应的素材，并选定用于遮罩的图像，如图10-25所示。

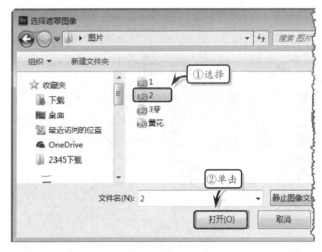

▣ 图10-25　添加遮罩素材

然后，将该效果添加到素材中，在【效果控件】面板中单击【设置】按钮▣。然后在弹出的【选择遮罩图形】对话框中，选择遮罩文件，并单击【打开】按钮，如图10-26所示。

接下来，在【效果控件】面板中，将【合成使用】选项设置为"亮度遮罩"选项。这时图像素材内所有位于遮罩图像黑色区域中的画面都将被隐藏，只有位于白色区域内的画面仍旧是可见状态，并呈现出透明状态，如图10-27所示。

▣ 图10-26　选择遮罩图像

此时，如果启用【反向】复选框，则会颠倒所应用遮罩图像中的黑、白像素，如图10-28所示。

▣ 图10-27　"图像遮罩键"效果

▣ 图10-28　反向"图像遮罩键"效果

10.3.2 颜色类遮罩效果

在 Premiere 中，最常用的遮罩方式，是根据颜色来隐藏或显示局部画面。在【键控】效果组中，则为用户提供了用于颜色遮罩的"非红色键"、"颜色键"等颜色类遮罩效果。

1. 非红色键

"非红色键"效果可以同时去除视频画面内的蓝色和绿色背景。将该效果应用到素材中，在【效果控件】面板中设置各项属性选项即可，如图 10-29 所示。

图 10-29　"非红色键"效果

其中，【效果控件】面板中的各属性选项的具体含义，如下所述。

- ❏ 【阈值】　用于设置用于确定剪辑透明区域的蓝色阶或绿色阶。
- ❏ 【屏蔽度】　用于设置由"阈值"选项指定的不透明区域的不透明度。
- ❏ 【去边】　从剪辑不透明区域的边缘移除残余的绿屏或蓝屏颜色。
- ❏ 【平滑】　用于指定 Premiere 应用于透明和不透明区域之间边界的消除锯齿（柔化）量。
- ❏ 【仅蒙版】　启用该复选框，表示仅显示剪辑的 Alpha 通道。

2. 颜色键

"颜色键"效果的作用是抠取屏幕画面内的指定色彩，因此多用于屏幕画面内包含大量色调相同或相近色彩的情况。

首先，分别将相应的素材添加到相同时间内不同的轨道中，选择上层轨道中的素材，并添加该视频效果。然后，在【效果控件】面板中，单击【主要颜色】后面的【吸管】按钮，拾取屏幕中的颜色，并分别设置【效果控件】面板中的其他属性选项，如图 10-30 所示。

【效果控件】面板中各属性选项的具体含义如下所述。

- ❏ 【主要颜色】　用于指定目标素材内所要抠除的颜色。
- ❏ 【颜色容差】　用于扩展所抠除色彩的范围，根据其选项参数的不同，部分与【主要颜色】选项相似的色彩也将被抠除。
- ❏ 【边缘细化】　该选项能够在图像色彩抠取结果的基础上，扩大或减小【主要颜色】所设定颜色的抠取范围。

❑ 【羽化边缘】 当该参数的取值为负值时，Premiere 将会减小根据【主要颜色】
选项所设定的图像抠取范围；反之，则会进一步增大图像抠取范围。

图 10-30 "颜色键"效果

10.4 课堂练习：制作望远镜效果

　　在影视作品中，经常采用望远镜等对比的手法来突出其主体内容，使观众的注意力集中在影片所需要表现的对象上。在本练习中，通过使用 Premiere 进行影视后期特殊处理手法，制作一个模拟望远镜的画面效果，从而达到突出目标主体的目的，如图 10-31 所示。

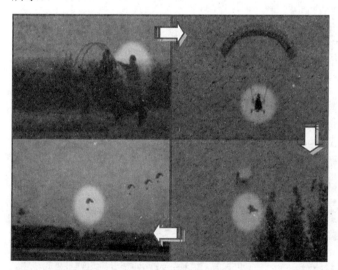

图 10-31 最终效果图

操作步骤

1 导入素材。双击【项目】面板空白区域，在弹出的【导入】对话框中选择素材，单击【打开】按钮，如图 10-32 所示。

2 创建素材。在【项目】面板中单击【新建项】

按钮，在展开的列表中选择【黑场视频】选项，如图 10-33 所示。

3 然后，在弹出的【新建黑场视频】对话框中设置视频选项，单击【确定】按钮，如图

10-34 所示。

图 10-32 打开素材

图 10-33 创建黑场视频

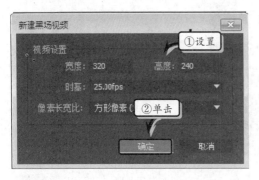

图 10-34 设置视频选项

4 添加素材。将"1.avi"素材添加到 V1 轨道中，同时将"黑场视频"素材添加到 V2 轨道中，如图 10-35 所示。

5 将鼠标移至 V2 轨道素材的最右侧，当鼠标变成 形状时，向右拖动鼠标调整素材的持

♣ 续播放时间，如图 10-36 所示。

图 10-35 添加素材

图 10-36 调整素材播放时间

6 设置不透明度。选择 V2 轨道中的素材，将"当前时间指示器"调整至最开始处，在【效果控件】面板中，将【不透明度】选项参数设置为 55%，如图 10-37 所示。

图 10-37 设置选项参数

7 创建遮罩。单击【不透明度】效果组中的【创建椭圆形蒙版】按钮，创建椭圆形遮罩，并启用【已反转】复选框，如图 10-38 所示。

创建遮罩

8 然后，在节目监视器面板中，通过拖动遮罩四周的控制点，调整遮罩的大小，如图 10-39 所示。

图 10-39 调整遮罩大小

9 将鼠标移至遮罩中，当鼠标变成 形状时，拖动鼠标调整遮罩的具体位置，如图 10-40 所示。

图 10-40 调整遮罩位置

10 跟踪遮罩。将"当前时间指示器"调整至视频的开始位置，在【效果控件】面板中单击

【蒙版路径】选项中的【向前跟踪所选蒙版】按钮，如图 10-41 所示。

图 10-41 设置蒙版路径

11 跟踪遮罩时，当出现遮罩位置不适合时，单击【停止】按钮，停止跟踪，并在节目监视器面板中调整遮罩位置，如图 10-42 所示。

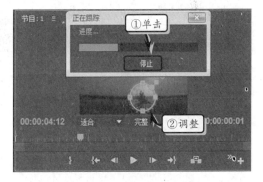

图 10-42 调整遮罩位置

12 最后，在节目监视器面板中单击【播放-停止切换】按钮，预览影片，如图 10-43 所示。

图 10-43 预览影片

　　用户在自己拍摄素材时，在拍摄后期往往需要根据拍摄环境和具体拍摄过程，对视频素材进行一定的剪切和拼接合成等编辑操作，以使所拍摄的素材可以达到专业的摄影效果。本练习将通过编辑鼓楼表演素材来详细介绍编辑影视素材的使用方法和操作方法，如图 10-44 所示。

■ 图 10-44　最终效果图

操作步骤

1　创建项目。启动 Premiere，在弹出的欢迎界面对话框中选择【新建项目】选项，如图 10-45 所示。

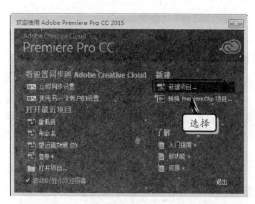

■ 图 10-45　新建项目

2　在弹出的【新建项目】对话框中设置新项目名称、位置和常规等选项，单击【确定】按钮，如图 10-46 所示。

■ 图 10-46　设置选项

3　导入素材。执行【文件】|【导入】命令，选择所需导入的素材，单击【打开】按钮即可，如图 10-47 所示。

图 10-47　导入素材

4　添加素材。选择【项目】面板中的素材，将其添加到【时间轴】面板中的 V1 轨道中，如图 10-48 所示。

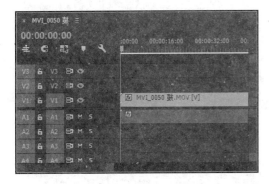

图 10-48　添加素材

5　分隔素材。将"当前时间指示器"调整为 00:00:17:11，使用【工具箱】面板中的【剃刀工具】单击素材，分隔素材，如图 10-49 所示。

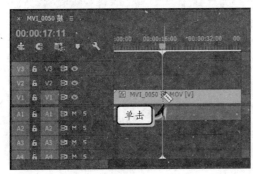

图 10-49　分隔素材

6　删除前半部分素材，并将剩余素材调整到【时间轴】面板的开始位置处，如图 10-50 所示。

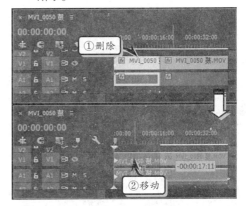

图 10-50　调整素材位置

7　删除部分素材。将"当前时间指示器"调整为 00:01:29:22，使用【工具箱】面板中的【剃刀工具】单击素材，分隔素材，如图 10-51 所示。

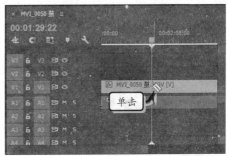

图 10-51　分隔素材一

8　再将"当前时间指示器"调整为 00:02:59:15，使用【工具箱】面板中的【剃刀工具】单击素材，分隔素材，如图 10-52 所示。

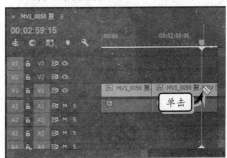

图 10-52　分隔素材二

9　删除分隔后中间部分的素材，并将右侧素材移动到第 1 段视频素材后面，对其进行拼接，如图 10-53 所示。

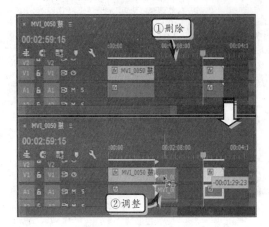

图 10-53　调整素材位置

10　添加过渡效果。在【效果】面板中展开【视频过渡】下的【溶解】效果组，将"渐隐为白色"效果拖到第 1 和第 2 视频之间，如图 10-54 所示。

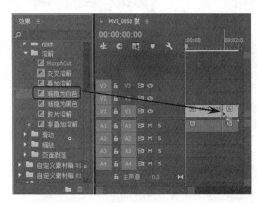

图 10-54　添加过渡效果

11　然后，在【效果控件】面板中，设置【持续时间】和【对齐】选项，如图 10-55 所示。

12　制作马赛克效果。将"当前时间指示器"调整为 00:01:56:14，使用【剃刀工具】单击素材，分割素材，如图 10-56 所示。

13　选择分割后的右侧素材，在【效果】面板中展开【视频效果】下的【风格化】效果组，双击"马赛克"效果，将其添加到该素材中，如图 10-57 所示。

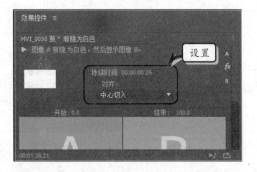

图 10-55　设置选项

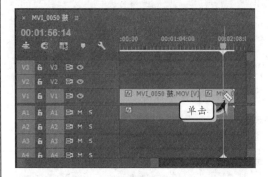

图 10-56　分割素材

图 10-57　添加视频效果

14　在【效果控件】面板中，将【水平块】和【垂直块】选项分别设置为 50，如图 10-58 所示。

图 10-58　设置选项参数

15　同时，单击"创建椭圆形蒙版"按钮，创建一个椭圆形蒙版，并在节目监视器面板中调整椭圆形的大小，如图 10-59 所示。

图 10-61　跟踪遮罩

图 10-59　创建蒙版

16　将鼠标移至遮罩中，当鼠标变成🖐形状时，拖动鼠标，调整遮罩的具体位置，如图 10-60 所示。

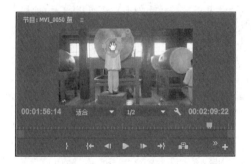

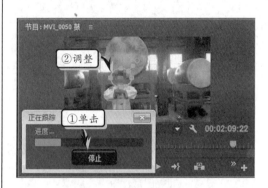

图 10-62　调整遮罩位置

图 10-60　调整遮罩位置

17　跟踪遮罩。在【效果控件】面板中单击【蒙版路径】选项的【向前跟踪所选蒙版】按钮，如图 10-61 所示。

18　跟踪遮罩时，当出现遮罩位置不适合时，单击【停止】按钮，停止跟踪，并在节目监视器面板中调整遮罩位置，如图 10-62 所示。

19　最后，在节目监视器面板中单击【播放-停止切换】按钮，预览影片，如图 10-63 所示。

图 10-63　预览影片

10.6　思考与练习

一、填空题

1．Premiere 中最为简单的素材合成方式是降低素材_____，从而使当前素材的画面与其下方素材的图画融合在一起。

2．所谓 Alpha 通道，是指图像额外的_____，其功能用于定义图形或者字幕的透明区域。

3．运用_____，不仅可以将视频效果界定在画面中的特定区域内，而且还可以使用跟踪遮罩功能，跟踪画面中运动的点。

4."差值遮罩"效果的作用是对比两个相似的图像剪辑，并去除两个图像剪辑在屏幕画面上的_____，而只留下有差异的图像内容。

5._____视频效果的作用是去除素材画面内较暗的部分。

二、选择题

1. 在 Premiere 中，能够使素材直接与其下方素材进行画面合成的效果属性是_____。

    A. 运动

    B. 尺寸

    C. 透明度

    D. 时间重置

2. 为素材添加遮罩时，用户在【效果】面板中的【视频效果】效果组中使用相应效果时，会在【效果控件】面板中发现_____，_____，_____3 个按钮。

    A. 2 点、4 点、8 点和无用信号遮罩

    B. 4 点、8 点和 16 点无用信号遮罩

    C. "创建椭圆形蒙版"、"创建 4 点多变形蒙版"和"自由绘制贝塞尔曲线"

    D. 4 点和 8 点无用信号遮罩

3. 图像遮罩键的功能是_____。

    A. 利用其他图像素材的 Alpha 通道或亮度遮罩来隐藏目标素材的部分画面

    B. 利用素材自身的 Alpha 通道来隐藏部分画面

    C. 根据静止图像剪辑（充当遮罩）的明亮度值抠出剪辑图像的区域

    D. 利用其他图像素材的 Alpha 通道来隐藏目标素材的部分画面

4. 在下列选项中，不属于差值遮罩视频效果所提供视图输出方式的是_____。

    A. 最终输出

    B. 仅限源

    C. 仅限遮罩

    D. 仅限目标

5."非红色键"效果可以同时去除视频画面内的_____背景。

    A. 蓝色和绿色

    B. 黄色和紫色

    C. 蓝色和黑色

    D. 绿色和黄色

三、问答题

1. 如何使用【轨迹遮罩键】视频效果进行画面遮罩？

2. 颜色键和非红色键分别有什么作用？

3. 简单介绍【差值遮罩】视频效果的使用方法？

四、上机练习

1. 根据颜色进行合成

对于具有蓝色背景的素材，则可以通过【键控】效果组中的【颜色键】效果来进行局部遮罩效果。只要将该效果添加至上方素材中，然后，在【效果控件】面板中，单击【主要颜色】后面的【吸管】按钮，拾取屏幕中的颜色，并分别设置【效果控件】面板中的其他属性选项即可，如图 10-64 所示。

图 10-64　隐藏蓝色背景

2. 制作蒙版效果

首先将素材添加到【时间轴】面板中，选中该素材，在【效果】面板中，展开【视频效果】下的【风格化】效果组，双击"浮雕"效果。

然后，在【效果控件】面板中单击"浮雕"效果下的"创建椭圆形蒙版"按钮，创建椭圆形

蒙版，并在节目监视器面板中，调整其具体大小和位置，如图 10-65 所示。

最后，在【效果控件】面板中，将【蒙版扩展】设置为 6，将【蒙版羽化】设置为 29，如图 10-66 所示。

图 10-65　创建椭圆形蒙版

图 10-66　设置蒙版属性选项

第 11 章

设置音频效果

在现代影视节目的制作过程中，所有节目都会在后期编辑时添加适合的背景音效，从而使节目能够更加精彩、完美。Premiere 提供了各种便捷的音频处理功能，用户可以在多个音频素材之间添加过渡效果，使整个影视节目播放得更加顺畅。本章将详细介绍添加、编辑音频以及音频过渡和音频效果的使用方法和操作技巧。

本章学习要点：

➢ 音频效果基础；

➢ 添加音频；

➢ 编辑音频；

➢ 声道映射；

➢ 增益和均衡；

➢ 应用音频过渡；

➢ 添加音频效果。

11.1　音频效果基础

音频是正常人耳所能听到的所有声音。一般情况下，具有声音的画面更有感染力，而声音素材的好坏则直接影响到整个影视节目的质量。在为影片应用音频效果之前，还需要先了解一下音频混合的基础知识。

11.1.1　音频概述

人类能够听到的所有声音都可被称为音频，如话语声、歌声、乐器声和噪音等，但由于类型的不同，这些声响都具有一些与其他类音频不同的特性。

声音通过物体振动所产生，正在发声的物体被称为声源。由声源振动空气所产生的疏密波在进入人耳后，会通过振动耳膜产生刺激信号，并由此形成听觉感受，这便是人们"听"到声音的整个过程。

1. 声音的类型

声源在发出声音时的振动速度称为声音频率，以 Hz 为单位进行测量。通常情况下，人类能够听到的声音频率在 20Hz~20kHz 范围之内。按照内容、频率范围和时间领域的不同，可以将声音大致分为以下几种类型：

- ❑ **自然音**　自然音是指大自然的声音，如流水声、雷鸣声或风的声音等。
- ❑ **纯音**　当声音只由一种频率的声波所组成时，声源所发出的声音便称为纯音。例如，音叉所发出的声音便是纯音。
- ❑ **复合音**　复合音是由基音和泛音结合在一起形成的声音，即由多个不同频率声波构成的组合频率。复合音的产生原因是声源物体在进行整体振动的同时，其内部的组合部分也在振动。
- ❑ **协和音**　协和音由两个单独的纯音组合而成，但它与基音存在正比的关系。例如，当按下钢琴相差 8 度的音符时，二者听起来犹如一个音符，因此被称为协和音；若按下相邻 2 度的音符，则由于听起来不融合，因此会被称为不协和音。
- ❑ **噪音**　噪音是一种会引起人们烦躁或危害人体健康的声音，其主要来源于交通运输、车辆鸣笛、工业噪音、建筑施工等。
- ❑ **超声波与次声波**　频率低于 20Hz 的音波信号称为次声波，当音波的频率高于 20kHz 时就是超声波。

2. 声音的三要素

轻轻敲击钢琴键与重击钢琴键时感受到的音量大小会有所不同；敲击不同钢琴键时产生的声音不同；甚至钢琴与小提琴在演奏相同音符时的表现也会有所差别。根据这些差异，人们从听觉心理上为声音归纳出响度、音高与音色这 3 种不同的属性。

- ❑ **响度**　又称声强或音量，用于表示声音能量的强弱程度，主要取决于声波振幅的大小，振幅越大响度越大。声音的响度采用声压或声强来计量，单位为帕（Pa），与基准声压比值的对数值称为声压级，单位为分贝（dB）。
- ❑ 响度是听觉的基础，正常人听觉的强度范围在 0~140dB 之间，当声音的频率超出人耳可听频率范围时，其响度为 0。
- ❑ **音高**　音高也称为音调，表示人耳对声音高低的主观感受。音调由频率决定，频率越高音调越高。一般情况下，较大物体振动时的音调较低，较小物体振动时的音调较高。
- ❑ **音色**　音色也称为音品，由声音波形的谐波频谱和包络决定。

11.1.2　音频信号的数字化处理技术

随着科学技术的发展，无论是广播电视、电影、音像公司、唱片公司，还是个人录音棚，都在使用数字化技术处理音频信号。数字化正成为一种趋势，而数字化的音频处理技术也拥有广阔的前景。

1. 数字音频技术概述

所谓数字音频是指把声音信号数字化，并在数字状态下进行传送、记录、重放以及加工处理的一整套技术。它是随着数字音频处理技术、计算机技术、多媒体技术的发展而形成的一种全新的声音处理手段。

在数字音频技术中，将声音信号在模拟状态下进行加工处理的技术称为模拟音频技术。模拟音频信号的声波振幅具有随时间连续变化的性质，音频数字化的原理就是将这种模拟信号按一定时间间隔取值，并将取值按照二进制编码表示，从而将连续的模拟信号变换为离散的数字信号的操作过程。

与模拟音频相比，数字音频拥有较低的失真率和较高的信噪比，能经受多次复制与处理而不会明显降低质量。在多声道音频领域中，数字音频还能够消除通道间的相位差。不过，由于数字音频的数字量较大，因此会提高存储与传输数据时的成本和复杂性。

2. 数字音频技术的应用

由于数字音频在存储和传输方面拥有很多模拟音频无法比拟的技术优越性，因此数字音频技术已经广泛地应用于如今的音频制作过程中。

1）数字录音机

数字录音机采用了数字化方式记录音频信号，因此能够实现很高的动态范围和极好的频率响应，抖晃率也低于可测量的极限。与模拟录音机相比，剪辑功能也有极大的增强与提高，还可以实现自动编辑。

2）数字音轨混合器

数字音轨混合器除了具有 A/D 和 D/A 转换器外，还具有 DSP 处理器。在使用及控制方面，音轨混合器附设有计算机磁盘记录、电视监视器。各种控制器的调校程序、位置、电平、声源记录分组等均具有自动化功能，包括推拉电位器运动、均衡器、滤波器、压限器、输入、输出、辅助编组等，均由计算机控制。

3）数字音频工作站

数字音频工作站是一种计算机多媒体技术应用到数字音频领域后的产物。它包括了许多音频制作功能。多轨数字记录系统可以进行音乐节目录音、补录、搬轨及并轨使用，用户可以根据需要对轨道进行扩充，从而能够更方便地进行音频、视频同步编辑等后期制作。

11.2　编辑音频

音频素材是指能够持续一段时间，含有各种乐器音响效果的声音。在影片制作过程中，优美的画面还需要搭配音色好的音频素材，才能真正制作出高质量的视频。

11.2.1　在时间轴中编辑音频

当源音频素材无法满足用户创建需求时，Premiere 用户可以通过【时间轴】面板来编辑音频素材。

1．使用音频单位

对于视频来说，视频帧是其标准的测量单位，通过视频帧可以精确地设置入点或者
出点。然而在 Premiere 中，音频
素材应当使用毫秒或音频采样率
来作为显示单位。

当用户想查看音频单位及音
频素材的声波图形时，需要先将音
频素材添加至【时间轴】面板中。
然后，展开音频轨道，单击"时间
轴显示设置"按钮，选择【显
示音频波形】选项，即可显示该素
材的音频波形，如图 11-1 所示。

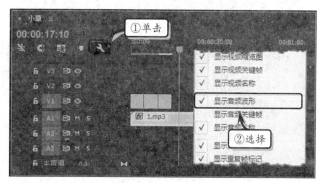

图 11-1　音频单位与声波图形

需要显示音频单位时，只需在
【时间轴】面板中单击"面板菜单"
按钮，在展开的级联菜单中选择
【显示音频时间单位】选项，即可
在时间标尺上显示相应的时间单
位，如图 11-2 所示。

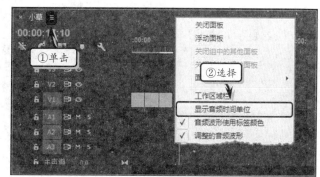

图 11-2　显示音频时间单位

Premiere 项目文件会采用音
频采样率作为音频素材单位，用户
可根据需要将其修改为毫秒。执行
【文件】|【项目设置】|【常规】命
令，单击【音频】选项组中的【显
示格式】下拉按钮，在其下拉列表中选择【毫
秒】选项即可，如图 11-3 所示。

2．调整音频素材的持续时间

音频素材的持续时间是指音频素材的播
放长度，用户可以通过设置音频素材的入点和
出点的方法，来调整其持续时间。除此之外，
Premiere 还允许用户通过更改素材长度和播
放速度的方式来调整其持续时间。

当用户需要通过更改其长度来调整音频
素材的持续时间时，可在【时间轴】面板中，
将鼠标置于音频素材的末尾，当光标变成◄形
状时，拖动鼠标即可更改其长度，如图 11-4
所示。

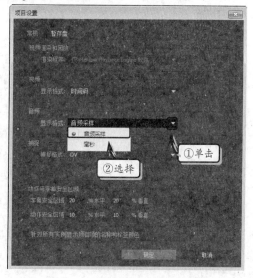

图 11-3　修改音频素材单位

在调整素材长度时，向左拖动鼠标则持续时间变短，向右拖动鼠标则持续时间变长。但是当音频素材处于最长持续时间状态时，将不能通过向外拖动鼠标的方式来延长其持续时间。

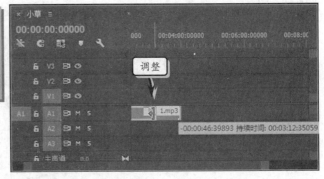

图 11-4　调整音频素材持续时间

使用鼠标拖动来延长或者缩短音频素材持续时间的方式，会影响到音频素材的完整性。因此，若要保证音频内容的完整性，还需要通过调整播放速度的方式来实现。

在【时间轴】面板中右击音频素材，执行【速度/持续时间】命令。在弹出的【剪辑速度/持续时间】对话框内调整【速度】参数值，即可改变音频素材【持续时间】的长度，如图 11-5所示。

除了调整【速度】参数值之外，用户还可以通过更改【持续时间】参数值，精确控制素材的播放长度。

3. 设置轨道头

Premiere 为【时间轴】面板中的轨道添加了自定义轨道头功能，以方便用户通过自定义编辑与控制音频的功能按钮，来快速地操作编辑音频素材。

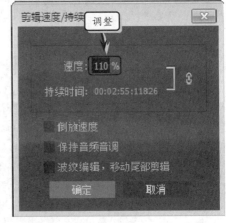

图 11-5　调整速度

单击【时间轴】面板中的【时间轴显示设置】按钮，选择【自定义音频头】选项，在打开的【按钮编辑器】面板中，将音频轨道中没有或者需要的功能按钮拖入轨道头中即可，如图 11-6所示。

单击【确定】按钮后，关闭【按钮编辑器】面板，所添加的功能按钮将显示在音频轨道头中。

音频轨道中的功能按钮操作起来非常简单，在播放音频的过程中，只要单击某个功能按钮，即可在音频中听到相应的变化。其中，每个功能按钮的名称以及作用如表 11-1 所示。

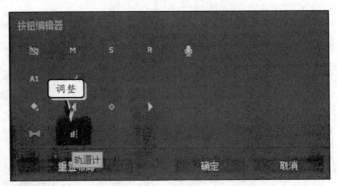

图 11-6　添加功能按钮

图 11-1　音频轨道中功能按钮的名称与作用

名　　称	按　钮	作　　用
静音轨道	M	单击该按钮，对应轨道中的音频将无法播放出声音
独奏轨道	S	当两个或两个以上的轨道同时播放音频时，单击其中一个轨道中的该按钮即可禁止播放除该轨道以外其他轨道中的音频
启用轨道以进行录制	R	单击该按钮，能够启用相应的轨道进行录音。如果无法进行录音，只要执行【编辑】|【首选项】|【音频硬件】命令，在弹出的【首选项】对话框中单击【ASIO 设置】按钮，弹出【音频硬件设置】对话框。在【输入】选项卡中，启用【麦克风】选项，连续单击【确定】按钮，即可开始录音
轨道音量		添加该按钮后以数字形式显示在轨道头。直接输入或者单击并左右拖动鼠标，即可降低或提高音频音量
左/右平衡		添加该按钮后以圆形滑轮形式显示在轨道头。单击并左右拖动鼠标，即可控制左右声道音量的大小
轨道计		将在音频轨道头处显示了一个水平音频计
轨道名称	A1	添加该按钮后，显示轨道名称
显示关键帧		该按钮用来显示添加的关键帧，单击该按钮可以选择【剪辑关键帧】或者【轨道关键帧】选项
添加-移除关键帧		单击该按钮可以在轨道中添加关键帧
转到上一关键帧		当轨道中添加两个或两个以上关键帧时，可以通过单击该按钮选择上一个关键帧
转到下一关键帧		当轨道中添加两个或两个以上关键帧时，可以通过单击该按钮选择下一个关键帧

11.2.2　在效果控件中编辑音频

在 Premiere 中，除了可以在【时间轴】面板中快速地编辑音频外，还可以在【效果控件】面板中精确地设置音频素材。

当选中【时间轴】面板中的音频素材后，【效果控件】面板中将显示【音量】、【声道音量】以及【声像器】三个选项组，如图 11-7 所示。

1. 音量

展开【音量】选项组，用户可发现在该选项组中只包含了【旁路】和【级别】2 个选项。其中，【旁路】选项用于指定是应用还是绕过合唱

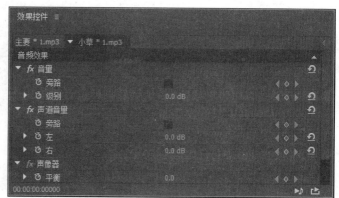

图 11-7　【效果控件】面板中的音频选项

效果的可关键帧选项；而【级别】选项则用来控制总体音量的高低。

在【级别】选项中，可以通过添加关键帧的方法，使音频素材在播放时的音量出现

时高时低的波动效果。首先，将"当前时间指示器"调整到合适位置。然后，在【效果控件】面板中单击【级别】选项左侧的【切换动画】按钮，即可创建第一个关键帧，如图 11-8 所示。

接下来，将"当前时间指示器"调整至新位置，直接调整【级别】选项的参数值，即可创建第二个关键帧，如图 11-9 所示。

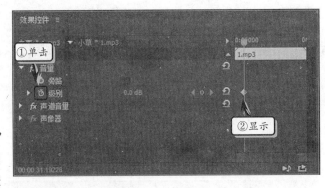

图 11-8　创建第一个关键帧

> **提　示**
>
> 用户也可以通过单击【级别】选项右侧的【添加/移除关键帧】按钮，添加第二个关键帧。

使用同样的方法，添加其他关键帧。此时，用户可通过单击【转到上一关键帧】按钮或者【转到下一关键帧】按钮，来查看关键帧或修改关键帧中的【级别】选项参数值，如图 11-10 所示。

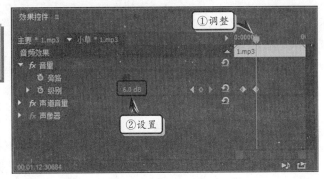

图 11-9　添加第二个关键帧

2．声道音量

【声道音量】选项组中的选项是用来设置音频素材的左右声道的音量，在该选项组中既可以同时设置左右声道的音量，还可以分别设置左右声道的音量。其设置方法与【音量】选项组中的方法相同，如图 11-11 所示。

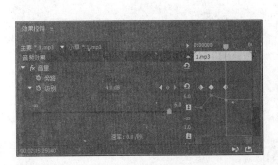

图 11-10　设置关键帧参数

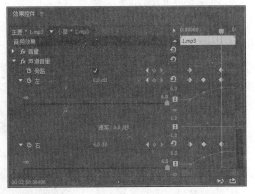

图 11-11　分别设置左右声道的音量

3．声像器

【声像器】选项组是用来设置音频的立体声声道。在该选项组中，只包含了一个【平衡】选项。用户可以为该选项创建多个关键帧，创建关键帧之后还可以通过拖动改变点与点之间线弧度的方法来调整声音变化的缓急，以达到改变音频立体声效果的目的，如图 11-12 所示。

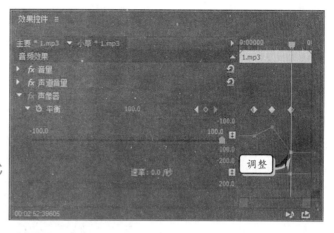

●---- 11.2.3 声道映射 ----

声道是指录制或者播放音频素材时，在不同空间位置采集或回放的相互独立的音频信号。

图 11-12　设置【声像器】

在 Premiere 中，不同的音频素材具有不同的音频声道，如左右声道、立体声道和单声道等。

1. 源声道映射

在编辑影片的过程中，当遇到卡拉 OK 等双声道或多声道的音频素材时，可通过源声道映射功能，对音频素材中的声道进行转换。

首先，将音频素材导入至 Premiere 项目中，双击该音频素材，在【素材源】面板中查看音频素材的声道情况，如图 11-13 所示。

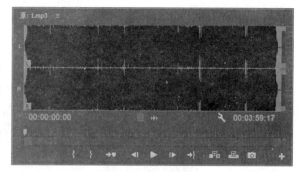

图 11-13　原始的音频素材

然后，在【项目】面板中选择该音频素材，执行【剪辑】|【修改】|【音频声道】命令。在弹出的【修改剪辑】对话框中，上半部分显示了音频素材的所有轨道格式，下半部分则列出了当前音频素材具有的源声道模式，如图 11-14 所示。

> **技 巧**
>
> 在【修改剪辑】对话框中，所有选项的默认设置均与音频素材的属性相关。单击对话框底部的【播放】按钮▷后，还可以对所选音频素材进行试听。

2. 拆分为单声道

Premiere 还可以将音频素材中的各个声道分离为单独的音频素材，也就是将一个多声道的音频素材分离为多个单声道的音频素材。

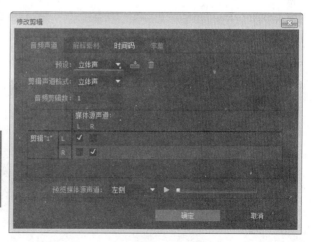

图 11-14　【修改剪辑】对话框

在【项目】面板中选择音频素材，执行【剪辑】|【音频选项】|【拆分为单声道】命令，即可将原始素材分离为多个不同声道的音频素材，如图 11-15 所示。

3．提取音频

在编辑某些影视节目时，可能会遇到只使用某段视频素材中部分音频的现象。此时，可运用提取音频功能，将素材中的部分音频提取为独立的音频素材。

在【项目】面板中选择相应的视频素材，执行【剪辑】|【音频选项】|【提取音频】命令，Premiere 便会利用提取出的音频部分生成独立的音频素材文件，并将其自动添加至【项目】面板中，如图 11-16 所示。

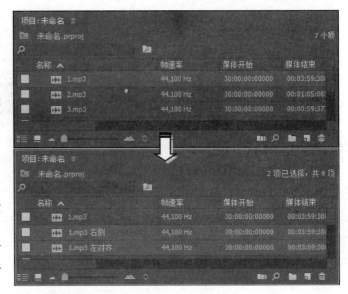

图 11-15 拆分为单声道

11.2.4 增益和均衡

在 Premiere 中，音频素材内音频信号的声调高低称为增益，而音频素材内各声道间的平衡状况被称为均衡。

1．调整增益

调整增益是为了避免整体音频素材出现声调过高或过低的情况，以免影响整个影片的制作效果。

在【项目】或【时间轴】面板中选择音频素材，执行【剪辑】|【音频选项】|【音频增益】命令，在弹出的【音频增益】对话框中，选中【将增益设置为】选项，并在右侧文本框内输入增益值，单击【确定】按钮，如图 11-17 所示。

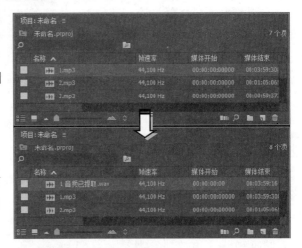

图 11-16 提取音频

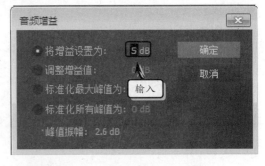

图 11-17 【音频增益】对话框

> **提示**
>
> 当设置的参数大于 0dB 时，表示增大音频素材的增益；当其参数小于 0dB 时，则为降低音频素材的增益。

2. 均衡立体声

在 Premiere 中，可以在【时间轴】面板上通过【钢笔工具】为音频素材添加关键帧的方法，来调整关键帧位置上的音量大小，从而达到均衡立体声的目的。

首先，将音频素材添加到【时间轴】面板中，并在音频轨内展开音频素材。然后，右击音频素材，执行【显示剪辑关键帧】|【声像器】|【平衡】命令，即可将【时间轴】面板中的关键帧控制模式切换至【平衡】音频效果方式，如图11-18 所示。

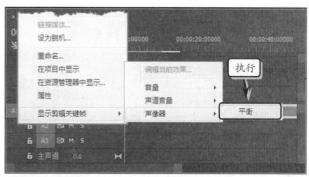

单击该音频轨道中的【添加-移除关键帧】按钮，同时使用【工具】面板中的【钢笔工具】调整关键帧调节线，即可调整立体声的均衡效果，如图11-19 所示。

图 11-18　切换【平衡】音频效果

> **提　示**
>
> 使用【工具】面板中的【选择工具】，也可以调整关键帧调节线。

3. 设置渐变音频

渐变音频可以使音频产生一种由高到低或由低到高的音效，由此形成一种意犹未尽的影视意境。

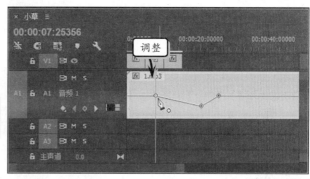

图 11-19　均衡立体声

渐变音频效果主要是通过调整音频中的关键帧来实现，至少应当为音频素材添加 2 个关键帧。其中一个关键帧应位于声音开始淡化的起始阶段，而另一处位于淡化效果的末尾阶段，如图11-20 所示。

然后，在【工具】面板中选择【钢笔工具】，并使用钢笔工具降低淡化效果末尾关键帧的增益，即可实现相应音频素材的逐渐淡化至消失的效果，如图11-21 所示。

图 11-20　为淡化声音添加音量关键帧

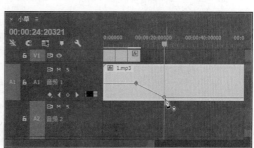

图 11-21　调整音量关键帧

对两段音频素材分别应用音量逐渐降低和音量逐渐增大的设置，则能够创建出两段音频素材交叉淡出与淡入的效果。

11.3 音频过渡和音频效果

Premiere 不仅内置了多种视频过渡和视频效果，而且还内置了多种音频过渡和音频效果，可以保证音频素材间的连接更为自然、融洽，从而提高影片的整体质量。

11.3.1 应用音频过渡

与视频切换效果相同，音频过渡也放在【效果】面板中。在【效果】面板中依次展开【音频过渡】中的【交叉淡化】选项组，即可显示 Premiere 内置的3 种音频过渡效果，如图 11-22 所示。

1. 添加音频过渡效果

图 11-22 音频过渡

【交叉淡化】选项组中不同的音频过渡类型可以实现不同的音频处理效果。若要为音频素材应用过渡效果，首先将音频素材添加至【时间轴】面板。然后，将相应的音频过渡效果拖动至音频素材的开始或末尾位置即可，如图 11-23 所示。

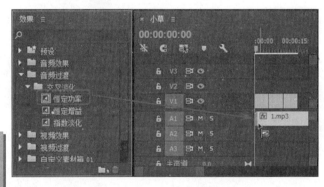

> **提 示**
> "恒定功率"音频过渡可以使音频素材以逐渐减弱的方式过渡到下一个音频素材；"恒定增益"能够让音频素材以逐渐增强的方式进行过渡。

图 11-23 添加【音频过渡】效果

2. 设置默认音频效果

在【效果】面板中右击任意一个音频过渡效果，执行【将所选过渡设置为默认过渡】命令，即可将该音频过渡设置为默认的音频过渡，如图11-24 所示。

默认情况下，所有音频过渡的持续时间均为 1 秒，用户可以在【时间轴】面板中单击【音频过渡】特效，在【特效控制台】面板中设置其过渡时间，如图 11-25 所示。

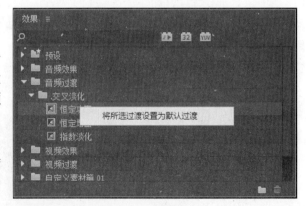

图 11-24 设置默认音频过渡

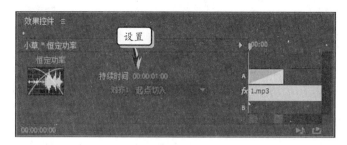

图 11-25　设置音频过渡时间

11.3.2　添加音频效果

Premiere 提供了大量音频特效滤镜。利用这些滤镜，用户可以非常方便地为影片添加混响、延时、反射等声音特技。

由于 Premiere 将音频素材根据声道数量划分为不同类型，其内置的音频特效也被分为 5.1 声道、立体声和单声道 3 大类型，并被集中放置在【效果】面板内的【音频特效】文件夹中，如图 11-26 所示。

添加音频特效的方法与添加视频特效的方法相同，用户既可通过【时间轴】面板进行操作，也可通过【效果控件】面板进行操作。

1．通过【时间轴】添加

通过【时间轴】面板添加音频效果，只需在【效果】面板中选择音频特效后，将其拖动至相应的音频素材上即可，如图 11-27 所示。

2．通过【效果控件】添加

通过【效果控件】面板添加音频效果，只需在【时间轴】面板中选择音频素材后，将【效果】面板内的音频特效拖动至【效果控件】面板中即可，如图 11-28 所示。

图 11-26　音频效果

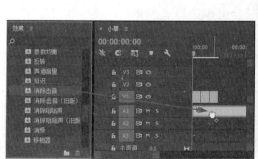

图 11-27　通过【时间轴】面板添加音频效果　　图 11-28　通过【效果控件】面板添加音频效果

11.3.3 相同的音频效果

尽管 Premiere 音频效果被统一放置在一起，但是由于声道类型的不同，有些音频效果适用于所有类型的声道，而有些音频效果只特定用于某个类型声道。下面这些音频效果则适用于所有类型的声道。

1．EQ（均衡器）

该音频效果用于实现参数平衡效果，可对音频素材中的声音频率、波段和多重波段均衡等进行设置，如图 11-29 所示。

在【效果控件】面板中，单击【编辑】按钮，可在弹出的【剪辑效果控制器】对话框中，分别启动 Low、Mid 和 High 复选框，并使用鼠标拖动相应的控制点，如图 11-30 所示。

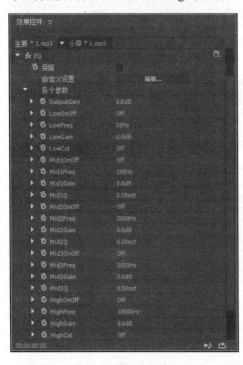

图 11-29 EQ 音频效果

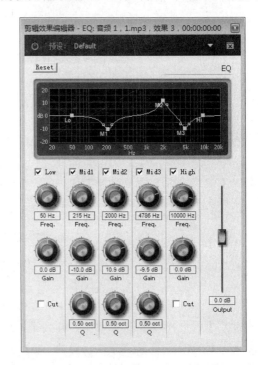

图 11-30 利用图形控制器调整波段参数

其中，EQ 选项组中部分重要参数的功能与作用如表 11-2 所示。

图 11-2 部分 EQ 音频效果参数介绍

名　　称	作　　用
Low、Mid 和 High	用于显示或隐藏自定义滤波器
Gian	该选项用于设置常量之上的频率值
Cut	启用该复选框，即可设置从滤波器中过滤掉的高低波段
Frequency	该选项用于设置波段增大和减小的次数
Q	该选项用于设置各滤波器波段的宽度
Output	用于补偿过滤效果之后造成频率波段的增加或减少

2. 低通和低音

【低通】音频效果的作用是去除高于指定频率的声波。该音频效果仅有【屏蔽度】一项选项，其作用在于指定可通过声音的最高频率，如图 11-31 所示。

【低音】音频效果主要调整音频素材中的低音部分，该音频效果仅有【提升】一项选项，主要用于对声音的低音部分进行提升或降低，其取值范围为-24~24。当【提升】选项的参数为正时，表示提升低音，负值则表示降低低音，如图 11-32 所示。

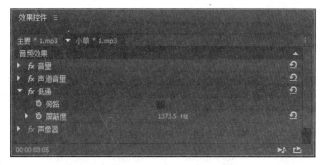

图 11-31　【低通】效果

3. 多功能延迟

该音频效果能够对音频素材播放时的延迟进行更高层次的控制，对于在电子音乐内产生同步、重复的回声效果非常有用，如图 11-33 所示。

图 11-32　【低音】效果

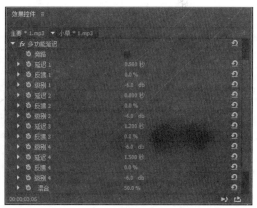

图 11-33　【多功能延迟】音频效果

在【效果控件】面板中，【多功能延迟】音频效果的属性参数名称及其作用如表 11-3 所示。

图 11-3　【多功能延迟】音频效果参数介绍

名　称	作　用
延迟	该音频特效的【效果控制】面板中，含有 4 个【延迟】选项，用于设置原始音频素材的延时时间，最大的延时为 2 秒
反馈	该选项用于设置有多少延时音频反馈到原始声音中
级别	该选项用于设置每个回声的音量大小
混合	该选项用于设置各回声之间的融合状况

4. Reverb（混响）

Reverb 音频效果用于模拟在室内播放音乐时的效果，从而能够为原始音频素材添加环境音效。也就是说，该音频特效能够添加家庭环绕式立体声效果，如图 11-34 所示。

在【效果控件】面板中，用户可通过调整各属性选项参数值来设置音频效果。除此之外，单击【编辑】按钮，可在弹出的对话框中通过拖动图形控制器中的控制点来调整房间大小、混音、衰减、漫射以及音色等内容，如图 11-35 所示。

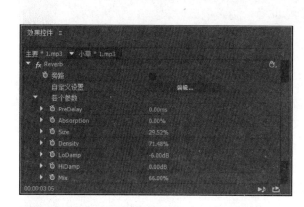

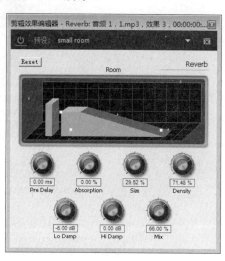

图 11-34　混响音频效果

图 11-35　设置混响效果参数

5. 延迟

该效果用来设置原始音频和回声之间的时间间隔声道的高音部分。为素材添加【延迟】效果后，在【效果控件】面板中展开【延迟】效果，如图 11-36 所示。

【延迟】效果的三大主要功能如下所述。

图 11-36　【延迟】效果

- ❑ 【延迟】 用于指定在回声播放之前的时间量，最大值为 2 秒。
- ❑ 【反馈】 用于指定往回添加到延迟（以创建多个衰减回声）的延迟信号百分比。
- ❑ 【混合】 用于控制回声的量。

11.3.4　不同的音频效果

根据声道类型的不同，Premiere 还具有一些独特的音频特效，这些音频特效只能应用于对应的音频轨道内。

1. 平衡

【平衡】音频效果是立体声音频轨道独有的音频效果，其作用在于平衡音频素材内的左右声道。在【效果控件】面板中，调节【平衡】滑块，可以设置左右声道的效果。向右调节【平衡】滑块，推进音频均衡向右声道倾斜，向左调节，则音频均衡向左声道倾斜，如图 11-37 所示。

而当【平衡】音频效果的参数值为正时，Premiere 将对右声道进行调整，为负则会调整左声道。

图 11-37　【平衡】音频效果

2. 用右侧填充左侧

"用右侧填充左侧"音频效果仅用于立体声轨道中，功能是将右声道中的音频信号复制并替换左声道中的音频信号。另外，该音频效果并不包含参数，如图 11-38 所示。

提　示

与【用右侧填充左侧】音频效果相对应的是，Premiere 还提供了一个【用左侧填充右侧】的音频效果，两者的使用方法虽然相同，但功能完全相反。

3. 互换声道

【互换声道】音频效果，可以使立体声音频素材内的左右声道信号相互交换。由于功能的特殊性，该音频效果多用于原始音频的录制、处理过程中。

图 11-38　【用右侧填充左侧】音频效果

由于该音频效果不包含参数，因此用户直接应用该效果即可实现声道互换效果，如图 11-39 所示。

4. 声道音量

【声道音量】音频效果适用于 5.1 和立体声音频轨道，其作用是控制音频素材内不同声道的音量大小，如图 11-40 所示。

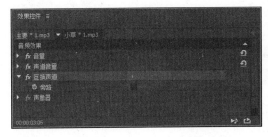

图 11-39　【互换声道】音频效果

图 11-40　【声道音量】音频效果

11.4　使用音频混合器

在整套音响系统中，调音台的作用是对多路输入信号进行放大、混合、分配及音质的修饰及音响效果的加工等。Premiere 中的音频混合器类似于实际工作中的调音台，同样可以调整素材的音量大小、渐变效果、均衡立体声、录制旁白等。

11.4.1 音轨混合器

Premiere 中的【音轨混合器】面板，可在听取音频轨道和查看视频轨道时调整设置。其中，每条音频轨道混合器轨道均对应于活动序列时间轴中的某个轨道，并会在音频控制台布局中显示时间轴音频轨道。

音轨混合器是 Premiere 为用户制作高质量音频所准备的多功能音频素材处理平台，方便用户在现有音频素材的基础上创建复杂的音频效果。

执行【窗口】|【音轨混合器】命令，即可打开【音轨混合器】面板。【音轨混合器】面板是由若干音频轨道控制器和播放控制器所组成，而每个轨道控制器内又由对应轨道的控制按钮和音量控制器等控件组成，如图 11-41 所示。

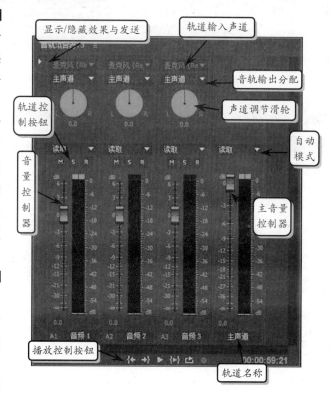

图 11-41 【音轨混合器】面板

提 示

默认情况下，【音轨混合器】面板内仅显示当前所激活序列的音频轨道。因此，如果希望在该面板内显示指定的音频轨道，就必须将序列嵌套至当前被激活的序列内。

1. 自动模式

在【音轨混合器】面板中，自动模式控件对音频的调节作用主要分为调节音频素材和调节音频轨道两种方式。当调节对象为音频素材时，音频调节效果仅对当前素材有效，且调节效果会在用户删除素材后一同消失。如果是对音频轨道进行调节，则音频效果将应用于整个音频轨道内，即所有处于该轨道的音频素材都会在调节范围内受到影响。

首先，将音频素材添加至【时间轴】面板中的音频轨道。然后，在【音轨混合器】面板中单击相应轨道中的【自动模式】下拉按钮，即可选择所要应用的自动模式选项，如图 11-42 所示。

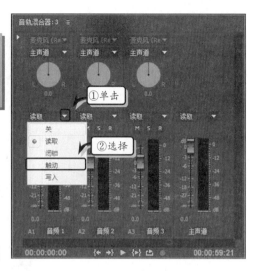

【音轨混合器】面板中的轨道数量与【时间轴】面板内的音频轨道数量相对应，当用户在【时间轴】面板中添加或删除音频轨道时，【音轨混合器】面板也会自动做出相应的调整。

2. 轨道控制按钮

在【音轨混合器】面板中，"静音轨道" M 、"独奏轨道" S 、"启用轨道以进行录制" R 等按钮的作用是在用户预听音频素材时，让指定轨道以完全静音或独奏的方式进行播放。

例如在【音频1】、【音频2】和【音频3】轨道都存在音频素材的情况下，单击"播放-停止切换（Space）"按钮，在预听播放时的【音

图 11-42　设置自动模式控件

轨混合器】面板中相应轨道中均会显示素材的波形变化。此时，单击【音频 2】轨道中的"静音轨道"按钮 M 后再预听音频素材，则【音频 2】轨道内将不再显示素材波形，这表示该音频轨道已被静音，如图 11-43 所示。

在包含众多音频轨道的情况下，在预听音频前在【音轨混合器】面板中单击相应轨道中的"独奏轨道"按钮，即可只试听某一音频轨道中的素材播放效果，如图 11-44 所示。

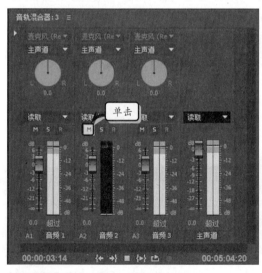

图 11-43　指定轨道静音

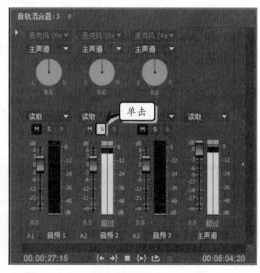

图 11-44　设置独奏轨道

再次单击"静音轨道"或"独奏轨道"按钮，即可取消音频轨道中素材的静音或者独奏效果。

3. 声道调节滑轮

当音频素材只存在左、右 2 个声道时，声道调节滑轮则可用来切换音频素材的播放

声道。此时，向左拖动声道调节滑轮，相应轨道音频素材的左声道音量将会得到提升，而右声道音量会降低；而向右拖动声道调节滑轮，则右声道音量得到提升，而左声道音量降低，如图 11-45 所示。

提 示

除了拖动声道调节滑轮设置音频素材的播放声道外，还可以通过直接输入数值的方式进行设置。

4．音量控制器

音量控制器用于调节相应轨道内的音频素材播放音量，由左侧的 VU 仪表和右侧的音量调节滑杆组成，根据类型的不同分为主音量

图 11-45　使用声道调节滑轮

控制器和普通音量控制器。其中，普通音量控制器的数量由相应序列内的音频轨道数量所决定，而主音量控制器只有一项。

在预览音频素材播放效果时，VU 仪表会显示音频素材音量大小的变化。此时，利用音量调节滑标即可调整素材的声音大小，向上拖动滑块可增大素材音量，反之则可降低素材音量，如图 11-46 所示。

5．播放控制按钮

播放控制按钮位于【音轨混合器】面板的正下方，其功能是控制音频素材的播放状态。各个控制按钮的具体作用如表 11-4 所述。

图 11-4　播放控制按钮的具体作用

按 钮	名 称	作 用
	转到入点	将当前时间指示器移至音频素材的开始位置
	转到出点	将当前时间指示器移至音频素材的结束位置
	播放-停止切换	播放音频素材，单击后按钮图案将变为"方块"形状
	从入点播放到出点	播放音频素材入点与出点间的部分
	循环	使音频素材不断进行循环播放
	录制	单击该按钮后，即可开始对音频素材进行录制操作

11.4.2　音频剪辑混合器

音频剪辑混合器是 Premiere Pro 中混合音频的新方式，不仅可以控制混合器界面中的单个剪辑，而且还可以创建更为平滑的音频淡化效果。

执行【窗口】|【音频剪辑混合器】命令，即可弹出【音频剪辑混合器】面板，它与

【音轨混合器】面板之间是相互关联的，既可以监视并调整序列中剪辑的音量和声响，又可以监视源监视器中的剪辑。

默认情况下，【音频剪辑混合器】面板是处于监视序列的状态。当用户选择源监视器面板中的音频素材时，【音频剪辑混合器】面板将自动切换到监视源监视器中的剪辑状态，如图 11-47 所示。

Premiere 中的【音频剪辑混合器】具有检查器的作用。其增益调节器会映射至剪辑的音量水平，而声像控制会映射至剪辑声像器。

当【时间轴】面板处于焦点状态时，播放指示器会将当前位置下

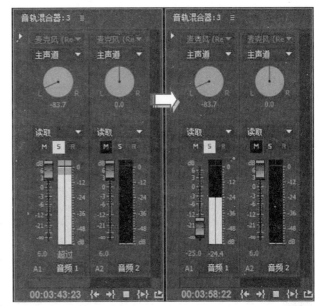

图 11-46 音量控制

方的每个剪辑都将映射到【音频剪辑混合器】的声道中。例如，时间轴面板的 A1 轨道上的剪辑，会映射到剪辑混合器的 A1 声道，如图 11-48 所示。

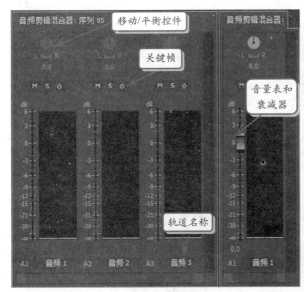

图 11-47 【音频剪辑混合器】面板

图 11-48 映射当前声道

只有当播放指示器下存在音频剪辑时，【音频剪辑混合器】才会显示剪辑音频。而当轨道包含间隙时，如果间隙在播放指示器下方，则剪辑混合器中相应的声道将不会显示音频剪辑，如图 11-49 所示。

1. 设置声道音量

通过【音频剪辑混合器】面板，用户不仅可以设置音频轨道中的总体音量，还可以

单独设置声道音量。

　　默认情况下，系统禁用了声道音量。此时，用户可右击音量表，在弹出的菜单中选择【显示声道音量】选项，即可显示出声道衰减器，如图 11-50 所示。

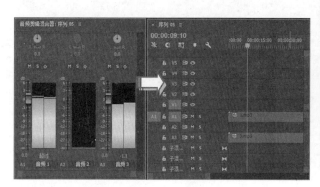

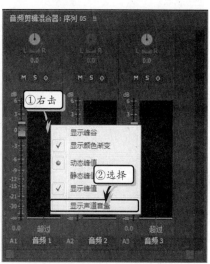

◢◣ 图 11-49 显示剪辑音频　　　　　　　　　　◢◣ 图 11-50 显示声道音量

　　此时，将鼠标指向【音频剪辑混合器】面板中的音量表时，衰减器则会变成按钮形式。上下并拖动衰减器，即可单独控制声道音量，如图 11-51 所示。

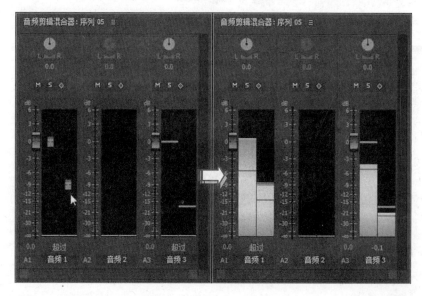

◢◣ 图 11-51 控制声道音量

2. 设置关键帧

　　运用【音频剪辑混合器】面板中的关键帧按钮不仅可以设置音频轨道中音频总体音量与声道音量，而且还可以设置不同时间段的音频音量，从而达到更改音量性质的目的。

当用户需要在不同的时间段中设置不同的音量时，首先需要在【时间轴】面板中调整"当前时间指示器"所显示的位置。然后，在【音频剪辑混合器】面板中单击"写关键帧"按钮，如图 11-52 所示。

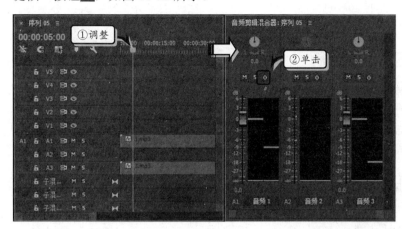

图 11-52　单击【写关键帧】按钮

按空格键继续播放音频片段，并在不同的时间段中拖动控制音量的衰减器，从而创建关键帧，设置音量高低，如图 11-53 所示。

再次播放音频时，用户会发现声音时高时低，并且【音频剪辑混合器】面板中的衰减器会跟随【时间轴】面板中的关键帧来回移动。

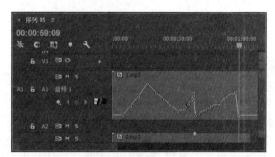

图 11-53　创建关键帧

11.5　课堂练习：制作混合音效

在一些影视作品中，经常可以听到讲解和背景音乐都有回音，或者左右声道变换的效果。在 Premiere 中能够轻松方便地完成这样的效果制作。本案例为用户介绍制作影视作品中音频混合的特效效果的方法，如图 11-54 所示。

图 11-54　最终效果图

操作步骤

1. 新建项目。启动 Premiere，在弹出的【欢迎使用】对话框中选择【新建项目】选项，如图 11-55 所示。

图 11-55 新建项目

2. 在弹出的【新建项目】对话框中设置相应选项，单击【确定】按钮，如图 11-56 所示。

图 11-56 设置选项

3. 导入素材。执行【文件】|【导入】命令，在弹出的【导入】对话框中选择素材文件，单击【打开】按钮，如图 11-57 所示。

4. 取消链接。将素材添加到【时间轴】面板中右击素材执行【取消链接】命令，取消音视频之间的链接，如图 11-58 所示。

5. 设置音量关键帧。选择音频素材，将"当前时间指示器"调整为 00:00:02:00，在【效果控件】面板中，设置【左】和【右】选项参数，如图 11-59 所示。

图 11-57 导入素材

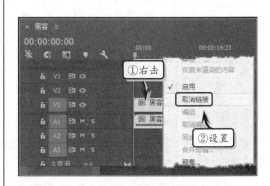

图 11-58 取消音视频链接

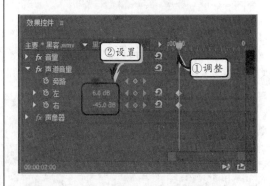

图 11-59 设置第一个选项参数

6. 将"当前时间指示器"调整为 00:00:03:00，在【效果控件】面板中设置【左】和【右】选项参数，如图 11-60 所示。

图 11-60　设置第二个选项参数

7　将"当前时间指示器"调整为 00:00:08:00，在【效果控件】面板中设置【左】和【右】选项参数，如图 11-61 所示。

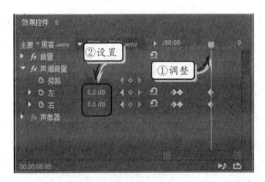

图 11-61　设置第三个选项参数

8　应用音频效果。在【效果】面板中，展开【音频效果】效果组，双击"延迟"效果，将其添加到音频素材中，如图 11-62 所示。

9　将"当前时间指示器"调整为 00:00:08:00，在【效果控件】面板中，单击【延迟】和【反馈】选项左侧的【切换动画】按钮，并设置其选项，如图 11-63 所示。

10　将"当前时间指示器"调整为 00:00:11:00，在【效果控件】面板中，设置【延迟】和【反

馈】选项参数，如图 11-64 所示。

图 11-62　添加音频效果

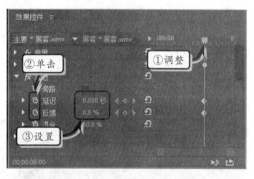

图 11-63　设置【延迟】效果选项

图 11-64　设置【延迟】效果选项

11.6　课堂练习：制作音频特效

　　影视作品在后期声音的处理上，效果和方法有很多，如音质调整、延迟、高音低音等。而在 Premiere 中进行音频特效处理的方法主要是使用音频转场和音频特效。本练习介绍在 Premiere 中使用音频转场制作影视作品特效的方法，如图 11-65 所示。

📀 **图 11-65** 最终效果图

操作步骤

1 新建项目。启动 Premiere，在弹出的【欢迎界面】对话框中选择【新建项目】选项，如图 11-66 所示。

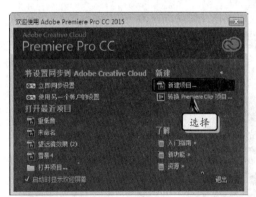

📀 **图 11-66** 新建项目

📀 **图 11-67** 设置选项

2 在弹出的【新建项目】对话框中设置相应选项，并单击【确定】按钮，如图 11-67 所示。

3 导入素材。执行【文件】|【导入】命令，在弹出的【导入】对话框中选择素材文件，单击【打开】按钮，并将素材拖入到时间轴面板中，如图 11-68 所示。

4 分割视频。将"当前时间指示器"调整为 00:01:30:01，使用【剃刀工具】单击该位置处，分割视频并删除右侧的视频片段，如图 11-69 所示。

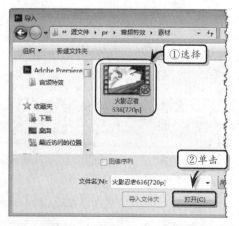

📀 **图 11-68** 导入素材

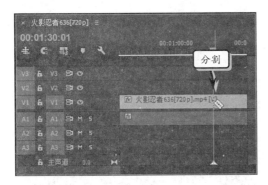

图 11-69 分割视频

5　取消链接。右击素材执行【取消链接】命令，取消音视频之间的链接，如图 11-70 所示。

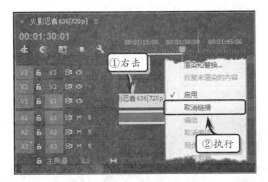

图 11-70 取消链接

6　应用音频过渡。在【效果】面板中展开【音频过渡】下【交叉淡化】效果组，将"指数淡化"效果拖到音频素材的开始处，如图 11-71 所示。

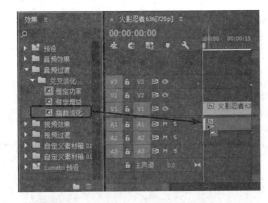

图 11-71 添加过渡效果

7　然后，将【持续时间】选项设置为 00:00:03:00。使用同样方法，在音频末尾处添加该音频过渡效果，如图 11-72 所示。

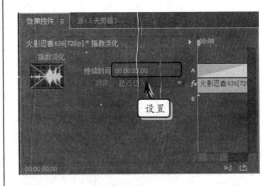

图 11-72 设置持续时间

8　应用音频效果。选择音频素材，在【效果】面板中，展开【音频效果】效果组，双击【低通】效果，将其添加到音频素材中，如图 11-73 所示。

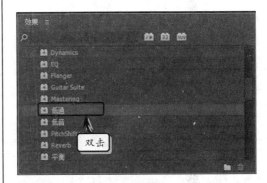

图 11-73 添加音频效果

9　将"当前时间指示器"调整为 00:00:13:08，在【效果控件】面板中单击【屏蔽度】选项左侧的【切换动画】按钮，并设置调整其选项参数，如图 11-74 所示。

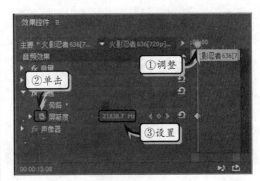

图 11-74 设置选项参数

10 将"当前时间指示器"调整为 00:00:13:09，在【效果控件】面板中设置【屏蔽度】选项参数，如图 11-75 所示。

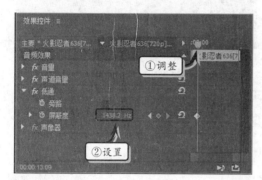

图 11-75 设置选项参数

11 将"当前时间指示器"调整为 00:00:25:05，在【效果控件】面板中设置【屏蔽度】选项参数，如图 11-76 所示。

图 11-76 设置选项参数

12 将"当前时间指示器"调整为 00:00:26:15，在【效果控件】面板中设置【屏蔽度】选项参数，如图 11-77 所示。

图 11-77 设置选项参数

13 在【效果】面板中展开【音频效果】效果组，双击【高音】效果，将其添加到音频素材中，如图 11-78 所示。

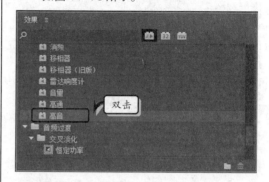

图 11-78 设置选项参数

14 将"当前时间指示器"调整为 00:00:50:01，在面板中单击【提升】选项左侧的【切换动画】按钮并设置其选项参数，如图 11-79 所示。

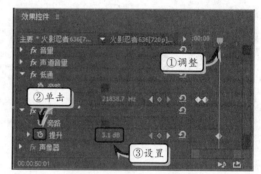

图 11-79 设置选项参数

15 将"当前时间指示器"调整为 00:00:51:00，在【效果控件】面板中设置【提升】选项参数，如图 11-80 所示。

图 11-80 设置选项参数

16 将"当前时间指示器"调整为 00:00:54:12，在【效果控件】面板中设置【提升】选项参数，如图 11-81 所示。

图 11-81　设置选项参数

17 在【效果】面板中展开【音频效果】效果组，双击【高通】效果，将其添加到音频素材中，如图 11-82 所示。

图 11-82　添加音频效果

18 将"当前时间指示器"调整为 00:01:13:21，在【效果控件】面板中单击【屏蔽度】选项左侧的【切换动画】按钮，设置其选项参数，如图 11-83 所示。

19 将"当前时间指示器"调整为 00:01:18:21，在【效果控件】面板中设置【屏蔽度】选项参数，如图 11-84 所示。

图 11-83　设置选项参数

图 11-84　设置选项参数

20 将"当前时间指示器"调整为 00:01:23:00，在【效果控件】面板中设置【屏蔽度】选项参数，如图 11-85 所示。

图 11-85　设置选项参数

11.7　思考与练习

一、填空题

1. 声音通过物体振动所产生，正在发声的物体被称为_____。

2. 默认情况下，Premiere 项目文件会用音频采样率作为音频素材单位，用户可根据需要将其修改为_____。

3．为音频素材添加_____的作用是为了让音频素材间的连接更为自然、融洽，从而提高影片的整体质量。

4．在 Premiere 中，音频素材内音频信号的_____称为增益。

5．EQ（均衡器）音频效果用于实现参数平衡效果，可对音频素材中的_____、波段和多重波段均衡等进行设置。

6．_____音频效果是立体声音频轨道独有的音频效果，其作用在于平衡音频素材内的左右声道。

二、选择题

1．当声音只由一种频率的声波所组成时，声源所发出的声音便称为_____。

    A．自然音

    B．纯音

    C．复合音

    D．噪音

2．在 Premiere 中，音频素材应当使用_____或音频采样率来作为显示单位。

    A．毫秒

    B．秒

    C．帧

    D．Hz

3．下列关于调整音频素材持续时间的选项中，描述错误的是_____。

    A．音频素材的持续时间是指音频素材的播放长度

    B．调整音频素材的播放速度可起到改变素材持续时间的作用

    C．执行【素材】|【速度/持续时间】命令后，可直接修改所选素材的持续时间

    D．可通过鼠标拖动素材端点的方式减少或增加素材的持续时间

4．"恒定功率"音频过渡可以使音频素材以_____过渡到下一个音频素材；"恒定增益"能够让音频素材以逐渐增强的方式进行过渡。

    A．逐渐减弱的方式

    B．逐渐增强强的方式

    C．不变的方式

    D．以上选项均不对

5．Premiere 音频效果由于声道类型的不同，有些音频效果适用于所有类型的声道，而_____音频效果只特定用于某个类型声道。

    A．低通和低音

    B．多功能延迟

    C．Reverb

    D．平衡

三、问答题

1．简述声音三要素都是什么？

2．简述对音频素材进行增益、淡化和均衡的作用。

3．为音频素材添加音频过渡的方法是什么？

四、上机练习

1．单声道播放效果

首先将音频素材添加到【时间轴】面板中，并选中该素材。然后，在【效果】面板中，双击【音频效果】效果组中的【静音】效果，将其添加到音频素材中。最后，在【效果控件】面板中，将【静音 2】选项设置为"1 静音"，如图 11-86 所示。

图 11-86 设置静音选项参数

2．左右声道动态音量

首先将音频素材添加到【时间轴】轨道中，并将"当前时间指示器"调整至开始处。然后，在【效果控件】面板中将【左】和【右】选项参数分别设置为 0，创建第 1 个关键帧，如图 11-87 所示。

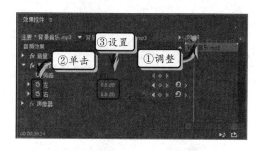

图 11-87 创建第一个关键帧

最后，将"当前时间指示器"调整为 00:00:51:00，在【效果控件】面板中将【左】和

【右】选项参数分别设置为 6 和-6，创建第 2 个关键帧，如图 11-88 所示。

图 11-88 创建第二个关键帧

第 12 章

输出影片

输出是影视节目制作的最后一个阶段，当用户在 Premiere 中将影片编辑完成后，导出所需要的视频文件，以便用户进行欣赏和保存。本章将详细介绍影片输出格式、输出参数等基础知识和操作技巧，使用户掌握更加丰富的视频编辑知识，在影视节目的后期创作过程中如鱼得水。

本章学习要点：

➢ 设置影片参数；
➢ 输出为常用视频格式；
➢ 输出 EDL 文件；
➢ 输出其他格式文件。

12.1 设置影片参数

在完成整个影视项目的编辑操作后，便可以将项目内所用到的各种素材整合在一起输出为一个独立的、可直接播放的视频文件。

12.1.1 设置输出范围

执行【文件】|【导出】|【媒体】命令（快捷键 Ctrl+M），在弹出的【导出设置】对话框中设置视频文件的最终尺寸、文件格式和编辑方式等参数，如图 12-1 所示。

1. 调整输出内容

【导出设置】对话框的左半部分为视频预览区域，右半部分为参数设置区域。在左半部分的视频预览区域中，可分别在【源】和【输出】选项卡内查看项目的最终编辑和最终输出画面。

图 12-1 【导出设置】对话框

在视频预览区域的底部，调整滑杆上方的滑块可控制当前画面在整个影片中的位置，而调整滑杆下方的两个"三角"滑块则能够控制导出时的入点与出点，从而起到控制导出影片持续时间的作用，如图 12-2 所示。

2. 调整画面大小

在【导出设置】对话框中，激活【源】选项卡，单击【裁剪】按钮。此时，在预览区域四周将出现 4 个锚点，用户可拖动锚点或在【裁剪】按钮右侧直接调整相应参数，来达到更改画面输出范围的目的，如图 12-3 所示。

图 12-2 调整导出影片的持续时间

图 12-3 调整导出影片的画面输出范围

完成裁剪操作后，切换至【输出】选项卡，即可在【输出】选项卡内查看到调整结果，如图 12-4 所示。

12.1.2 设置输出参数

设置输出范围之后，用户还需要根据导出需求来设置影片的输出格式、输出方案等一些基本参数。

图 12-4 预览导出影片的画面输出

1. 设置输出格式

在【导出设置】对话框的右半部分中，启用【与序列设置匹配】复选框，系统将直接使用与序列相匹配的导出设置。而禁用【与序列设置匹配】复选框，则需要单击【格式】下拉按钮，选择相应的文件格式，如图 12-5 所示。

2. 设置预设方案

根据导出影片格式的不同，用户还需要单击【预置】下拉按钮，在下拉列表中，选择一种 Premiere 内置的预设导出方案，完成后即可在【导出设置】选项组内的【摘要】区域内查看部分导出设置内容，如图 12-6 所示。

图 12-5 设定影片的输出类型

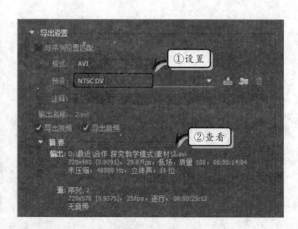

图 12-6 选择影片输出方案

用户还可以在【注释】文本框中，输入对该影片的
描述性文本。

3．设置输出名称

在【导出设置】对话框的右半部分中，
单击【输出名称】选项右侧的文件名称，在
弹出的【另存为】对话框中，设置保存名称
和保存位置，单击【保存】按钮即可，如图
12-7 所示。

图 12-7　设置输出名称

12.1.3　设置视频和音频参数

在【导出设置】对话框中，除了基本参数
之外，用户还需要设置视频和音频参数，以避
免在输出时占用大量的输出时间，或者输出影
片后产生无法正常播放的情况。

1．设置视频参数

在输出影片时，用户可以在【导出设置】
对话框的【视频】选项卡中，更改视频设置，
从而改善影片的色彩度和输出速度，如图 12-8
所示。

由于视频文件的格式众多，因此输出不同
类型视频文件时，其设置方法也各不相同。

2．设置音频参数

一部优秀的影片不但需要优质的画面，还
要具备合适的音频与其进行组合。在输出项目时，
在【导出设置】对话框中，激活【音频】选项卡
设置输出影片的音频，从而实现更好的音频效果，
如图 12-9 所示。

音频的设置方式与视频基本类似，不同的音
频格式有着不同的设置方法。

图 12-8　设置视频参数

图 12-9　设置音频参数

12.2　输出为常用视频格式

Premiere 支持多种视频输出格式，包括 AVI、WMA、MPEG 等视频格式。但是，由
于 Premiere 根据不同类型内置了不同的设置参数，因此在导出影片时，还需要根据自身

所设置的输出文件类型来调整相应的视频输出选项。

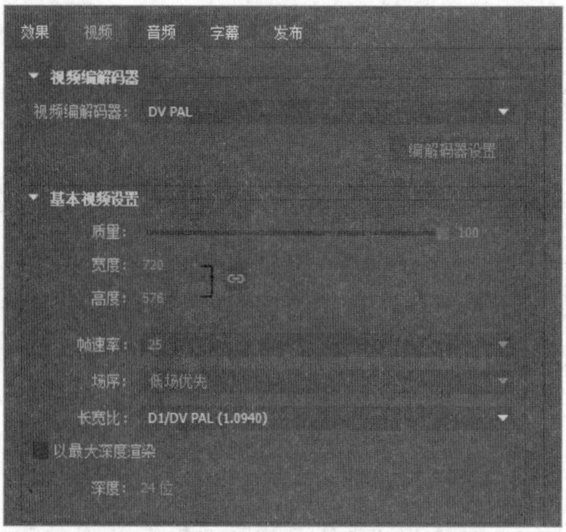

12.2.1 输出 AVI 文件

在【导出设置】对话框中，单击右侧的【格式】下拉按钮，在其下拉列表中选择 AVI 选项。此时，相应的视频输出设置将显示在下方的【视频】选项卡中，如图 12-10 所示。

在 AVI 视频输出选项中，并不是所有的参数都需要调整。通常情况下，所需调整部分的选项功能和含义如下：

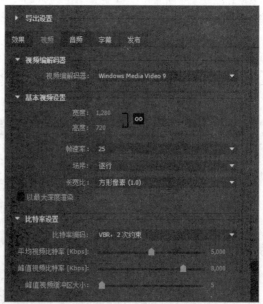

图 12-10　AVI 文件输出选项

- 【视频编解码器】　在输出视频文件时，压缩程序或者编解码器（压缩/解压缩）决定了计算机该如何准确地重构或者剔除数据，从而尽可能的缩小数字视频文件的体积。
- 【场序】　该选项决定了所创建视频文件在播放时的扫描方式，即采用隔行扫描式的"高场优先"、"低场优先"，还是采用逐行扫描进行播放的"无场"。

12.2.2 输出 WMV 文件

WMV 是由微软推出的视频文件格式，由于具有支持流媒体的特性，因此也是较为常用的视频文件格式之一。

在【导出设置】对话框中，单击右侧的【格式】下拉按钮，在下拉列表中选择 Windows Media 选项。此时，相应的视频输出设置将显示在下方的【视频】选项卡中，如图 12-11 所示。

1．1 次编码时的参数设置

1 次编码是指在渲染 WMV 时，编解码器只对视频画面进行 1 次编码分析，优点是速度快，缺点是往往无法获得最为优化的编码设置。

当选择 1 次编码时，【比特率模式】会提供【固定】和【可变品质】2 种设置项供用户选择。其中，【固定】模式是指整部影片从头至尾采用相同的比特率设置，优点是编码方式简单，文件渲染速度较快。

图 12-11　WMV 文件输出选项

至于【可变品质】模式，则是在渲染视频文件时，允许 Premiere 根据视频画面的内容来随时调整编码比特率。这样一来，便可以在画面简单时采用低比特率进行渲染，从而降低视频文件的体积；在画面复杂时采用高比特率进行渲染，从而提高视频文件的画面质量。

2．2 次编码时的参数设置

与 1 次编码相比，2 次编码的优势在于能够通过第 1 次编码时所采集到的视频信息，在第 2 次编码时调整和优化编码设置，从而以最佳的编码设置来渲染视频文件。

在使用 2 次编码渲染视频文件时，比特率模式将包含【CBR,1次】、【VBR,1 次】、【CBR,2 次】、【VBR,2 次约束】与【VBR,2 次无约束】5 种不同模式，如图 12-12所示。

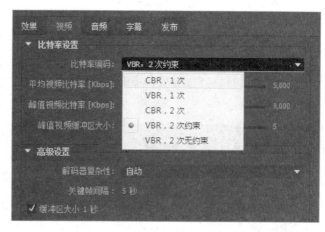

图 12-12　2 次编码时的选项

12.2.3　输出 MPEG 文件

作为业内最为重要的一种的视频编码技术，MPEG 为多个领域不同需求的使用者提供了多种样式的编码方式。

在【导出设置】对话框中，单击右侧的【格式】下拉按钮，在其下拉列表中选择 MPEG4 选项。此时，相应的视频输出设置将显示在下方的【视频】选项卡中，如图 12-13 所示。

【视频】选项卡部分常用选项的功能及含义如下所述。

- ❑ **帧尺寸（像素）** 设定画面尺寸，预置有 720×576、1280×720、1440×1080 和 1920×1080 四种尺寸供用户选择。
- ❑ **比特率编码** 确定比特率的编码方式，共包括 CBR、VBR1 次和 VBR2 次三种模式。其中，CBR 指固定比特率编码，VBR 指可变比特率编码方式。

此外，根据所采用编码方式的不同，

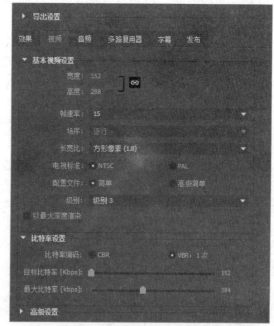

图 12-13　MPEG4 视频输出设置选项

编码时所采用比特率的设置方式也有所差别。

❑ **比特率** 仅当【比特率编码】选项为 CBR 时出现，用于确定固定比特率编码所采用的比特率。

❑ **最小比特率** 仅当【比特率编码】选项为 VBR1 次或 2 次时出现，用于在可变比特率范围内限制比特率的最低值。

❑ **目标比特率** 仅当【比特率编码】选项为 VBR1 次或 2 次时出现，用于在可变比特率范围内限制比特率的参考基准值。也就是说，多数情况下 Premiere 会根据该选项所设定的比特率进行编码。

❑ **最大比特率** 该选项与【最小比特率】选项相对应，作用是设定比特率所采用的最大值。

12.3 导出为交换文件

Premiere 在为用户提供强大的视频编辑功能的同时，还内置了输出多种交换文件的功能，以便用户能够方便地将 Premiere 编辑操作的结果导入至其他非线性编辑软件内，从而在多款软件协同编辑后获得高质量的影音播放效果。

12.3.1 输出 EDL 文件

EDL（Edit Decision List）是一种广泛应用于视频编辑领域的编辑交换文件，其作用是记录用户对素材的各种编辑操作。这样一来，用户便可在所有支持 EDL 文件的编辑软件内共享编辑项目，或通过替换素材来实现影视节目的快速编辑与输出。

1. 了解 EDL 文件

EDL 最初源自于线性编辑系统的离线编辑操作，这是一种用源素材拷贝替代源素材进行初次编辑，而在成品编辑时使用源素材进行输出，从而保证影片输出质量的编辑方法。在非线性编辑系统中，离线编辑的目的已不再是为了降低素材的磨损，而是通过使用高压缩率、低质量的素材提高初次编辑的效率，并在成品输出替换为高质量的素材，以保证影片的输出质量。为了完成这一目的，非线性编辑软件需要将初次编辑时的各种编辑操作记录在一种被称为 EDL 的文本类型文件内，以便在成品编辑时快速确立编辑位置与编辑操作，从而加快编辑速度。

不过，EDL 文件在非线性编辑系统内的使用仍有一些限制。下面是一些经常出现的问题及其解决方法。

1）部分轨道的编辑信息丢失

EDL 文件在存储时只保留 2 轨的初步信息，因此在用到 2 轨以上的视频时，2 轨以上的视频信息便会丢失。

要解决此问题，只能在初次编辑时将视频素材尽量安排在 2 轨以内，以便 EDL 文件所记录的信息尽可能的全面。

2）部分内容的播放效果与初次编辑不符

当初次编辑内包含多种效果与过渡效果时，EDL 文件将无法准确记录这些编辑操作。例如，在初次编辑时为素材添加慢动作，并在每个素材间添加叠化效果后，编辑软件会在成品编辑时从叠化部分将素材切断，从而形成自己的长度，最终造成镜头跳点和混乱的情况。

要解决此问题，只能是在保留叠化所切断素材片段的基础上，分别从叠化部分的前后切点处向外拖动素材，直至形成原来的素材长度与序列的原貌。

2. 输出 EDL 文件

执行【文件】|【导出】|【EDL】命令，在弹出的【EDL 输出设置】对话框中调整EDL 所要记录的信息范围后，单击【确定】按钮，如图 12-14 所示。

此时，系统将自动弹出【将序列另存为 EDLF】对话框，设置保存名称和位置，单击【保存】按钮，如图 12-15 所示。

图 12-14 【EDL 输出设置】对话框

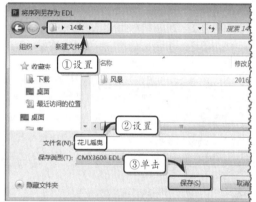

图 12-15 【将序列另存为 EDLF】对话框

12.3.2 输出其他格式文件

在 Premiere 中，除了可以输出为 EDL 文件之外，还可以将影片项目输出为 OMF、AAF等其他格式。

1. 输出 OMF 文件

OMF（Open Media Framework）最初是由Avid 推出的一种音频封装格式，能够被多种专业的音频编辑与处理软件所读取。

执行【文件】|【导出】|【OMF】命令，在打开的【OMF 输出设置】对话框中设置各项选项，单击【确定】按钮，如图 12-16 所示。

图 12-16 【OMF 输出设置】对话框

此时，系统将自动弹出【将序列另存为OMF】对话框，设置保存名称和位置，并单击【保存】按钮，如图12-17所示。

2．输出 AAF 文件

执行【文件】|【导出】|【AAF】命令，系统会自动弹出【将转换的序列另存为-AAF】对话框，用户只需设置保存名称和位置，单击【保存】按钮即可，如图12-18所示。

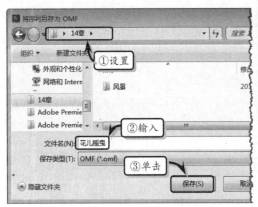
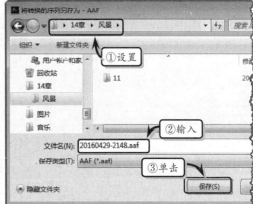

图 12-17　【将序列另存为 OMF】对话框　　　图 12-18　【将转换的序列另存为-AAF】对话框

提　示

用户还可以执行【文件】|【导出】|【将选择项导出为 Premiere 项目】命令，将影片导出为 Premier 项目文件。

12.4　课堂练习：制作古典艺术照相册

Premiere 是一款常用于视频组合和拼接的非线性视频编辑软件，除了可以组合视频和音频素材之外，还可以运用静态图片来制作电子相册。本练习将通过为图片素材添加音频和视频效果、过渡效果，以及创建字幕等功能，来制作一个具有古典韵味的电子相册，如图12-19所示。

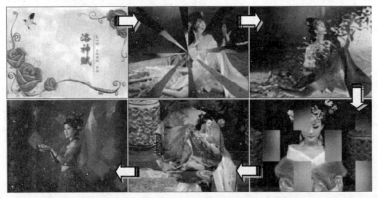

图 12-19　最终效果图

操作步骤

1 创建项目。启动 Premiere，在弹出的【欢迎界面】对话框中，选择【新建项目】选项，如图 12-20 所示。

图 12-20 新建项目

2 在弹出的【新建项目】对话框中设置相应选项，单击【确定】按钮，如图 12-21 所示。

图 12-21 设置选项

3 新建序列。执行【文件】|【新建】|【序列】命令，在弹出的【新建序列】对话框中单击【确定】按钮，如图 12-22 所示。

4 导入素材。执行【文件】|【导入】命令，在弹出的【导入】对话框中选择素材文件，单击【打开】按钮，如图 12-23 所示。

5 创建字幕。执行【字幕】|【新建】|【默认静态字幕】命令，在弹出的【新建字幕】对话框中设置字幕选项，单击【确定】按钮，如图 12-24 所示。

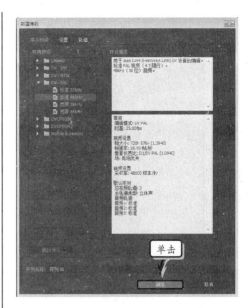

图 12-22 新建序列

图 12-23 导入素材

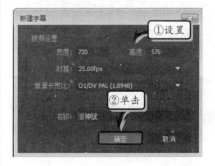

图 12-24 创建字幕

6 在【字幕】面板中，输入垂直字幕文本并调整其位置。在面板中的【属性】效果组中设置字幕文本的基本属性，如图 12-25 所示。

图 12-25 设置文本属性

7 启用【填充】复选框，将【填充类型】设置为"实底"，将【颜色】设置为#D63939，如图 12-26 所示。

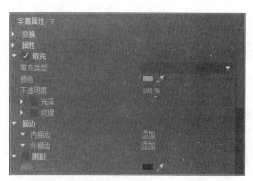

图 12-26 设置选项

8 启用【阴影】复选框，设置各阴影效果选项，将【颜色】设置为"#180020。使用同样的方法，制作竖排英文文本，如图 12-27 所示。

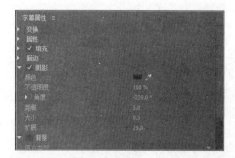

图 12-27 设置选项

9 使用【直线工具】在竖排文本中间绘制一条

直线，在【字幕属性】面板中的【属性】和【填充】效果组中设置形状的基本属性，如图 12-28 所示。

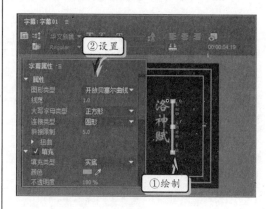

图 12-28 设置选项

10 启用【阴影】复选框，设置各阴影效果选项，并将【颜色】设置为#180020，如图 12-29 所示。

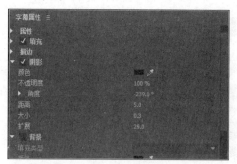

图 12-29 设置选项

11 添加视频素材。将【项目】面板中的各个素材，按照播放顺序分别添加到 V1~V3 轨道中，并设置其持续播放时间，如图 12-30 所示。

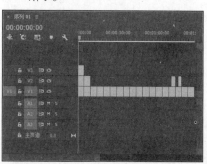

图 12-30 添加素材

12 设置缩放属性。选择 V1 轨道中的第 1 个素材，在【效果控件】面板中设置【缩放】选项参数。使用同样方法，设置其他素材的缩放属性，如图 12-31 所示。

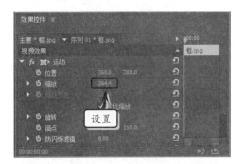

图 12-31 设置缩放属性

13 设置透明属性。选择 V2 轨道中的第 1 个素材，将"当前时间指示器"调整为 00:00:00:00，在【效果控件】面板中设置【不透明度】选项参数，如图 12-32 所示。

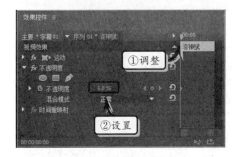

图 12-32 设置透明属性

14 将"当前时间调整指示器"调整为 00:00:05:00，在【效果控件】面板中设置【不透明度】选项参数。使用同样方法，设置其他素材的透明属性，如图 12-33 所示。

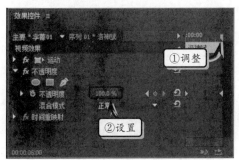

图 12-33 设置选项参数

15 设置位置属性。选择 V3 轨道中的素材，将"当前时间指示器"调整为 00:00:01:00，单击【位置】选项左侧的【切换动画】按钮，设置其选项参数，如图 12-34 所示。

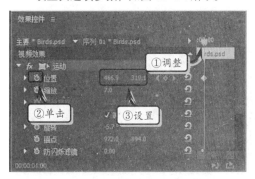

图 12-34 设置位置属性

16 将"当前时间指示器"调整为 00:00:03:00，在【效果控件】面板中设置【位置】选项参数，如图 12-35 所示。

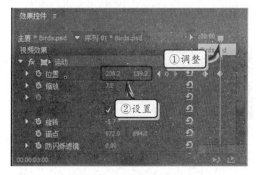

图 12-35 设置位置选项参数

17 将"当前时间指示器"调整为 00:00:04:05，在【效果控件】面板中设置【位置】选项参数，如图 12-36 所示。

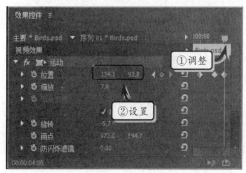

图 12-36 设置位置选项参数

18　将"当前时间指示器"调整为 00:00:04:15，在【效果控件】面板中设置【位置】选项参数。使用同样方法，设置其他素材的位置属性，如图 12-37 所示。

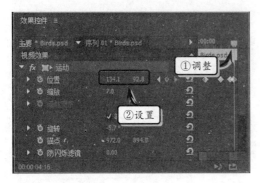

图 12-37　设置位置选项参数

19　应用视频效果。选择 V3 轨道中的素材，在【效果】面板中展开【视频效果】下的【变化】效果组，双击"水平翻转"效果，将其应用到所选素材中，如图 12-38 所示。

图 12-38　应用视频效果

20　选择 V1 轨道中的第 3 个素材，为其添加【曝光过度】效果。将"当前时间指示器"调整为 00:00:13:10，单击【阈值】选项左侧的"切换动画"按钮，并设置其选项参数，如图 12-39 所示。

21　将"当前时间指示器"调整为 00:00:13:20，在【效果控件】面板中设置【阈值】选项参数，如图 12-40 所示。

22　将"当前时间指示器"调整为 00:00:14:24，在【效果控件】面板中设置【阈值】选项参数，如图 12-41 所示。

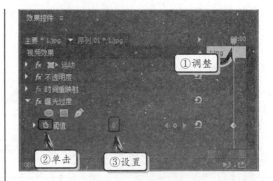

图 12-39　应用视频效果

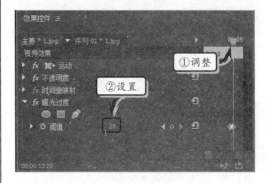

图 12-40　设置选项参数

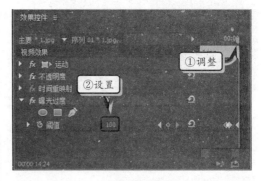

图 12-41　设置选项参数

23　选择 V1 轨道中的"4.jpg"素材，为其添加"快速模糊"效果。将"当前时间指示器"调整为 00:00:28:00，单击【模糊度】选项左侧的【切换动画】按钮，并设置其选项参数，如图 12-42 所示。

24　将"当前时间指示器"调整为 00:00:30:00，在【效果控件】面板中设置【模糊度】选项参数。使用同样的方法，应用其他视频效果，如图 12-43 所示。

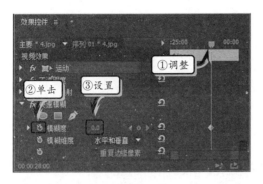

图 12-42 应用视频效果

图 12-43 应用视频效果

25 应用视频过渡效果。在【效果】面板中展开【视频过渡】下的【溶解】效果组,将"交叉溶解"效果拖到 V1 轨道中第 1 个和第 2 个素材中间,如图 12-44 所示。

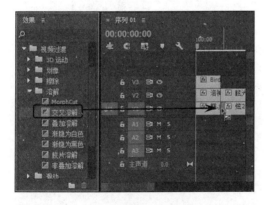

图 12-44 应用视频过渡效果

26 然后,在【效果控件】面板中设置【持续时间】和【对齐】选项。使用同样的方法,分别为其他素材添加视频过渡效果,如图 12-45 所示。

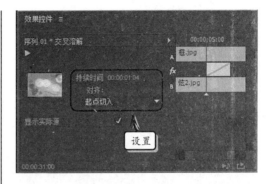

图 12-45 设置选项

27 添加音频素材。将音频素材添加到 A1 轨道中,将"当前时间指示器"调整至视频末尾处,使用【剃刀工具】单击该位置,分割音乐素材,如图 12-46 所示。

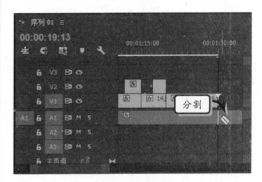

图 12-46 添加音频素材

28 删除右侧的素材片段,在【效果】面板中展开【音频过渡】下的【交叉淡化】效果组,将"指数淡化"效果拖到音频的末尾处,如图 12-47 所示。

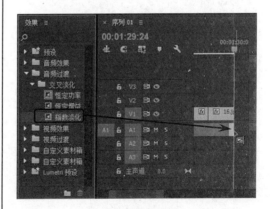

图 12-47 添加音频过渡

12.5　课堂练习：输出视频文件

对于零碎的视频片段，要想将其整合在一起，则需要在 Premiere 中进行组合。而 Premiere 创建的文件并不能直接在视频播放器中进行播放，这就需要将 Premiere 文件输出为视频文件，如图 12-48 所示。

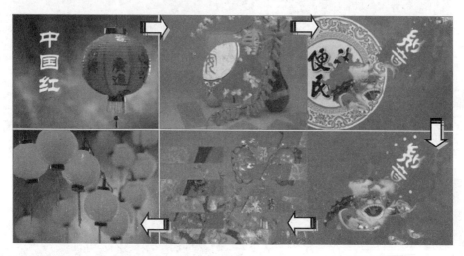

图 12-48　最终效果图

操作步骤

1 创建项目。启动 Premiere，在弹出的【欢迎使用】对话框中选择【新建项目】选项，如图 12-49 所示。

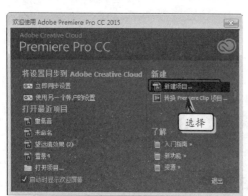

图 12-49　新建项目

2 在弹出的【新建项目】对话框中设置新项目名称、位置和常规等选项，并单击【确定】按钮，如图 12-50 所示。

3 执行【文件】|【导入】命令，选择素材图片

并单击【打开】按钮，如图 12-51 所示。

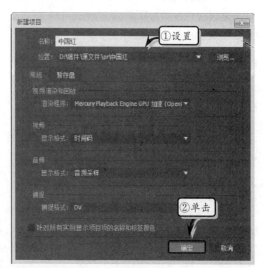

图 12-50　设置选项

4 选择【项目】面板中的素材并拖入到【时间轴】面板的 V1 轨道上，如图 12-52 所示。

图 12-51　导入素材

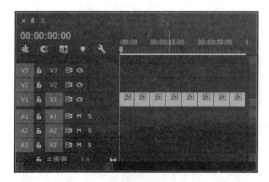

图 12-52　添加素材

5 选择【时间轴】面板中的素材，单击【时间轴显示设置】按钮，在展开的菜单中选择【展开所有轨道】选项，如图 12-53 所示。

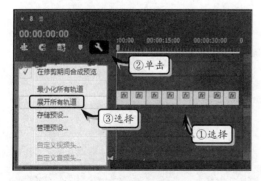

图 12-53　展开时间轴轨道

6 创建字幕素材。在【项目】面板中单击【新建项】按钮，在展开的菜单中选择【字幕】

选项，如图 12-54 所示。

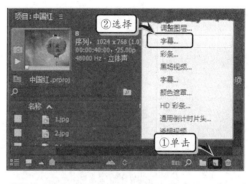

图 12-54　创建字幕素材

7 然后，在弹出的【新建字幕】对话框中设置相应选项，并单击【确定】按钮，如图 12-55 所示。

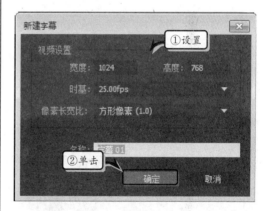

图 12-55　设置选项

8 在【字幕】面板中使用垂直文字工具输入字幕文本，并在【字幕属性】面板中的【属性】效果组中设置文本的基本属性，如图 12-56 所示。

图 12-56　设置选项

9 启用【填充】复选框，将【填充类型】设置
为"实底"，将【颜色】设置为#FBF203，
如图 12-57 所示。

10 设置开始字幕。将"字幕 01"素材添加到
【时间轴】面板中的 V2 轨道中，将"当前时
间指示器"调整至视频开始处，如图 12-58
所示。

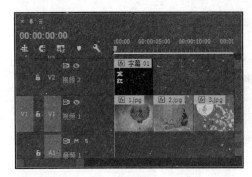

图 12-58　设置参数

11 选择"字幕 01"素材，在【效果控件】面
板中单击【缩放】选项左侧的【切换动画】
按钮，将其参数设置为 0，如图 12-59 所示。

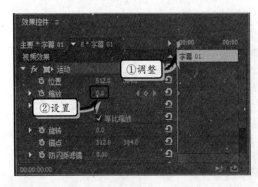

图 12-59　设置参数

12 然后，将"当前时间指示器"调整为 00:00:02:
05，将【缩放】选项参数设置为 100，如图
12-60 所示。

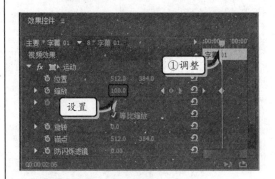

图 12-60　设置参数

13 单击【项目】面板底部的【新建项】按钮，
选择【调整图层】命令创建调整图层，如图
12-61 所示。

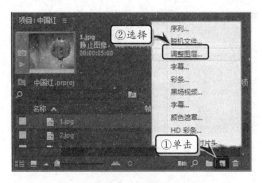

图 12-61　创建【调整图层】

14 将其插入【时间轴】面板的 V2 轨道中，并
设置其持续时间与 V1 轨道中的视频相等，
如图 12-62 所示。

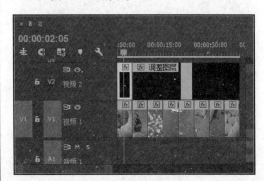

图 12-62　设置【调整图层】持续时间

15 选择"调整图层"素材，在【效果】面板中展开【视频效果】下的【颜色校正】效果组，双击【颜色平衡】效果，将其添加到该素材中，如图 12-63 所示。

图 12-63　添加视频效果

16 然后，在【效果控件】面板中设置参数，调整视频画面色彩，如图 12-64 所示。

图 12-64　调整画面色彩

17 选中【效果】面板中的【视频过渡】|【3D 运动】|【翻转】效果，并将其拖曳至时间轴 V1 轨道中的第一个和第二个图片之间，为其添加过渡效果，使用同样方法，分别为其他图片添加过渡效果，如图 12-65 所示。

18 执行【文件】|【导出】|【媒体】命令（快

捷键 Ctrl+M），弹出【导出设置】对话框。单击对话框右侧【输出名称】选项的"8.avi"，设置视频输出位置与名称，如图 12-66 所示。

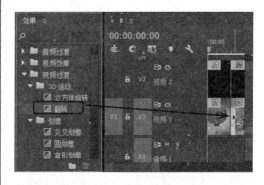

图 12-65　添加过渡效果

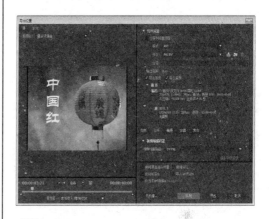

图 12-66　【导出设置】对话框

19 在【导出设置】对话框左侧，调整滑杆下方的两个"三角"滑块则能够控制导出时的入点与出点，如图 12-67 所示。

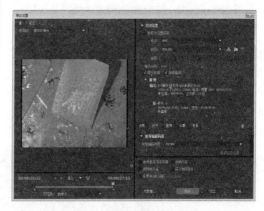

图 12-67　设置视频入点与出点

⑳ 单击【导出设置】对话框中的【导出】按钮，
即可将 Premiere 文件输出为视频文件，如
图 12-68 所示。

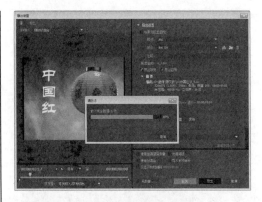

12.6　思考与练习

一、填空题

1. 在【导出设置】对话框中，左半部分为
_____区域，右半部分为输出参数设置区域。

2. 在【导出设置】对话框的左下角处，调
整滑杆下方的两个"三角"滑块能够控制输出影
片时的_____。

3. 在输出 AVI 格式的视频文件时，【场序】
选项用于设置视频文件的扫描方式，即确定视频
文件在播放时采用隔行扫描还是采用_____
扫描。

4. _____是由微软推出的视频文件格
式，由于具有支持流媒体的特性，因此也是较为
常用的视频文件格式之一。

5. Premiere 允许用户将影视节目编辑操作
输出为 EDL 或_____格式的交换文件，以便
与其他影视编辑与制作软件协同完成节目的
制作。

二、选择题

1. 输出影片时，执行【文件】|【导出】|
【媒体】命令或按快捷键_____，可以弹出【导
出设置】对话框。

    A. Ctrl+S

    B. Ctrl+M

    C. Shift+M

    D. Shift+S

2. Premiere 能够输出的 MPEG 类媒体文件
包括下列哪种类型_____？

    A. MPEG4

    B. MPEG7

    C. MPEG2

    D. MPEG1

3. 在下列选项中，Premiere 无法直接输出
哪种类型的媒体文件格式_____？

    A. AVI

    B. WMV

    C. AIFF

    D. FLV

4. 【导出设置】对话框左侧下方的【源范
围】的默认选项是哪个选项_____？

    A. 整个序列

    B. 工作范围

    C. 序列切入/序列切出

    D. 自定

5. Premiere 可将项目输出为下列哪种类型
的交换文件_____？

    A. EDL 和 OMF

    B. EDL 和 XMP

    C. XMP 和 OMF

    D. AAF 和 XMP

三、问答题

1. Premiere 输出媒体文件的大致流程是
什么？

2. 简单介绍输出 AVI 文件时，都需要进行
哪些设置。

3. 在【导出设置】对话框中如何更改导出

视频的保存位置？

四、上机练习

1. 输出为 AVI 文件

首先打开 Premiere 软件，并打开所需导出文件的影片。然后，执行【文件】|【导出】|【媒体】命令，在弹出的【导出设置】对话框中，单击右侧的【格式】下拉按钮，在其下拉列表中选择 AVI 选项。单击【输出名称】选项后面的文件名称，在弹出的【另存为】对话框中设置保存位置，单击【保存】按钮。最后，单击【导出】按钮，如图 12-69 所示。

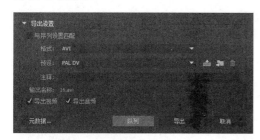

图 12-69 输出为 AVI 文件

2. 输出为 EDL 文件

首先执行【文件】|【导出】|【EDL】命令，在弹出【EDL 输出设置】对话框中调整 EDL 所要记录的信息范围，单击【确定】按钮，如图 12-70 所示。

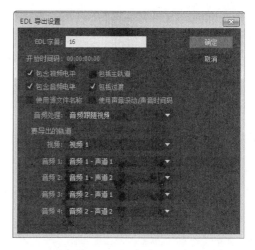

图 12-70 输出为 EDL 文件

然后，在弹出的【将序列另存为 EDLF】对话框中设置保存名称和位置，单击【保存】按钮。